Mecânica Clássica e Caos

Livro 1 de Física da Emanação Máxima de Informação , uma série de física de sete livros.

Mecânica Clássica e Caos

por

Stephen Winters-Hilt

Dedicação

Este livro é dedicado à minha família que me ajudou nesse longo caminho de descoberta: Cindy, Nathaniel, Zachary, Sybil, Eric, Joshua, Teresa, Steffen, Hannah, Anders, Angelo, John e Susan.

Conteúdo

Prefácio à Tradução da Série de Física sobre:
Física da Emanação Máxima de Informação

Para o livro nº 1, em:
Mecânica Clássica e Caos

Este livro foi traduzido da versão em inglês usando o Google Translate pelo autor e seus filhos Nathaniel Winters-Hilt e Zachary Winters-Hilt. Os esforços para validar a tradução consistiram principalmente em traduzir de volta para o inglês e verificar a consistência. O Google Tradutor faz um trabalho extremamente bom, como você verá. Observe que a tradução altera a paginação, exigindo que o Índice seja ajustado de acordo, e isso foi feito. Porém, o Índice com suas referências de página não foi corrigido, portanto a paginação ali indexada (para a versão original em inglês) estará errada em um pequeno número de páginas na versão traduzida.

Física da Emanação Máxima de Informação

"A Estrada segue continuamente Descendo
da porta onde começou. Agora a Estrada já se foi, E devo
segui-la, se puder, Perseguindo-a com pés ávidos, Até que ela
se junte a algum caminho maior Onde muitos caminhos e
tarefas se encontram .E para onde então? Eu não posso
dizer"

- JRR Tolkien, A Sociedade do Anel

Variação, propagação e emanação

Esta é uma série de sete livros de Física que começa com Mecânica
Clássica (Livro 1 [46]), depois Teoria Clássica de Campos, como
eletromagnetismo (Livro 2 [40]), depois Dinâmica de Manifolds, como
Relatividade Geral (Livro 3 [41]).). A mudança para uma descrição da
mecânica quântica é dada no Livro 4 [42], e para uma teoria quântica de
campos, QED em particular, no Livro 5 [43]. Uma 'teoria quântica da
variedade' seria o próximo passo óbvio, exceto que não pode ser feito
(não existe uma teoria de campo renormalizável para a gravitação). Em
vez disso, uma teoria da variedade quântica térmica é considerada, bem
como a termodinâmica do Buraco Negro em geral, no Livro 6 [44]. O
Livro 7 [45] descreve uma nova teoria, a Teoria do Emanador, que
fornece uma construção matemática mais profunda que sustenta a teoria
quântica, assim como a teoria quântica pode ser mostrada para fornecer
uma construção matemática mais profunda (complexificada) baseada na
teoria clássica.

Esta é uma exposição moderna onde as sutilezas da teoria do caos são
descritas no Livro 1, da Invariância de Lorentz no Livro 2, de Derivadas
Covariantes (Relatividade Geral) e Derivadas Covariantes de Gauge
(Teoria de Campo de Yang-Mills) no Livro 3. O Livro 4 sobre Mecânica
Quântica fornece uma extensa revisão do QM e, em seguida, considera
uma análise auto-adjunta completa sobre a solução relativística geral
completa para o sistema de queda da casca esférica (um resultado herdado
do Livro 3). O Livro 5 considera detalhadamente os fundamentos do
QFT, juntamente com vácuo alternativo em cenários específicos. O Livro
6 considera a termodinâmica desde o básico até a termodinâmica
hamiltoniana de alguns sistemas de buraco negro. Durante todo o

processo, a estranha recorrência do parâmetro alfa é notada. No Livro 7, examinamos uma formulação matemática mais profunda da qual resultaria a formulação Integral do Caminho Quântico, bem como explicamos os parâmetros e estruturas estranhos que foram descobertos (como alfa e Invariância de Lorentz).

A descrição física começa com as formulações clássicas do movimento de partículas pontuais. A primeira abordagem para fazer isso é usar equações diferenciais (1^a e 2ª Leis de Newton); a segunda é utilizar uma formulação de função variacional para selecionar a equação diferencial (variação Lagrangiana); a terceira é usar uma formulação funcional variacional (formulação de ação) para selecionar a formulação da função variacional. Historicamente, só muito mais tarde se percebeu que existem dois domínios de movimento em muitos sistemas: não-caótico; e caótico.

Em uma descrição do movimento de partículas, assumindo que não está em um domínio de parâmetro com movimento caótico, vários limites importantes são encontrados. Os exemplos incluem: as constantes universais do fenómeno do caos acima mencionado, que ainda são encontradas em regimes não-caos se forem levados "à beira do caos". Os limites são encontrados onde o espalhamento é definido no limite assintótico e a teoria da perturbação é bem definida no sentido de que é convergente. Globalmente, se a evolução for descrita como um "processo", trata-se frequentemente de um processo de Martingale, que tem limites bem definidos. Portanto, temos descrições de movimento, normalmente redutíveis a uma equação diferencial ordinária (EDO), e para as quais normalmente existem soluções (que exigem definições de limite).

A descrição física então enfrenta a dinâmica de campo em 2D, 3D e 4D (no Livro 3 [41]). A dinâmica de campo bidimensional ("2D") pode ser descrita como uma função complexa (que mapeia números complexos em números complexos). Uma novidade da função complexa 2D é que ela também mostra como lidar com muitos tipos de singularidades (o teorema dos resíduos), fornecendo assim informações importantes sobre estruturas fundamentais em física, bem como técnicas matemáticas fundamentais para resolver muitas integrais. Para a dinâmica do campo 3D fazemos uma análise do campo eletromagnético em 3D. O nível de cobertura começa com uma visão geral da eletrostática no nível do texto de pós-graduação de Jackson [123]. Alguns problemas dos capítulos 1-3 de Jackson são examinados de perto no desenvolvimento da própria teoria.

Para alguns, este material (no Livro 2 [40]) pode fornecer um acompanhamento útil ao texto de Jackson em um curso completo sobre EM (baseado no texto de Jackson). Uma rápida revisão da eletrodinâmica e dos fenômenos das ondas eletromagnéticas é então fornecida. Em essência, vemos muitos mais exemplos de problemas de EDO com soluções, como o Laplaciano 3D, geralmente envolvendo separação de variáveis. Em seguida, revisamos a famosa transformada, descoberta por Lorentz em 1899 [1 24], que relaciona o campo EM visto por dois observadores que diferem por uma velocidade relativa. Com a existência desta transformada, que traz a dimensão do tempo junto com a velocidade relativa, temos efetivamente uma teoria 4D.

Da Invariância de Lorentz temos, como transformação de ponto, invariância rotacional sob SO(3) ou SU(2). Se a Invariância de Lorentz for fundamental, então devemos ver ambas as formas de invariância de rotação, uma do tipo vetor/tensor de SO(3) e uma do tipo espinorial de SU(2). Este é o caso, pois os campos de calibre são vetoriais e os campos de matéria são espinoriais. Da Invariância de Lorenz como invariância local, temos a métrica de espaço-tempo Minkowski (plana), que então generaliza para a métrica Riemanniana (na Relatividade Geral).

Assim como na dinâmica de partículas pontuais, para a dinâmica de campo temos três formas de formular o comportamento: (1) equação diferencial; (2) variação de função (em Lagrangiana); e (3) funcional variação (na Ação). Veremos fenômenos limites semelhantes aos anteriores, mas também fenômenos novos, incluindo (i) a inevitável formação da singularidade BH (o teorema da singularidade de Penrose); (ii) Formação do Universo FRW (a partir de homogeneidade e isotropia); (iii) a singularidade do colapso de BH; (iv) a 'singularidade' radiativa do colapso atômico.

A dinâmica clássica, portanto, tem duas formulações semelhantes a campos para descrever o mundo: campo e variedade. Tais formulações podem ser inter-relacionadas matematicamente, então o que está acontecendo é mais uma questão de ênfase e conveniência da física. A ênfase nesta diferença, que parece não haver diferença (matematicamente), é que diferentes fenomenologias físicas estão em jogo. As descrições de campo parecem funcionar para a "matéria", onde os elementos fundamentais são espinorais. As descrições múltiplas parecem funcionar melhor para a geometrodinâmica (GR), onde os elementos fundamentais são vetoriais (ou tensoriais, como a métrica). Os campos de matéria são renormalizáveis, portanto quantizáveis na formulação QFT padrão (a ser descrita no Livro 5 [43]), enquanto variedades gravitacionais não são renormalizáveis e têm restrições (condição de energia fraca e condição de energia positiva dada a existência de campos espinor no múltiplo).

A apresentação nos Livros 1-3 [40,41,46], sobre física "clássica", é parcialmente feita para tornar a transição para a física quântica simples, óbvia e, em alguns casos, trivial. Considere a formulação da variação funcional (Ação) do comportamento (seja partícula pontual ou campo), isso pode ser capturado na forma integral, como foi feito por D'Alembert muito cedo [7] (depois por Laplace [6]). Observe o uso de uma constante grande para efetuar uma integral "altamente amortecida" para fins de seleção (no extremo variacional da ação). Para fazer a transição para a teoria quântica, também temos a grande constante de 1/h e, portanto, a única diferença é a introdução de um fator de ' i ', para efetuar uma integral 'altamente oscilatória' para fins de seleção.

Após a transição para uma teoria quântica, para as descrições de partículas pontuais, o problema clássico de colapso para núcleos atômicos é eliminado. As previsões espectrais têm excelente concordância com a teoria, mas ainda há uma estrutura fina nos espectros não totalmente explicada. A teoria não é relativística e algumas correções iniciais para isso são possíveis (sem recorrer a uma teoria de campo) e estas indicam uma concordância mais próxima e explicam a maior parte da discrepância constante de estrutura fina (e revelam alfa em outro lugar na teoria). É mostrado no Livro 3 [41] e no Livro 4 [42], que o problema de singularidade GR, no entanto, permanece sem solução (para o caso de teste do colapso esférico da camada de poeira, feito em uma análise GR completa, então quantizado em um self completo -análise de quantização adjunta [42]).

No Livro 5 [43], a transição para a teoria quântica continua com as descrições da teoria de campo. Uma descrição/acordo preciso dos núcleos atômicos agora é possível com QED, e dentro dos próprios núcleos (confinamento de quark) com QCD. As teorias de campo têm, entretanto, um pequeno conjunto de infinitos incômodos, que eventualmente são resolvidos pela renormalização [43]. Conforme mencionado, a quantização de teorias múltiplas, como GR, não parece ser possível devido à não renormalização. Para não desanimar, no Livro 6 [44] consideramos uma descrição hamiltoniana de um sistema GR cuja quantização envolveria um espectro de energia baseado naquele hamiltoniano, se então usarmos a continuação analítica para nos levar à teoria do conjunto térmico baseada na partição função resultante, podemos considerar a gravidade quântica térmica (TQG) de tais sistemas.

Este último exemplo (do Livro 6), que mostra uma teoria TQG consistente se usarmos a analiticidade, faz parte de uma longa sequência de manobras bem-sucedidas envolvendo continuações analíticas em diferentes cenários. O que é indicado é a presença de uma estrutura realmente complexa para a teoria enunciada. Existe a extensão trivial da estrutura complexa mencionada acima que nos trouxe da teoria clássica padrão da física para a teoria quântica integral de caminho padrão. Mas também vemos uma estrutura complexa real no nível do componente com complexação temporal (que se liga à versão térmica da teoria ao definir a função de partição), e temos uma estrutura complexa no nível da dimensão na forma do procedimento de regularização dimensional aplicado com sucesso usado no programa de renormalização.

Além de cobrir a amplitude dos principais tópicos de física tanto em nível de graduação quanto de pós-graduação (para cursos cursados em Caltech e Oxford), incluindo extensa apresentação de problemas e suas soluções, a Série também examina, em casos específicos, os limites do mundo físico. "de dentro" (e depois "de fora"). Para este fim, a exploração do colapso esférico da poeira para formar uma singularidade é examinada em um formalismo relativístico totalmente geral e, em seguida, transportada para uma análise quântica do minissuperespaço (gravidade quântica) (nos Livros 3 e 4 [41,42]). Também serão examinados em profundidade os tópicos da termodinâmica dos buracos negros e da teoria quântica de campos com vácuo alternativo (parte dos Livros 5 e 6 [43,44]). O material aprofundado compreende os tópicos abordados em minha dissertação de doutorado [81], partes da qual foram publicadas [82-85].

Em trabalhos recentes sobre aprendizado de máquina, que inclui aprendizado estatístico em neurovariedades [24], encontramos uma possível nova fonte para um elemento fundamental para a mecânica estatística (entropia) por meio da busca de um processo/caminho de aprendizagem mínimo em uma neurovariedade [24]. No momento em que a Série atinge a termodinâmica no Livro 6, portanto, os elementos fundamentais da termodinâmica já foram todos estabelecidos a partir das descrições físicas descobertas nos Livros 1 a 5, apenas não foram reunidos em uma análise abrangente que nos dê as construções fundamentais. de termodinâmica e mecânica estatística. Dito isto, parece que a termodinâmica é, portanto, inteiramente derivada de outras teorias verdadeiramente fundamentais. Não é assim, na união das partes para fazer a termodinâmica temos algo maior que a soma das partes. Nas descrições do "sistema" descobrimos que existem fenómenos emergentes. Isso, pelo menos, é exclusivo da termodinâmica, por isso é fundamental neste aspecto "soma maior que as partes".

No Livro 7 (o último) da Série, consideramos o mundo físico padrão, descrito pela física moderna, "de fora". Ao fazer isso, já eliminamos parte do mistério da entropia pela descrição geométrica da 'neuromanifold'. Se pudermos compreender outras estranhezas da teoria padrão, e chegar a elas naturalmente, então poderemos mergulhar ainda mais fundo na física moderna, testando os limites do que é possível, e ver possíveis desenvolvimentos e unificações futuras da teoria. Isto é o que está descrito nos artigos [70,87-90], e organizado junto com os resultados atuais no livro final da série.

Os esforços no último livro da Série envolvem escolhas e conceitos identificados nos seis livros anteriores da Série, e manobras teóricas colhidas nos cursos mais avançados de física e física matemática realizados enquanto estava na Caltech (na graduação e depois na pós-graduação) e o Oxford Mathematics Institute (como pós-graduação) e a Universidade de Wisconsin em Milwaukee (como pós-graduação).

A ampla gama de tópicos abordados na Série é, inicialmente, semelhante à série de livros didáticos de pós-graduação de Landau & Lifshitz (ver [27]), com uma exposição semelhante sobre mecânica clássica no início do Livro 1. Mesmo com mecânica clássica bem estabelecida , no entanto, existem atualizações significativas e modernas, como a teoria do caos (moderna). Nos dois últimos livros da Série (Livros 6 e 7 [44,45]) chegamos à mecânica estatística e à termodinâmica, juntamente com tópicos modernos como a termodinâmica dos buracos negros, a gravidade quântica térmica e a teoria dos emanadores.

As principais constantes e estruturas da física, sua descoberta a partir de dados experimentais e sua colocação teórica no "Grande Esquema" são enfatizadas ao longo da Série. A constante alfa, também conhecida como constante de estrutura fina, aparece em vários cenários, portanto, uma nota especial sobre a ocorrência de alfa será feita em cada capítulo. Este é o caso desde o início do Livro 1, devido às constantes numéricas fundamentais que aparecem na teoria do caos. No Livro 7 vemos que a origem de alfa, como uma quantidade máxima de perturbação, aparece naturalmente em um formalismo para 'emanação' máxima de informação. Mas perturbação máxima em que espaço e de que maneira? No Livro 7 da série [45] veremos uma possível representação de tal entidade de informação, e seu espaço de existência, em termos de trigintaduonions quirais.

Assim, no final, trata-se de um esforço para contar uma viagem a um lugar especial " onde muitos caminhos e recados se encontram", dando origem à teoria do emanador e a uma resposta ao mistério de alfa. Parte desta jornada equivale a 'encontrar a pedra arken ' (alfa) no mais improvável dos lugares, a matemática da emanação trigintaduonion sustentando o formalismo do emanador (por exemplo, a Toca de Smaug, descrita no Livro 7 [45]). A razão pela qual eu deveria ter entrado em um lugar tão estranho (matematicamente falando), e a razão pela qual eu deveria postular uma forma mais profunda de propagação quântica usando trigintaduônions hipercomplexos, aqui chamados de emanação, é a razão pela qual há um conhecimento tão extenso sobre tópicos padrão. Este extenso histórico impacta até mesmo a descrição da mecânica clássica através de seu material moderno da teoria do caos (devido a uma possível relação entre C_∞ e alfa). O papel crítico dos fenômenos emergentes só é compreendido no final, inclusive para variedades em geometria e neurovariedades em mecânica estatística, e leva a um Livro 6 que vai do muito básico (termodinâmica inicial) ao muito avançado (fenômenos emergentes). Muito fica claro com a teoria do emanador, incluindo como a realidade é ao mesmo tempo fractal e emergente. Neste ponto da jornada, como aconteceu com Tolkien, posso dizer o seguinte: "A Estrada continua indefinidamente... E para onde então? Eu não posso dizer".

Os sete livros da Série são os seguintes:
    Livro 1. Mecânica Clássica e Caos
    Livro 2. Teoria Clássica de Campos
    Livro 3. Teoria Clássica das Variedades
    Livro 4. Mecânica Quântica e a Fundação Path Integral
    Livro 5. Teoria Quântica de Campos e o Modelo Padrão
    Livro 6. Mecânica Térmica e Estatística e Termodinâmica do Buraco Negro
    Livro 7. Emanação Máxima de Informação e Teoria do Emanador

Visão geral do livro 1

O Livro 1 é uma exposição moderna da mecânica clássica, incluindo a teoria do caos, e também ligações com desenvolvimentos teóricos posteriores. A exposição consiste, ao longo do tempo, na apresentação de problemas interessantes, muitos deles resolvidos, outros deixados para o leitor. Os problemas são extraídos de cursos de mecânica clássica (CM) e matemática realizados em Caltech, Oxford e na Universidade de Wisconsin. Os cursos vão desde o nível de graduação até o nível de pós-graduação avançado. Os cursos tinham uma seleção rica e sofisticada de livros didáticos e materiais de referência, como seria de esperar, e esses textos de referência são, da mesma forma, extraídos aqui. Esses textos de mecânica clássica, listados por autor, incluem: Landau e Lifshitz [27]; Goldstein [25]; Fetter e Walecka [29]; Percival e Richards [28]; Arnaldo (ODE) [32]; Arnaldo (CM) [37]; Casa de madeira [38]; e Bender & Orszag [39]. Observe como a primeira referência de Arnold e a referência de Bender e Orszag envolvem livros didáticos focados em equações diferenciais ordinárias (EDOs). Da mesma forma, uma análise da excelente e rápida exposição de Landau e Lifshitz revela que ela progride parcialmente no material, passando por EDOs de complexidade crescente (correspondendo a movimentos de pêndulo mais complicados, por exemplo, como a adição de uma força de atrito). Este forte alinhamento com a matemática subjacente às EDOs continua nesta exposição, tanto que é fornecido um apêndice para uma rápida revisão das EDOs a partir da perspectiva da matemática aplicada.

A dinâmica das partículas, com e sem forças, é descrita, com todos chegando a descrições com movimento caótico, com o caos descrito na segunda metade do Livro 1 [46]. Descobriu-se universalmente que os sistemas em transição para um comportamento caótico o fazem com um notável processo de duplicação de período e isso será descrito matematicamente e com resultados computacionais. Na análise de tais sistemas dinâmicos descobriremos que sistemas físicos periódicos podem ser descritos em termos de "mapeamentos" repetidos, por exemplo, mapeamentos dinâmicos clássicos [91], e quando descritos desta forma a transição para o caos torna-se muito mais evidente matematicamente. (como será mostrado). O familiar conjunto de Mandelbrot é gerado por esse mapeamento repetido, onde sua "limite do caos" é definida pelo limite fractal da imagem clássica de Mandelbrot.

As propriedades do conjunto clássico de Mandelbrot serão relevantes para a física discutida no Livro 1 e no Livro 7, incluindo a propriedade de que o limite fractal tem uma dimensão fractal de 2 (a dimensão fractal do limite pode estar entre 1 e 2, para ficar igual a 2 é especial). Com o conjunto de Mandelbrot também recuperamos as constantes bem estudadas associadas às constantes universais de Feigenbaum [19]. No conjunto de Mandelbrot podemos ver claramente a constante fundamental para a perturbação máxima que está na antifase máxima (negativa) com magnitude C_∞, onde os mesmos resultados são válidos para uma família de formulações básicas (para uma variedade de formulações Lagrangianas, por exemplo).

A partir da formulação variacional Lagrangiana de 'ação' para o movimento de partículas, eventualmente definiremos a formulação variacional funcional integral de caminho envolvendo esse mesmo Lagrangiano para chegar a uma descrição quântica para o movimento quântico não relativístico de partículas (descrito em detalhes no Livro 4 [42] , e relativista no Livro 5 [43]). A partir da descrição quântica chegamos ao formalismo do propagador para descrever a dinâmica (isto também existe na formulação clássica, mas normalmente não é muito usado nesse contexto). Descobrir-se-á então que propagadores complexos têm ligações com a mecânica estatística e propriedades termodinâmicas (Livro 6 [44]). Os vínculos com a mecânica estatística são ainda mais enfatizados quando estamos à beira do caos, mas com o movimento da órbita ainda confinado. Isto pode estar associado a um regime ergódico, portanto, a um regime de equilíbrio e martingale, cuja existência pode então ser usada no início do Livro 6 [44] em derivações de mecânica estatística e termodinâmica com a existência de equilíbrios estabelecidos no início. A existência das medidas familiares de entropia já está indicada na descrição da neurovariedade (Livro 3 [41]), portanto, junto com o equilíbrio, a descrição da termodinâmica do Livro 6 é capaz de começar com uma base bem estabelecida que não é reivindicada por decreto, antes reivindicado como resultado direto do que já foi determinado na teoria/experimento descrita nos livros anteriores da Série.

Visão geral dos livros 2 e 3
Ao passar de uma teoria de partículas pontuais para uma teoria de campos, não há muita discussão nos principais livros de física sobre campos em um sentido geral, geralmente apenas salta diretamente para o principal campo de relevância, o Eletromagnetismo (EM). Se for avançado, também poderá abranger a Relatividade Geral (RG), como em

[125]. A seguir cobriremos esses tópicos, mas também cobriremos os campos mais básicos em 1, 2 e 3D (incluindo dinâmica de fluidos), bem como formulações de Campo Lorentziano 4D (para Relatividade Especial), a formulação de Campo de Gauge (portanto Yang Mills abordado em um contexto clássico) e as formulações geométricas e de calibre GR. Isto estabelece a base para as forças padrão e, após a quantização (Livros 4 e 5 da Série), estabelece a base para as forças renormalizáveis padrão (todas exceto a gravitação).

A constante de acoplamento gravitacional 'G' é um acoplamento dimensional (não como alfa em EM), e a gravitação com construção múltipla pode ser descrita como uma construção de campo de calibre, embora não seja renormalizável. A gravitação e a geometria/variedades associadas parecem estar relacionadas à sua própria estrutura emergente, como será discutido no Livro 6. A partir da geometria Lorentziana local e das descrições do campo Lorentziano, também vemos o primeiro de muitos exemplos onde há informações do sistema na complexificação. de algum parâmetro, aqui o componente de tempo. Se o Lorentziano for deslocado para o tempo complexo, isso o deslocará para um campo euclidiano, com propriedades de convergência formalmente bem definidas (como ocorre na mecânica estatística). O tempo complexo também mostra conexões profundas entre o movimento clássico e o movimento browniano associado (onde o passeio aleatório revela pi). Assim, não deveria ser surpreendente que uma variedade emergente possa ter uma estrutura complexa de modo que exista também uma variedade "térmica" emergente, possivelmente a variedade neuronal descrita no Livro 3 e as funções de partição relacionadas examinadas no Livro 6. Assim como o espaço localmente plano- o tempo é uma construção natural em GR, assim como as etapas de "aprendizado" de otimização em uma neurovariedade, de modo que a entropia relativa seja selecionada como uma medida preferida, e a partir dela a entropia de Shannon e a entropia estatística de Boltzmann. Assim, a construção múltipla que aparece no Livro 3 tem um impacto de longo alcance nos fundamentos da teoria termodinâmica e mecânica estatística descrita no Livro 6.

Antes mesmo de chegarmos às múltiplas complexidades/geometria do GR, no entanto, já estabelecemos muito com a parte do campo EM da teoria: (i) do EM 'livre' sem matéria obtemos a velocidade da luz c, invariância de Lorentz, e dessa relatividade especial e espaço-tempo localmente plano; (ii) de EM com matéria obtemos a constante de acoplamento adimensional alfa.

Ao examinar as teorias de campo para descrever a matéria, os campos de força e a radiação, descrevemos primeiro as teorias clássicas de campo (CFTs) da mecânica dos fluidos, EM e Relatividade Geral, com muitos exemplos mostrados. Isso é então transferido para a descrição da teoria quântica de campos (QFT) no Livro 5. Uma revisão das principais construções matemáticas empregadas em CFT e QFT é fornecida no Apêndice. Mesmo à medida que a abordagem da física matemática cresce em sofisticação, ainda obtemos soluções através de extremos variacionais. Assim, determinar a evolução do sistema a partir do seu ótimo variacional torna-se agora o foco do esforço. A 'propagação' do sistema de um momento para outro pode ser descrita por um propagador. Embora uma formulação de 'propagador' seja matematicamente possível na mecânica clássica (CM) e na teoria de campo clássica (FC), que são mostradas, isso geralmente não é feito, em favor de representações mais simples para a aplicação experimental em questão. À medida que avançamos para as descrições no domínio quântico, entretanto, o uso do formalismo do propagador torna-se típico e, quando usado nas formulações de integrais de caminho, chegamos a uma formulação compacta que descreve tanto a evolução quanto a solução da fase estacionária ao mesmo tempo.

No Livro 2 o foco está na teoria clássica de campos em uma geometria fixa, o principal exemplo físico é EM. Nesta configuração, alfa aparece, por exemplo, na descrição de um par elétron-pósitron: $F = e^2/(4\pi\varepsilon a^2)$ para distância elétron-pósitron 'a', onde alfa aparece como a constante de acoplamento. Mais tarde, na mecânica quântica (MQ), tanto moderna quanto no modelo inicial de Bohr, temos que alfa = $[e^2/(4\pi\varepsilon)]/(c\hbar)$. O aparecimento de alfa nestas situações ocorre em sistemas vinculados. Por outro lado, se examinarmos as interações EM que não estão ligadas, como com a Força de Lorentz $F = q(E \times v)$, aqui não surge nenhum parâmetro alfa, nem com a análise mecânica quântica inicial de tais sistemas, como com o espalhamento Compton. Assim, vemos um papel inicial para alfa, mas apenas em sistemas ligados, portanto, apenas em sistemas com expansões perturbativas (convergentes) nas variáveis do sistema.

No Livro 3, teoria de campo clássica com geometria *dinâmica* , ou seja, GR, não vemos alfa. Em vez disso, vemos construções múltiplas e a matemática da geometria diferencial (e, até certo ponto, topologia diferencial e topologia algébrica). Construções múltiplas são inteiramente encapsuladas na base matemática fornecida no Livro 3 e no Apêndice. Uma aplicação na área de neurovariedades (ver [24]), mostra que o equivalente a um caminho geodésico neste cenário é a evolução envolvendo etapas mínimas de entropia relativa. Semelhante à descrição de um espaço-tempo localmente plano, temos agora uma descrição da 'entropia' aumentando/evoluindo de acordo com a entropia relativa mínima.

A relatividade geral (GR) se destaca dos outros campos de força. Todos os outros campos de força fazem parte de uma representação conjunta do modelo padrão vis-à-vis o subgrupo de estabilidade U(1) xSU (2) ₗxSU (3). A forma é derivável dos produtos quirais T unilaterais descritos no Livro 7. O modelo padrão é obtido exclusivamente neste processo, e sem menção ao GR. Tenha em mente, porém, que a representação adjunta opera em algum espaço (hiperespinorial no caso de produtos à direita do octonion simples, por exemplo). A 'força' devida à gravidade é aquela devida à curvatura múltipla, onde a construção múltipla é possivelmente emergente no espaço de operação. Assim, a origem da força GR é totalmente diferente e não permitirá a quantização como as outras forças, nem as suas soluções singulares serão resolvidas apenas através da física quântica, como acontece com EM nos Livros 4 e 5, mas também necessitará de física térmica (como será descrito no Livro 6).

A existência de soluções GR singulares, fora de casos especialmente simétricos (as soluções clássicas de buracos negros), não foi firmemente estabelecida até o teorema da singularidade de Penrose [93] (recebeu o Prêmio Nobel de Física por isso em 2020). Parte deste material é abordado no Livro 3 para mostrar como o formalismo matemático muda para métodos de topologia diferencial para descrever as singularidades, com exemplos referenciando o clássico de Hawking e Ellis [94] e usando diagramas de Penrose. Isto, por sua vez, será útil ao descrever as cosmologias clássicas de FRW com fases dominadas por radiação e matéria (usando notas de Peebles [95], Peebles ganhou o Nobel de Física em 2019).

O desenvolvimento da GR seria negligente se não se aprofundasse brevemente nos modelos cosmológicos, em particular nas cosmologias clássicas do FRW. Com as ferramentas GR desenvolvidas, os resultados cosmológicos são examinados, começando pela entrada da constante cosmológica no formalismo (candidata à energia escura). Vários dados observacionais sobre rotações de galáxias e simulações de formação de aglomerados de galáxias no universo indicam a existência de matéria escura. Isto, então, significa que temos matéria nova, que não interage exceto gravitacionalmente, e isso é realmente consistente com os dados observacionais mais recentes sobre o valor do múon g-2 [96], onde a discrepância entre a teoria e o experimento cresceu para 4,2 desvios padrão. , onde uma extensão no Modelo Padrão parece estar em andamento. Isto é conveniente porque a teoria do Emanador (Livro 7 [45]) prevê tal extensão.

Podemos assim chegar às equações de campo para os campos de calibre EM, GR e Yang-Mills (forte e fraco). Podemos obter fenômenos de ondas e vórtices (como sugerido na dinâmica dos fluidos). Mostramos a instabilidade clássica da matéria atômica (instabilidade EM clássica) e a instabilidade gravitacional clássica (levando à formação de buraco negro com singularidade). A partir das formulações Lagrangianas podemos então chegar a uma formulação QFT (Livro 5). A formulação QFT completa a cura QM (Livro 4) da "instabilidade atômica não relativística" com a cura da descrição atômica totalmente relativística da instabilidade do colapso radiativo. A introdução de QFT também leva a novas instabilidades ou infinitos, mas estes podem ser eliminados pela renormalização para as formulações EM e eletrofracas, e a formulação forte de Yang-Mills, mas não a formulação GR (gauge). A atual formulação teórica da física moderna tem, portanto, uma lacuna gritante: uma teoria quântica da gravitação. Talvez este não seja um elemento que falta, no entanto, se a geometria/GR é um fenômeno derivado, como o campo da mecânica estatística e da termodinâmica apareceu como fenômeno derivativo quando o propagador quântico complexificado dá origem a uma função de partição real (quântica). A sugestão de uma teoria mais profunda do emanador sugere que estruturas emergentes da geometria e da termodinâmica são alcançadas no processo de emanação, com a informação emanada sendo a dos campos de matéria quântica renormalizáveis. No Livro 7 [45] um significado matemático preciso será encontrado para descrever a emanação máxima de informação.

Visão geral do livro 4
Em 1834, com o Princípio de Hamilton, havia uma base sólida para o que hoje é chamado de mecânica clássica. Em 1905, com a publicação de Einstein sobre o efeito fotoelétrico [97], as regras da mecânica clássica estavam sendo substituídas pelas novas regras da mecânica quântica. O aparecimento mais antigo da mecânica quântica, contudo, começou com as diversas observações de quantização da luz, começando com a estranha

ocorrência de linhas espectrais para o hidrogênio. O espectro do hidrogênio tornou-se ainda mais estranho devido ao ajuste preciso a uma fórmula empírica sucinta de Balmer em 1885 [98]. Este é o início de um incrível período de descobertas. Os desenvolvimentos do QM, do introdutório ao avançado, seguem aproximadamente essa história.

A fase inicial de descoberta da mecânica quântica mudou para o formalismo da mecânica quântica moderna com a descoberta de Heisenberg da aplicação bem-sucedida da mecânica matricial e do princípio da incerteza resultante (1925) [16]. Em 1926, Schrodinger mostrou que o problema de encontrar uma matriz hamiltoniana diagonal na mecânica de Heisenberg é equivalente a encontrar soluções de função de onda para sua equação de onda [17]. Uma interpretação da função de onda foi então esclarecida em 1927 por Born [107]. Dirac desenvolveu um formalismo manifestamente relativístico para a função de onda e a equação de onda para a matéria fermiônica (1928) [108]. Uma reformulação axiomática da mecânica quântica foi então dada por Dirac (1930) [18], estabelecendo as bases para grande parte da notação quântica moderna e para questões críticas como a auto- adjunção . Dirac então descreveu uma formulação de um caminho de propagação quântica, com o propagador quântico tendo o fator de fase familiar envolvendo a ação, em seu artigo "The Lagrangian in Quantum Mechanics" em 1933 [109]. Em essência, Dirac obteve um caminho único, no que seria eventualmente generalizado por Feynman para todos os caminhos com a invenção do formalismo integral de caminhos (1942 e 1948) [110,111]. A equivalência de uma formulação da mecânica quântica em termos de integrais de caminho e do formalismo de Schrodinger foi demonstrada por Feynman em 1948 [111].

Em uma descrição integral de caminho, o estado de mistura quântica, a física semiclássica e as trajetórias clássicas são todos dados pelo componente dominado pela fase estacionária. Uma solução de fase estacionária dominada por um único caminho é típica de um sistema clássico. Assim, os métodos variacionais são fundamentais para a análise de sistemas físicos, seja na forma de análise Lagrangiana e Hamiltoniana, ou em diversas formulações integrais equivalentes.

A descoberta de Feynman do formalismo integral de caminho não se baseou apenas no trabalho anterior de Dirac (1933) [109], embora ao anexar esse artigo à sua tese de doutoramento (1946) a sua importância tenha sido claramente enfatizada. Feynman também se beneficiou de trabalhos que remontam a Laplace [6] para processos de seleção baseados em construções integrais altamente oscilatórias que se autosselecionam para seu componente de fase estacionária. Este ramo da matemática acabou sendo associado ao método de descidas mais íngremes de Laplace, depois ao trabalho de Stokes e Lord Kelvin, depois ao trabalho de Erdelyi (1953) [112-114].

Feynman e outros inventaram a teoria quântica de campos para o eletromagnetismo (QED) durante 1946-1949 (mais sobre isso mais tarde). A extensão para eletrofraca ocorreu em 1959, e para QCD em 1973, e para o "Modelo Padrão" em 1973-1975. Assim, o impacto da revolução integral do caminho na física quântica foi sentido até meados da década de 1970, mas isto foi apenas o começo. No seu início, as integrais de caminho foram examinadas por Norbert Wiener, com a introdução da Integral de Wiener, para resolver problemas de mecânica estatística em difusão e movimento browniano. Na década de 1970, isso levou ao que hoje é conhecido como "a grande síntese", que unificou a teoria quântica de campos (QFT) e a teoria estatística de campos (SFT) de um campo flutuante próximo a uma transição de fase de segunda ordem, e onde o uso de métodos de grupo de renormalização permitiu que avanços significativos do QFT fossem transferidos para o SFT.

A grande síntese é um dos muitos casos que virão onde vemos a continuação analítica de uma constante ou parâmetro dando origem à física familiar nos domínios da termodinâmica e da mecânica estatística, mostrando uma conexão mais profunda (ainda não totalmente compreendida, ver Livro 7). A equação de Schrödinger, por exemplo, pode ser vista como uma equação de difusão com uma constante de difusão imaginária. Da mesma forma, a integral de caminho pode ser vista como uma continuação analítica do método para somar todos os passeios aleatórios possíveis.

No Livro 4 também examinamos cuidadosamente o equivalente gravitacional mais próximo do átomo de hidrogénio (colapso da camada de poeira). O que resulta é uma formulação incompleta devido às condições de contorno, onde para obter a escolha do tempo você deve inserir essa escolha do tempo. Nenhuma escolha específica de horário é indicada para evitar o colapso da queda. Os resultados, no entanto, podem mostrar estabilidade e consistência em uma descrição "completa" da gravidade quântica térmica onde a analiticidade é empregada. O sucesso desta forma, e não de outras, sugere um possível papel fundamental da analiticidade e da termalidade (Livros 6 e 7) e também sugere que a gravidade quântica térmica TQG pode 'existir' ou ser bem formulada, enquanto a gravidade quântica QG geralmente pode não 'existir '. Esses resultados, mostrados no Livro 6, fornecem a introdução à discussão do Livro 7 sobre a teoria do Emanador, onde os conceitos centrais dos Livros 1 a 6 que se ligam à teoria do emanador são reunidos em uma nova síntese teórica.

Visão geral do livro 5

No Livro 5 mostramos QFTs na representação de campo de calibre, que relaciona claramente a escolha da teoria de campos a uma escolha de álgebra de Lie, que, por sua vez, pode ser relacionada a uma escolha de teoria de grupos (como U(1) e SU (3)). A partir disso podemos ver que construções algébricas não clássicas são onipresentes em QM e QFT então uma revisão da Teoria dos Grupos e Álgebras de Lie é dada no Apêndice bem como uma revisão das Álgebras de Grassman e outras álgebras especiais necessárias em QM e QFT. Da mesma forma, no que diz respeito à escolha da abordagem, descobrimos que as formulações de Schrodinger e Heisenberg fornecem frequentemente a única forma tratável de obter uma solução para sistemas limitados. Em considerações teóricas críticas, entretanto, a abordagem integral de caminho é a melhor (como será mostrado). Na busca de uma teoria mais profunda, a abordagem mais unificada da integral de caminho (PI) fornece dicas importantes para uma teoria mais profunda (ver Livro 7).

No Livro 5 obtemos o resultado de maior precisão para o valor de alfa, em seu papel como parâmetro de perturbação. Se for realizado um cálculo do parâmetro de momento eletromagnético g-2, com todos os diagramas de Feynman apropriados para expansões até $5^{a \text{ ordem}}$, obtemos uma determinação de alfa até 14 dígitos, onde 1/alfa=137,05999...... . Isso nos dá uma das medições de alfa mais precisas conhecidas. Quando uma análise semelhante é feita para o múon g-2, dada a massa muito maior do múon, os pares de produção de partículas de outras partículas têm um efeito mensurável, e somos capazes de sondar as massas mais baixas do modelo padrão que estão presentes. Ao fazer isso, em experimentos preliminares, há uma discrepância indicando mais partículas, por exemplo, o Modelo Padrão precisará ser ampliado (possivelmente com um tipo de neutrino "estéril"). Essas partículas ausentes podem ser a "matéria escura" ausente. A previsão disso na Teoria do Emanador e por que deveria haver um desequilíbrio entre os neutrinos esquerdo e direito (dica: transmissão máxima de informação) é descrita no Livro 7.

Parte da descrição da teoria quântica de campos envolve o uso da analiticidade e outras estruturas complexas para encapsular mais da física em uma extensão complexa do espaço (ou dimensão). Isto muitas vezes leva a formulações em termos de integração complexa, com a escolha de contorno complexo especificado, como no caso do propagador de Feynman. Um dos principais métodos de renormalização, por exemplo, é usar a regularização dimensional, que envolve expressões contínuas analiticamente com dimensionalidade a dimensionalidade como um parâmetro complexo. Há também a mudança mencionada acima para expressões complexas e de "rotação de pavio" com tempo real para expressões com tempo complexo puro. Ao fazer isso, obtém-se a função de partição mecânica estatística para o sistema, com somatório bem definido. Assim, é indicada uma ligação entre 'termalidade' e estrutura complexa, pelo menos na dimensão temporal.

A segunda parte do Livro 5 descreve o QFT no espaço-tempo curvo (CST), onde chegamos a uma análise inicial da termodinâmica do Buraco Negro. Aqui descobrimos que a curvatura do espaço-tempo dá origem a efeitos de termalidade e produção de partículas. A termalidade do Buraco Negro foi revelada na radiação Hawking [118], devido ao limite causal no horizonte. Tal termalidade é vista até mesmo no espaço-tempo plano (Livro 5) se limites causais forem induzidos, como no caso de um observador acelerado [143].

QFT no CST tem mais um presente, fundamental para o formalismo da mecânica estatística a seguir no Livro 6, que é a relação spin-estatística. Esta relação é geralmente assumida, juntamente com outras noções críticas, como a entropia, e a relação entre entropia e densidade de estados. Tudo isso é mostrado, com o caminho de apresentação escolhido nesta Série de Física, como fundamental ou derivado do formalismo já estabelecido nos Livros 1 a 5 (para preparar o Livro 6).

A escolha do tempo está relacionada à escolha do vácuo, que está relacionada à escolha da geometria do campo ou do movimento do observador (como aceleração ou expansão constante). Se você tiver QFT de espaço-tempo plano com um limite, terá efeitos termodinâmicos (por exemplo, o observador de Rindler). Neste cenário, podemos comparar a derivação de Hawking da radiação de Hawking usando o 'truque' de euclideanização versus as transformações de Bogoliubov do campo para a geometria de Rindler da geometria de Minkowski (se escolhida como referência de vácuo assintótica). Com QFT em CST também chegamos às estatísticas de spin conforme mencionado, e obtemos a extensão final da teoria por meio de álgebras de Grassman, para chegar a descrições estatísticas de Bose e Fermi termodinamicamente consistentes sobre matéria quântica.

Visão geral do livro 6

A termodinâmica é a mais antiga das disciplinas da física (fogo), com uso sem remorso de argumentos fenomenológicos e misteriosos potenciais termodinâmicos (entropia). Obviamente, a termodinâmica ainda prevalece hoje, inclusive na sua forma mais quantificada através da mecânica estatística. Como isso não é uma falha na descrição mecanicista do universo indicada por CM e até mesmo por QM? Conceitos que apareceram no QM, como probabilidade, agora estão ocorrendo novamente. Outros novos conceitos também aparecem, incluindo: leis estatísticas aproximadas; equações de estado; calor como forma de energia; entropia como variável de estado; existência de equilíbrios; conjuntos/distribuições; e existência da função de partição. Muitos desses conceitos aparecem nas descrições integrais do caminho com os métodos/extensões de analiticidade mencionados anteriormente, portanto, há indícios de uma teoria mais profunda que chega a grande parte da base da termodinâmica/mecânica estatística a partir da teoria quântica existente.

O Livro 6 foi colocado após os demais capítulos para aguardar a identificação da entropia como fundamental, na medida em que pode ser identificada como uma função intrínseca do sistema antes mesmo de chegar à termodinâmica. Também já temos experiência com muitos sistemas de partículas, via QFT (especialmente em CST onde a criação de partículas é quase inevitável), sem abordar diretamente esse cenário (devido ao QFT efetivamente já ser de muitas partículas, com determinação analítica de funções de sistemas de muitas partículas, como entropia). Com a entropia apresentada inicialmente como uma importante variável do sistema, a derivação dos potenciais termodinâmicos é então um processo simples, como será mostrado. As conexões SM padrão com a termodinâmica podem então ser fornecidas. Assim, ao abordarmos a Termodinâmica e a Mecânica Estatística partimos dos fundamentos da teoria mais estabelecida, como a entropia (também com equipartição equivalente à soma em caminhos sem ponderações, etc.), sem suposições. Tudo decorre diretamente das descobertas teóricas delineadas nos livros anteriores da Série. Não vemos novas conexões com alfa, mas vemos novas estruturas/efeitos, especialmente construções múltiplas (como com GR, onde também não vimos nenhum papel para alfa).

Os laços estreitos entre QM Complexified dando origem a uma função de partição de conjunto de partículas, e QFT complexificado e função de partição de conjunto de campo, são agora simplesmente um aspecto derivado da complexação fundamental postulada. Esta complexação será colocada no Livro 7 com emanação em um espaço de perturbação complexificado.

Da Física Atômica, descrita no Livro 4, também obtemos as regras padrão sobre a conclusão da camada eletrônica (que está codificada na tabela periódica). Da mesma forma, também podemos compreender as origens das regras da química quântica intermolecular. Quando levados ao extremo da mecânica estatística (SM), temos o equilíbrio termodinâmico emergente da Lei dos Grandes Números (LLN) e da convergência reversa de Martingale. Com a conclusão da aplicação aos processos químicos, temos claros efeitos de transição de fase, bem como equilíbrio e efeitos de quase equilíbrio. Os resultados da química familiar, com fases da matéria.

Do equilíbrio químico e do quase equilíbrio, com 10^{23} elementos que interagem fracamente ou que não interagem, temos duas generalizações. A primeira é considerar o quase equilíbrio químico e obter diretamente um processo emergente neste nível, este é o ramo que nos dá a biologia/vida no seu nível mais primitivo. A segunda é considerar o equilíbrio e o quase-equilíbrio em geral quando os elementos interagem fortemente (com 10^{10} os elementos, digamos), este é o ramo que descreve a biologia/vida no seu nível social e económico mais avançados. No ruído de disparo clássico, a granularidade do fluxo de baixa corrente (devido à discrição da carga do elétron) leva a um efeito de ruído. Assim, à medida que consideramos situações com menos elementos, há mais complicações, e não menos, devido aos efeitos do ruído de granularidade, e entramos no reino do aprendizado de máquina com dados esparsos. Os efeitos do ruído podem ser significativos em sistemas complexos, especialmente em biologia, onde faz parte do que é selecionado (como na audição, para cancelamento de ruído de fundo).

A segunda parte do Livro 6 explora o papel da termodinâmica nos esforços para estender o TQFT e o TQG. Isso é feito explorando as configurações do Buraco Negro. O reconhecimento de um papel para a estrutura complexa nas variáveis do sistema torna-se aparente neste processo (além da generalização para álgebras não triviais, como já revelado).

No Livro 6, parte 2, examinamos a termodinâmica hamiltoniana de algumas geometrias de buracos negros com condições de contorno estabilizadoras. Nesta incursão na exploração direta de uma solução de gravidade quântica térmica (TQG), assumimos uma forma integral de caminho para o problema GR e mudamos diretamente para uma função de partição (por 'rotação de Wick' mencionada acima). Vemos que o TQG é possível, onde a capacidade térmica positiva mostra estabilidade. Outro resultado encorajador quanto a uma eventual teoria unificadora vem da teoria das cordas através de sua explicação da termodinâmica BH e dos efeitos do horizonte BH com a solução fuzz BH (através do uso da hipótese holográfica e da relação AdS -CFT relacionada [120,121]).

No Livro 6, parte 2, também examinamos a transformação do propagador para função de partição após a complexação, o que leva a uma teoria termodinâmica para alguma formulação de equilíbrio, com certos ajustes de parâmetros necessários para estabilidade (capacidade térmica positiva). Isso é possível em uma variedade de configurações, sugerindo como tais condições de contorno termodinamicamente consistentes podem ser o que restringe o movimento clássico e a formulação da singularidade BH pelo efeito dessa estabilização que se manifesta para certas geometrias internas. Formulações bem-sucedidas de TQG (Gravidade Quântica Térmica), como para os espaços-tempos RNadS e Lovelock mostrados no Livro 6, por meio de reformulação usando analiticidade, e não por meio de abordagens não analíticas, sugerem mais uma vez um possível papel fundamental da analiticidade e também sugerem que TQG pode ' existir" ou ser bem formulado, enquanto o QG geralmente pode não "existir". Esses resultados, juntamente com os conceitos centrais dos Livros 1 a 6 que estão vinculados à teoria do emanador, são reunidos em uma nova síntese teórica no Livro 7.

Visão geral do livro 7
Nos livros 4,5 e 6 da série, exploramos exemplos de QM com tempo imaginário, QFT em CST, QFT térmico, QG minisuperespacial e QG térmico. Neste esforço encontramos a integral de caminho e o propagador PI para fornecer a representação mais geral. Ao buscar uma teoria mais profunda no Livro 7, construímos a formulação de soma em caminhos

com propagador para chegar a uma formulação de soma em emanações com emanador.

A propagação em um espaço de Hilbert complexo, em uma formulação padrão QM ou QFT, requer que a função propagadora seja um número complexo (não real ou quaterniônico, etc., [122]). Isto proíbe o que de outra forma seria uma generalização óbvia para álgebras hipercomplexas. Para alcançar esta generalização, temos que introduzir uma nova camada na teoria, uma com emanação universal envolvendo álgebras hipercomplexas (trigintaduonions) que tem a hipótese de projetar para o familiar complexo espaço de Hilbert a propagação com elementos fixos associados (por exemplo, o formalismo do emanador projeta as constantes observadas e a estrutura de grupo do modelo padrão). A 'projeção' é uma construção matemática induzida, como ter SU(3) em produtos de octonions, mas aqui estamos o modelo padrão U(1) xSU (2) xSU (3) em produtos de trigintaduonions emanadores. Assim, no Livro 7 é colocada uma formulação variacional unificada, que chega a alfa como um elemento estrutural natural, entre outras coisas, especificado exclusivamente pela condição de emanação máxima de informação.

No Livro 7 também tomamos nota das implicações de uma operação matemática fundamental num espaço que é repetido ou adicionado. As forças não GR são dadas pela forma da operação (a sequência formando uma álgebra associativa), as forças GR são dadas indiretamente pela forma do espaço, o que deixa o aspecto "repetido ou adicionado" a ser considerado com cuidado. Se ocorrer uma operação ou mapeamento puramente "repetido", podemos retornar à discussão do mapeamento dinâmico do Livro 1, onde o caos pode ocorrer e é onipresente. Aí, a "transição de fase" primordial, a transição para o caos, é evidente. Se estiver envolvida uma operação com adição (no sentido estatístico de múltiplos elementos), juntamente com etapas gerais repetidas, chegamos ao quadro geral da mecânica estatística com efeitos da Lei dos Grandes Números (LLN) e da convergência reversa de Martingale, entre outros coisas (Livro 6). O mais notável, contudo, é a prevalência de um novo efeito, o das transições de fase e o surgimento de novas estruturas (ordem a partir da desordem), incluindo as notáveis estruturas da química e da biologia.

Por que a recorrente 'fórmula cabalística'? era uma questão já na época de Sommerfeld [58]. Agora, o paralelo numerológico é mais exato do que se imaginava naquela época, então é uma coincidência demais para ser por acaso. A não coincidência parece ser devida à natureza máxima da transmissão de informação em uma variedade de circunstâncias (na física, na biologia e até mesmo na comunicação humana com otimização suficiente), bem como à repetição semelhante a um fractal de conjuntos de parâmetros-chave que ocorre em essas diferentes configurações $\{10,22,78,137 \cong 1/alpha\}$. Vemos que 10 expressa a dimensionalidade da propagação (ou nós de conectividade), enquanto 22 corresponde ao número de parâmetros fixos na propagação (no Livro 7 exploramos a propagação em um subespaço de 10 dimensões do espaço trigintaduônico de 32 dimensões, deixando 22 dimensões em valores fixos que aparecem como parâmetros na teoria). Veremos que o número 78 está relacionado aos geradores do movimento, e que existem 4 quiralidades de movimento ('duplamente quiral'). Veremos também que 137 é simplesmente o número de termos de produto tri-octoniônicos independentes na 'emanação' quiral geral do trigintaduonion.

Sinopse – Frodo Vive

Tolkien escreveu sobre eucatástrofes [127], talvez ele tenha antecipado o papel construtivo dos fenômenos emergentes na transmissão máxima de informação.

Prefácio à Série de Física, Livro nº 1, sobre:

Mecânica Clássica e Caos

Este livro fornece uma descrição da mecânica clássica, começando com as formulações clássicas do movimento pontual de partículas. A primeira abordagem para fazer isso foi usar equações diferenciais (1ª e 2ª Lei de Newton $^{)}$; a segunda foi utilizar uma formulação de função variacional para selecionar as equações diferenciais (variação Lagrangiana); a terceira foi utilizar uma formulação funcional variacional (formulação de ação) para selecionar a formulação da função variacional. Este livro descreverá as três formulações e resolverá problemas em cada uma delas.

Somente quando a mecânica clássica já estava bem estabelecida é que se percebeu que existem dois domínios para o movimento em muitos sistemas: não caótico; e caótico. Esta é uma exposição moderna da mecânica clássica, incluindo, portanto, a teoria do caos e também ligações com desenvolvimentos teóricos posteriores. A exposição consiste, ao longo do tempo, na apresentação de problemas interessantes, muitos deles resolvidos, outros deixados para o leitor. Os problemas são extraídos de cursos de mecânica clássica e matemática realizados em Caltech, Oxford e na Universidade de Wisconsin. Os cursos vão desde o nível de graduação até o nível de pós-graduação avançado. Os cursos tinham uma seleção rica e sofisticada de livros didáticos e materiais de referência, como seria de esperar, e esses textos de referência são, da mesma forma, extraídos aqui. À medida que avançamos no material, veremos que estamos efetivamente estudando equações diferenciais ordinárias (EDOs) de complexidade crescente (correspondendo a movimentos de pêndulo mais complicados, por exemplo, como a adição de uma força de atrito). Este forte alinhamento com a matemática subjacente às EDOs motiva a colocação de um apêndice para uma rápida revisão das EDOs a partir da perspectiva da matemática aplicada.

Além de uma exposição moderna da teoria ODE subjacente, incluindo o caos, os outros principais elementos modernos devem indicar onde a teoria da mecânica clássica pode fazer a ponte com as teorias que ainda estão por vir, como a mecânica quântica e a relatividade especial. Existem cinco áreas de implementação teórica da Mecânica Clássica onde a Mecânica Quântica é trivialmente indicada (por extensão/continuação analítica, ou por modificação algébrica de abeliano para não abeliano), e tais áreas são descritas detalhadamente. Da mesma forma, existem três áreas de aplicação experimental onde a Relatividade Especial é indicada, que também são descritas.

Capítulo 1 Introdução

Este livro fornece uma descrição da mecânica clássica, começando com as formulações clássicas do movimento pontual de partículas. A primeira abordagem para fazer isso foi usar equações diferenciais (1^a e 2ª Lei de Newton); a segunda foi utilizar uma formulação de função variacional para selecionar as equações diferenciais (variação Lagrangiana); a terceira foi utilizar uma formulação funcional variacional (formulação de ação) para selecionar a formulação da função variacional. Este livro descreverá as três formulações e resolverá problemas em cada uma delas.

Em uma descrição do movimento de partículas, assumindo que não está em um domínio de parâmetro com movimento caótico, vários limites importantes são encontrados. Os exemplos incluem: as constantes universais do fenómeno do caos acima mencionado, que ainda são encontradas em regimes não-caos se forem levados "à beira do caos". A dispersão é definida no limite assintótico e a teoria das perturbações é bem definida no sentido de que é convergente. Globalmente, se a evolução for descrita como um "processo", trata-se frequentemente de um processo de Martingale, que tem limites bem definidos. Portanto, temos descrições de movimento, normalmente redutíveis a uma Equação Diferencial Ordinária, e para as quais normalmente existem soluções (que exigem definições de limite).

O desenvolvimento da mecânica clássica ocorreu principalmente durante os anos que vão de 1687 a 1834 [1-13]. Houve então uma lacuna considerável enquanto outras descobertas eram feitas, variando de quatérnios [14,15] ao eletromagnetismo, à mecânica quântica [16-18]. Finalmente, em 1976, o último elemento-chave da teoria clássica foi revelado com a descoberta da universalidade do caos [19]. Além disso, durante esse período, abordagens matemáticas mais sofisticadas tornaram-se mais comuns [20,21].

Um grande afastamento da teoria da mecânica clássica ocorreu com a relatividade especial, que foi revelada pela descoberta da Transformada de Lorentz em 1899 (houve indícios iniciais nos estudos de Fizeau [22] em 1851, mas isso não foi compreendido até Einstein décadas depois [23]). O desenvolvimento de métodos de mecânica clássica ainda é muito relevante nos dias atuais, em parte devido aos desenvolvimentos relacionados na IA moderna. Um dos métodos de classificação mais fortes conhecidos, a Máquina de Vetores de Suporte (SVM), por exemplo, é baseado em uma formulação de mecânica clássica (Lagrangiana) em uma aplicação de teoria de controle (com restrições de desigualdade) [24].

Uma descrição moderna da mecânica clássica sem a teoria do caos pode ser encontrada em Goldstein [25]. Um desenvolvimento chave na teoria, em termos de invariantes variacionais, foi contribuído por Noether em 1918 [26]. Outros livros modernos utilizados neste livro incluem os clássicos de Landau e Lifshitz [27], Percival & Richards [28] e Fetter & Walecka [29]. A análise de dois tempos [30] e a análise de estabilidade [31,32] também estão incluídas neste trabalho, seguidas pelos desenvolvimentos críticos mencionados acima na teoria do caos [19,33,34] e a aparência crítica dos fractais [35,36]

Esta é uma exposição moderna da mecânica clássica que consiste, do começo ao fim, na apresentação de soluções para problemas interessantes de uma série de textos de mecânica clássica, incluindo: Landau e Lifshitz [27]; Goldstein [25]; Fetter e Walecka [29]; Percival e Richards [28]; Arnaldo (ODE) [32]; Arnaldo (CM) [37]; Casa de madeira [38]; e Bender & Orszag [39]. Observe como a primeira referência de Arnold e a referência de Bender e Orszag envolvem livros didáticos focados em equações diferenciais ordinárias (Equações Diferenciais Ordinárias). Da mesma forma, uma análise da excelente e rápida exposição de Landau e Lifshitz revela que ela avança parcialmente no material passando por Equações Diferenciais Ordinárias de complexidade crescente. Este forte alinhamento com a matemática subjacente das Equações Diferenciais Ordinárias continua nesta exposição (de modo que um apêndice é fornecido para uma rápida revisão das Equações Diferenciais Ordinárias da perspectiva da matemática aplicada).

Começando com a equação diferencial de Newton F=ma, encontramos progressivamente equações diferenciais mais complexas. Reduzir um sistema dinâmico a um conjunto de equações diferenciais não é uma questão simples, e aprender a análise Lagrangiana para fazer isso será o foco inicial, mas o resultado final sempre pode ser considerado uma forma em termos de uma equação diferencial ordinária, ou conjunto de tal. Portanto, podemos reduzir o problema de descrever o movimento de um sistema ao de resolver uma Equação Diferencial Ordinária, isso

2

significa que terminamos? Para Equações Diferenciais Ordinárias mais simples, sim, analiticamente de fato (no Apêndice vemos, por exemplo, que equações diferenciais lineares de segunda ordem com coeficientes constantes sempre podem ser resolvidas). Para Equações Diferenciais Ordinárias mais complexas, ainda sim, mas são necessárias ferramentas computacionais (solução não na forma fechada). Às vezes, as Equações Diferenciais Ordinárias demonstram instabilidades, e para estas são necessárias análises mais sofisticadas e pode não haver respostas simples (como a existência do fenômeno do atrator estranho) [37]. Mais revolucionária do que a mera instabilidade é a descoberta do caos. Uma Equação Diferencial Ordinária pode ser bem comportada em um regime, mas pode mudar para um "movimento caótico" em outro regime. O "limite do caos" é marcado por um comportamento de duplicação de período universal e é descrito no Capítulo 7. Tudo o que um especialista em Equações Diferenciais Ordinárias poderia temer que pudesse ocorrer, no que diz respeito à complexidade, é considerado o caso (com instabilidades e estranhas atratores, etc.), e então isso foi duplicado com a descoberta do novo fenômeno do Caos via Universalidade. Para os exemplos de Equações Diferenciais Ordinárias descritos aqui, o foco está nos problemas de física, portanto as soluções caóticas estão diretamente relacionadas ao movimento caótico.

Além de uma exposição moderna da teoria da Equação Diferencial Ordinária subjacente, com o caos incluído, os outros principais elementos modernos devem indicar onde a teoria da Mecânica Clássica pode fazer a ponte com as teorias que ainda estão por vir, como a mecânica quântica [42] e a Relatividade Especial. [40]. Para a teoria de perturbação envolvendo soluções para uma Equação Diferencial Ordinária, uma variedade de técnicas são mostradas. Se for utilizada análise complexa, obtemos soluções, por exemplo, mas também vislumbramos os problemas gerais de Equações Diferenciais Ordinárias encontrados na Mecânica Quântica. As Equações Diferenciais Ordinárias gerais descritas no Apêndice chegam à forma de Sturm-Liouville, por exemplo, que possui uma formulação auto-adjunta relevante para a Mecânica Quântica. Ainda mais geral é a equação de Navier-Stokes (relevante para a dinâmica dos fluidos), e mais geral do que isso é a equação NS sem conservação de espécies (como em um semicondutor onde pode haver geração de portadores, portanto sem conservação, com uma equação de continuidade modificada, etc.). Os acoplamentos exigidos na formulação relativística, por sua vez, criam uma confusão bastante complicada que quase nunca é resolvida diretamente sem aproximação. Na prática, a "equação mestra de

Navier-Stokes" é aproximada dentro de algum domínio de operação que seja relevante.

A seguir, há cinco áreas teóricas de implementação da Mecânica Clássica, onde a Mecânica Quântica é indicada trivialmente (por extensão/continuação analítica), e tais áreas são descritas detalhadamente. Da mesma forma, existem três áreas de aplicação experimental, onde a Relatividade Especial é indicada, e estas também são descritas.

1.1 A condição *sine qua non* do caos e dos fenômenos emergentes

Veremos que a mecânica clássica é um caso especial de uma teoria da mecânica quântica mais ampla, portanto, pode parecer que rebaixamos a mecânica clássica a uma teoria derivada de outra... *exceto pela* existência da teoria do caos. O caos é um aspecto dinâmico fundamentalmente novo (de todas as teorias clássica, quântica, estatística, com forma diferencial apropriada), mas é o mais simples (embora ainda familiar) no regime da mecânica clássica. O movimento caótico é exibido de forma onipresente, mas também pode ser evitado em muitos problemas de mecânica clássica, como pequenos problemas de oscilação. O caos, como fenômeno universal, também possui constantes universais, que serão exploradas. Um caminho simples para encontrar o caos é usar a representação hamiltoniana e examinar qualquer movimento periódico envolvendo não-linearidades. Quando vistos como um mapa iterativo, os domínios do caos são claramente exibidos (como será mostrado no Capítulo 7). Da mesma forma, a mecânica estatística pode ser vista como uma teoria derivada da mecânica clássica, *mas para* a ocorrência da medida entrópica e de fenômenos emergentes (transição de fase) (a serem discutidos em outros livros desta série [40-46], especialmente [41] e [44]).

1.2 O papel das equações diferenciais ordinárias, fenomenologia e análise dimensional

Uma leitura atenta do índice revelará muitas subseções relacionadas à aplicação de equações diferenciais ordinárias. Este foco nas Equações Diferenciais Ordinárias não é por acaso e nem o é a inclusão de um grande apêndice (Apêndice A) sobre Equações Diferenciais Ordinárias. (O Apêndice A descreverá métodos gerais de Equações Diferenciais Ordinárias e métodos avançados, com inúmeras soluções elaboradas.) Quase sempre, o problema da mecânica clássica pode ser reduzido à resolução de uma Equação Diferencial Ordinária. Como foi com isso que começamos, com Newton (uma Equação Diferencial Ordinária de 2ª ordem

4

), isso pode não parecer um progresso, no entanto, chegar à Equação Diferencial Ordinária correta para um sistema é muitas vezes difícil, se não quase impossível, sem o técnicas intervenientes (Lagrangiana e Hamiltoniana). Portanto, tais métodos são obviamente necessários, mas também é necessário um conhecimento profundo de Equações Diferenciais Ordinárias. Sabendo que teremos uma equação diferencial, e restringindo-nos a equações consistentes com a análise dimensional, podemos muitas vezes chegar diretamente à base de uma série de argumentos fenomenológicos para equações de movimento e suas soluções através de Equações Diferenciais Ordinárias (e sugestões ou explicações sobre novos fenômenos). A análise dimensional e a fenomenologia são descritas no Capítulo 9.

1.3 Fontes de problemas; Nível de cobertura; Soluções detalhadas; Métodos Avançados

Alguns dos problemas (com e sem soluções) estão ao nível das questões do exame de candidatura ao doutoramento (um exame, ou "exame preliminar", que é realizado no final do segundo ano de um programa de doutoramento em Física para avançar à candidatura, em algumas instituições, como UWM e U. Chicago). Esses problemas tendem a ser os mais difíceis. Alguns dos problemas, quase tão difíceis, estão relacionados a problemas que me foram atribuídos em cursos de graduação e pós-graduação realizados quando era estudante na Caltech. Em muitos casos, minhas soluções cuidadosamente elaboradas foram usadas nos "conjuntos de soluções" fornecidos posteriormente à turma. Tais problemas e minhas soluções são mostrados para problemas dos seguintes cursos do Caltech (ca 1987): Tópicos em Física Clássica; Dinâmica Avançada; e Métodos de Matemática Aplicada (no Apêndice A). Freqüentemente, os problemas, ou exemplos, dos cursos foram derivados de problemas dos principais livros didáticos disponíveis em Mecânica Clássica. Assim, tais fontes também foram utilizadas diretamente para alguns dos problemas aqui resolvidos e incluem soluções para problemas dos seguintes textos clássicos: Goldstein [25]; Landau e Lifschitz [27]; Percival e Richards [28]; e Fetter&Walecka [29]. As soluções são fornecidas com extensos detalhes matemáticos, como o que poderia ser fornecido em uma aula expositiva, a fim de ensinar detalhadamente a técnica de solução (índice "ginástica").

1.4 Sinopse dos capítulos a seguir

Para começar, consideramos a teoria clássica do movimento pontual de partículas e a mecânica clássica. Isto começa, na Seção 2.1, com uma breve descrição da formulação do cálculo de Newton (1687) [1], onde a força newtoniana é igual à massa vezes a aceleração (uma segunda derivada da posição na notação de Leibnitz). Leibnitz foi o outro grande inventor do cálculo, com uso do cálculo integral em notas não publicadas em 1675 [2], e publicadas em 1684 (para tradução, ver Struik [3]). Leibnitz também descreveu o teorema fundamental do cálculo (moderno) (a relação inversa entre integração e diferenciação) em 1693 [4]. O papel inicial dos polímatas orientados para a matemática no desenvolvimento dos fundamentos matemáticos da mecânica clássica continuou com Euler e Laplace. Euler fez contribuições cedo, com Mechanica (1736) [5], mas continuou com desenvolvimentos na matemática subjacente e na física matemática por várias décadas, impactando Lagrange mais de cinquenta anos depois, em 1788 (com a síntese conhecida como equações de Euler-Lagrange). O método de Laplace descrito em (1774) [6], da mesma forma, teve um grande impacto na reformulação de Hamilton em 1834 (que dá origem ao propagador clássico associado a $\int e^{Mf(x)}\,dx$, for $M \gg 1$) [6] , bem como aos métodos de integral de caminho na década de 1940 (propagador quântico associado com $\int e^{iMf(x)}\,dx, M \gg 1$) [48] .

Depois de Newton, a próxima formulação importante da teoria clássica foi com a descrição da força de D'Alembert no contexto do trabalho virtual (1743) [7]. O trabalho virtual, equilibrando o trabalho realmente realizado a zero, é equivalente a uma forma das equações de Euler-Lagrange [8,9], que readquirem as equações de movimento como antes, mas agora com uma descrição muito mais fácil das restrições holonômicas (como para restrições rígidas). corpos, onde a equação de restrição não é uma equação diferencial). Na Seção 3.3.1 revisamos os tipos de restrições, como a holonômica. Em muitas situações temos restrições não holonômicas (como para um objeto rolante). A complicação das restrições não holonômicas é facilmente gerenciada na reformulação de Hamilton em termos do Princípio da Mínima Ação (1833,1834) [10-13], descrito no Capítulo 3. Hamilton muda a base matemática da formulação teórica para ser uma variação variacional. extremo de um funcional de ação definido como a integral de uma função Lagrangiana para uma partícula pontual ao longo do tempo (ao longo de uma trajetória ou caminho). O mínimo variacional, por exemplo, o princípio de menor ação, então recupera as equações de Euler-Lagrange para descrever as mesmas equações de movimento que com D'Alembert, exceto que agora temos os meios para lidar com restrições não holonômicas por meio de multiplicadores de Lagrange (brevemente descritos na Seção 3.3.1, e depois usado em alguns exemplos na Seção

3.3.2). Hamilton também co-descobriu quaternions (1843-1850) [14], junto com Olinde Rodrigues (1840) [15], que seriam usados na expressão do eletromagnetismo inicial por Maxwell (a ser discutido em [40]), e na indicação de mais álgebras complexas (um prelúdio à mecânica quântica – a ser discutido em [42]).

A formulação variacional mostrada no Capítulo 3 também "unifica" a teoria clássica de outras maneiras [7-14], bem como faz uma ponte para a "nova" teoria quântica (detalhes em [42]). Isso ocorre porque a teoria quântica pode ser expressa em termos de uma formulação integral oscilatória, onde a restrição de ter uma ação mínima é alcançada não como uma regra variacional fundamental, mas como uma consequência da soma de todos os caminhos de movimento cujas ações entram como termos de fase em uma integral altamente oscilatória (desenvolvimento matemático inicial do método de Laplace [6]), que por sua vez seleciona as equações clássicas de movimento como uma aproximação de ordem zero para a integral oscilatória (fase estacionária). Na primeira ordem temos efeitos semiclássicos, e uma soma da descrição quântica completa dá a teoria quântica completa (ver [42] para mais detalhes).

O Capítulo 3 explora especificamente a aplicação da formulação de ação mínima em termos de um funcional (a ação) na função Lagrangiana integrada ao longo de um caminho especificado. Uma ampla gama de sistemas clássicos pode ser descrita com tal aplicação da metodologia variacional. Existem duas formas principais de formular o funcional de ação que são relacionados pela transformação de Legendre: (i) o já mencionado método Lagrangiano e, (ii) o método hamiltoniano. O Hamiltoniano, a ser descrito (com aplicações) no Capítulo 6, está associado a quantidades conservadas do sistema, se existirem, como a energia. Neste último sentido, de descrição das quantidades conservadas do sistema, o Hamiltoniano é introduzido no Capítulo 3, para expressar essas quantidades conservadas nas soluções. A análise da perspectiva de uma análise variacional hamiltoniana completa, entretanto, não é feita até o Capítulo 6. As breves seções intermediárias incluem o Capítulo 4 Medição Clássica; e Capítulo 5 Movimento Coletivo.

Os Capítulos 3, 6 e 8 descrevem a formulação hamiltoniana de primeira ordem em termos de coordenadas canônicas. A representação do espaço de fase da dinâmica do sistema em termos de coordenadas canônicas permite então que as propriedades do hamiltoniano sejam exploradas quando visto como uma função de mapeamento em um espaço de fase.

Descobrimos que tais mapeamentos conservam áreas e nos permitem descrever o comportamento assintótico do sistema com facilidade em muitas situações, incluindo situações que demonstram claramente um fenômeno radicalmente novo: o 'caos'. A ocorrência onipresente do caos e dos sistemas clássicos "à beira do caos" é então descrita no Capítulo 7.

A "universalidade" do caos foi demonstrada no artigo de Feigenbaum de 1976 [19]. Essa universalidade ocorre com a suposição de que a função de mapeamento possui um máximo local quadrático (parabólico). Feigenbaum indica que esta é uma relação normal, mas não dá mais detalhes. Acontece que ter uma forma quadrática para o máximo local (perto de um ponto crítico) é uma propriedade geral do cálculo de variações e dos Espaços de Hilbert conhecida como lema de Morse-Palais [20,21]. A suposição que sustenta a universalidade do caos é válida se existir uma função suficientemente suave perto de pontos críticos de interesse, por exemplo, se existir uma descrição múltipla (com uma função suave). Suponha que invertamos isso (como será feito em [47]) e suponhamos que o caos é um limite fundamental, sempre presente. Se isso for verdade, então Morse-Palais deve ser sempre aplicável, portanto temos uma variedade (geometria). Isso é interessante porque antes mesmo de chegarmos aos campos/geometrias dinâmicas (variedades) em [41], vemos evidências de que tal construção matemática existe como consequência da universalidade de, bem, Universalidade [19].

O Capítulo 8 aborda propriedades mais explícitas de coordenadas canônicas e transformações entre elas. Isso permite que sejam escolhidas coordenadas canônicas que simplificam bastante a análise, desacoplando as equações de movimento e tornando-as constantes do movimento, ou coordenadas do movimento, em muitos casos. O caso mais dissociado é descrito pela chamada equação de Hamilton-Jacobi, que, quando deslocada para o formalismo de operadores da teoria quântica, descrito em [42], torna-se a familiar equação de Schrödinger. Outra formulação, em termos de variáveis canônicas apropriadamente escolhidas, dá origem à formulação de Poisson Bracket. Isto também é discutido, não por sua aplicação na física clássica *em si* , mas devido à sua mudança trivial para uma formulação de operador comutador para chegar à outra (a primeira) reformulação quântica da teoria clássica (a formulação de Heisenberg). O Capítulo 9 continua com outra vantagem da formulação hamiltoniana, uma quantidade conservada em muitos sistemas, através da sua aplicação à teoria das perturbações. O uso de hamiltonianos em contextos *de perturbação* clássica e quântica é discutido. O Capítulo 9 também descreve a análise dimensional, que quando tomada em conjunto com uma análise de quantidades conservadas, pode dar origem a soluções surpreendentes baseadas apenas na auto-similaridade – com alguns exemplos clássicos dados. Exercícios extras são colocados no Capítulo 10.

A mecânica clássica descrita neste livro aborda apenas brevemente as correções relativísticas especiais, ou seja, concentra-se na matéria particulada movendo-se a velocidades não relativísticas. Assim, neste livro há a aproximação do tempo absoluto, uma noção de simultaneidade e de transmissão instantânea de força com mudança de posição da fonte. Observe que esta separação da relatividade especial da física clássica deste livro também é razoável, fisicamente, na medida em que, no nível da matéria particulada e não relativística examinada, há pouca oportunidade de ver efeitos relativísticos especiais. Veja a Seção 3.3.2 para uma indicação experimental inicial da existência de uma magnitude de 4 vetores para energia-momento na fórmula de espalhamento Compton. Outro exemplo onde foram observados efeitos relativísticos, embora não percebidos na época, foi nos experimentos de Fizeau sobre a propagação da luz através de água corrente (1851) [22]. (Einstein observou que " os resultados experimentais que mais o influenciaram foram as observações da aberração estelar e as medições de Fizeau sobre a velocidade da luz na água em movimento " [23].) O experimento Fizeau (Seção 4.3) dá origem a uma velocidade relativística 4 -cálculo de adição de vetores (para o efeito Doppler relativístico). Uma vez revelado o efeito Doppler relativístico, toda a relatividade especial pode ser recuperada por meio do cálculo K de Bondi (descrito em [40]).

Uma vez que chegamos às noções de campos de força dinâmicos em [40], a transformação de Lorentz nas equações de Maxwell (como 4 vetores) é revelada (1899), e a extensão dessas transformações para toda a matéria *à la* Einstein segue em 1905. Para isso razão, a teoria da relatividade especial e os antecedentes e soluções de problemas são colocados em [40] em Fields.

Assim, os campos descritos neste livro, se existirem, são estáticos ou estacionários, onde a discussão de seu papel dinâmico geral é adiada para [40]. Os sistemas mecânicos clássicos considerados também são simples, pois apenas alguns elementos estão interagindo e em movimento a qualquer momento. As conexões com sistemas com muitos elementos são deixadas principalmente para [44] em Mecânica Estatística. Mesmo no nível da mecânica clássica, entretanto, ainda podemos ver sinais preliminares de novos fenômenos (devido aos fenômenos emergentes de Martingale e ao comportamento da Lei dos Grandes Números, LLN). A partir disso podemos começar a ver que existem novos parâmetros fundamentais, como a entropia (discutido em [41], no que diz respeito à geometria da informação, e no Livro 6 de Mecânica Estatística).

Observe que antes de chegarmos a [44] sobre Mecânica Estatística, onde o papel fundamental da entropia é principalmente explorado, já teremos 'descoberto' a entropia no contexto da teoria da aprendizagem estatística em uma *variedade neuro* (dada em [41]. Quando a aprendizagem estatística é realizada em uma construção de rede neural (NN) com aprendizagem NN via Expectativa/Maximização, o processo de aprendizagem pode ser descrito usando geometria da informação é um formalismo de geometria diferencial aplicado a famílias de distribuições em processos de aprendizagem estatística. aprendizagem estatística ideal, pode ser mostrado que a entropia é selecionada para noções 'locais' de distância distribucional em um processo semelhante à distância euclidiana (espaço-tempo plano) sendo selecionada como uma noção geométrica local de distância múltipla. como uma medida local, assim como o espaço-tempo localmente plano é selecionado (com a métrica local de Minkowski, a implementação direta da aprendizagem estatística, na forma de aprendizagem SVM baseada em IA [24], é na verdade um exercício) . na otimização Lagrangiana com restrições de desigualdade não holonômicas (ver [24]), portanto será diretamente acessível para aqueles que dominam o material deste livro.

Agora, para começar... com Newton.

Capítulo 2. Newton, Leibnitz e D'Alembert

As descrições matemáticas da física devem tentar justificar por que a sua descrição deveria ser de uma certa maneira ou evoluir de uma certa maneira, entre todas as possibilidades matematicamente expressáveis. A resposta, especialmente no rescaldo da filosofia defendida por Maupertus e Leibnitz [2], é tipicamente alguma forma de ótimo selecionado no estado ou no caminho do movimento (caminho mais curto, por exemplo). Dada a ideia de buscar um extremo variacional, faz sentido que haja a invenção (ou descoberta) do cálculo variacional.

Antes de 1660, a física pré-cálculo havia adquirido um corpo de dados observacionais, mas ainda não tinha a matemática inventada para lidar com a descrição de trajetórias e caminhos extremos (que serão mostrados como sendo essas trajetórias). Isso não quer dizer que um corpo de desenvolvimento matemático crítico já não tivesse ocorrido, remontando à invenção da trigonometria primitiva com o conceito do seno do ângulo (o seno era usado no rastreamento de estrelas pelos astrônomos indianos, Período Gupta, mas o uso do método pode remontar aos antigos babilônios com descobertas futuras [75]).

O cálculo fluxional de Newton foi inventado em 1665-1666 (durante a peste de Londres), mas ele evitou o uso direto de infinitesimais ao expressar suas conclusões. O cálculo de Leibniz aceita o uso e a validade de infinitesimais desde o início e iniciou o desenvolvimento da notação para infinitesimais em 1675, que ainda está em uso hoje. A validade matemática formal do uso de infinitesimais teve que esperar até 1963 pela "Análise não padronizada" de Abraham Robinson [76,77].

A descrição da realidade pela física matemática, portanto, tornou-se estabelecida com o desenvolvimento do cálculo na década de 1660 [1,2]. O cálculo variacional, especificamente, fornece soluções físicas e descrições da realidade que estão em conformidade com a observação, onde a descrição física da realidade está na forma de um extremo variacional [6,10,11]. Isso é descrito em detalhes em Mecânica Clássica e Teoria Clássica de Campos. Ter um processo variacional para selecionar o ótimo geralmente envolve a resolução de alguma forma de equação diferencial (revisada em detalhes no Apêndice). Tudo bem se você puder resolver a equação diferencial, mas se não puder, é benéfico ter alguma outra metodologia de análise para selecionar equações de movimento. Assim, foi reconhecido desde muito cedo que seria possível ter um processo de seleção baseado em construções integrais altamente oscilatórias que se autosselecionam para seu componente de fase estacionária [6]. Este último caminho acabará por estabelecer as bases para a abordagem do Caminho Integral para a física quântica (ver [42]) e para toda a física clássica que veio antes como um caso especial.

A introdução de conceitos de física matemática antes da validação matemática formal é um tema recorrente na física. Outro exemplo é a introdução da função delta por Dirac, formalizada através da teoria da distribuição L^2 [78] (isto é o que é criticamente necessário na formulação quântica auto-adjunta subjacente).

2.1 Lei da Força de Newton e, com Leibnitz, Invenção do Cálculo

Vamos começar com uma reformulação das três leis de Newton:

1ª Lei: $\frac{dp}{dt} = 0$ se $F = 0$, onde $p = mv$ e m é massa e v é velocidade.

2ª Lei: $\frac{dp}{dt} = F \rightarrow F = ma$.

3ª Lei: A força exercida entre dois objetos é igual e oposta.

$$(2\text{-}1)$$

E, quando há mais de uma partícula, temos para a equação de movimento da i-^{ésima} partícula:

$$\sum_j \vec{F}_{ji} + \vec{F}_i = \dot{\vec{p}}_i \, ,$$

$$(2\text{-}2)$$

onde $\vec{F}_{ji}$ está a força da j$^{-ésima}$ partícula sobre a i$^{-ésima}$ partícula ($\vec{F}_{ii} = 0$), $\vec{F}_i$ é a força externa resultante sobre a i$^{-ésima}$ partícula e $\dot{\vec{p}}_i$ é a derivada temporal do momento da i-ésima partícula. Lembre-se da 3ª Lei de Newton , onde a força exercida entre dois objetos é igual e oposta, ou seja $\vec{F}_{ji} = -\vec{F}_{ij}$, isso é conhecido como lei fraca de ação e reação [25].

No Capítulo 1, Problema 6 (pág. 31) de Goldstein [25], descrito abaixo, descobrimos que as equações padrão de movimento para a posição do centro de massa e momento, tomadas como ponto de partida, não apenas indicam a lei fraca de ação e reação, mas também a lei forte, *onde as forças residem estritamente ao longo da linha que une os objetos* . Este

12

resultado conveniente ocorre porque as equações de movimento do sistema se relacionam implicitamente com as leis de conservação no nível do sistema, de modo que, tomadas ao contrário, vemos leis de conservação globais restringindo a dinâmica local e as descrições de forças locais, de modo que as forças entre os objetos ficam estritamente ao longo da linha que une os objetos. Isto é desenvolvido mais extensivamente no contexto do Teorema de Noether [26] em uma seção posterior. Por enquanto, vamos considerar o sistema de centro de massa em detalhes, começando com uma descrição da coordenada do centro de massa que possui equação de movimento:

$$\vec{R} = \frac{\sum m_i \vec{r}_i}{\sum m_i}; \quad M = \sum m_i; \quad M\frac{d^2\vec{R}}{dt^2} = \sum_i \vec{F}_i = \vec{F}^{(ext)},$$

onde isto se refere às equações de movimento para os objetos individuais após a eliminação da coordenada do centro de massa:

$$\sum m_i \frac{d^2\vec{r}_i}{dt^2} = \sum_i \vec{F}_i.$$

Uma comparação direta com a equação individual de movimento acima, quando somada aos objetos, mostra que devemos ter:

$$\sum_{i,j} \vec{F}_{ji} = 0 \rightarrow \vec{F}_{12} = -\vec{F}_{21},$$

(2-3)

No caso fundamental de dois objetos, obtemos assim a lei fraca de ação e reação (até agora). Agora vamos voltar nossa atenção para a descrição do sistema de movimento angular (em torno do centro), que se relaciona com a conservação do momento angular. Começando com o momento angular do sistema e a mudança no momento angular com o torque externo:

$$L = \sum_i \vec{r}_i \times \vec{p}_i; \quad \frac{dL}{dt} = \sum_i \vec{r}_i \times \vec{F}_i,$$

primeiro calculamos a derivada temporal diretamente:

$$\frac{dL}{dt} = \sum_i \dot{\vec{r}}_i \times \vec{p}_i + \vec{r}_i \times \dot{\vec{p}}_i = \sum_i \vec{r}_i \times \dot{\vec{p}}_i$$

Uma comparação direta das derivadas temporais do momento angular indica que devemos ter:

$$\sum_{i,j} \vec{r}_i \times \vec{F}_{ji} = 0.$$

(2-4)

Novamente, vamos nos concentrar em dois objetos interagindo (rotulados 1 e 2): $\vec{r}_1 \times \vec{F}_{21} + \vec{r}_2 \times \vec{F}_{12} = 0$, e desde $\vec{F}_{ji} = -\vec{F}_{ij}$ já, devemos ter: $(\vec{r}_1 -$

$\vec{r}_2) \times \vec{F}_{12} = 0$,completando a lei forte da prova de ação-reação - as forças estão estritamente ao longo da linha que une os objetos (permitindo uma descrição de função potencial em análise posterior).

2.2 Princípio do Trabalho Virtual de D'Alembert

Esta seção resume o argumento de D'Alembert em notação moderna de acordo com [25,37]. Suponha que o sistema esteja em equilíbrio, ou seja, $\vec{F}_i = 0$então claramente $\vec{F}_i \cdot \delta \vec{r}_i = 0$. Então, $\sum \vec{F}_i \cdot \delta \vec{r}_i = 0$, que agora decompomos como:

$$\vec{F}_i = \vec{F}_i^{(a)} + f_i,$$

(2-5)

onde $\vec{F}_i^{(a)}$está a força aplicada e f_ié a força de restrição. Por isso,

$$\Sigma_i^\square \vec{F}_i^{(a)} \cdot \delta \vec{r}_i + \Sigma_i^\square \vec{f}_i \cdot \delta \vec{r}_i = 0,$$

onde $\delta \vec{r}_i$podem ser deslocamentos arbitrários. Restringimos agora à situação em que o trabalho virtual líquido devido às forças de restrição é zero, $\Sigma_i^\square \vec{f}_i \cdot \delta \vec{r}_i = 0$para então obter:

$$\Sigma_i^\square \vec{F}_i^{(a)} \cdot \delta \vec{r}_i = 0.$$

Suponha que o sistema esteja agora em um ambiente geral, $\vec{F}_i = \dot{\vec{p}}_i$se dividirmos a força de restrição como antes:

$$\Sigma_i^\square \left(\vec{F}_i^{(a)} - \dot{\vec{p}}_i \right) \cdot \delta \vec{r}_i + \Sigma \vec{f}_i \cdot \delta \vec{r}_i = 0$$

e, com a mesma suposição de trabalho virtual líquido zero devido a restrições, obtemos:

$$\Sigma_i^\square \left(\vec{F}_i^{(a)} - \dot{\vec{p}}_i \right) \cdot \delta \vec{r}_i = 0 , \quad D'Alembert's \ principle$$

(2-6)

Da forma acima devemos transformar para coordenadas generalizadas que são independentes umas das outras, de modo que os coeficientes dos deslocamentos possam ser zero separadamente:

$$\vec{r}_i = \vec{r}_i(q_1, q_2, \dots q_n, t) \rightarrow \delta \vec{r}_i = \Sigma_j^\square \frac{d\vec{r}_i}{\partial q_j} \delta q_j .$$

Primeiro considere a transformação da $\vec{F}_i^{(a)} \cdot \delta \vec{r}_i$peça (eliminando o sobrescrito 'aplicado'):

$$\Sigma_i^\square \vec{F}_i \cdot \delta \vec{r}_i = \Sigma_{i,j}^\square \vec{F}_i \cdot \frac{\partial \vec{r}_i}{\partial q_j} \delta q_j = \Sigma_j^\square Q_j \delta q_j$$

$$\rightarrow Q_j = \Sigma_i^\square \vec{F}_i \cdot \frac{\partial \vec{r}_i}{\partial q_j}$$

(2-7)

onde a dimensão de Q não precisa ser a dimensão da força, nem as coordenadas generalizadas as dimensões do comprimento, mas seu produto ainda deve ser a dimensão do trabalho. Agora vamos considerar a transformação do $\Sigma_i^{\square} \, \dot{p}_i \cdot \delta\vec{r}_i$ termo:

$$\Sigma_i^{\square} \dot{p}_i \cdot \delta\vec{r}_i = \Sigma_i^{\square} m_i \ddot{\vec{r}}_i \cdot \delta\vec{r}_i = \Sigma_{i,j}^{\square} m_i \ddot{\vec{r}}_i \cdot \frac{\partial \vec{r}_i}{\partial q_j} \delta q_j$$

$$= \Sigma_{i,j}^{\square} \left\{ \frac{d}{dt}\left(m_i \ddot{\vec{r}}_i \cdot \frac{\partial \vec{r}_i}{\partial q_j} \right) - m_i \dot{\vec{r}}_i \frac{d}{dt}\left(\frac{\partial \vec{r}_i}{\partial q_j} \right) \right\} \delta q_j$$

agora,

$$\frac{d}{dt}\left(\frac{\partial \vec{r}_i}{\partial q_j} \right) = \Sigma_k^{\square} \frac{\partial^2 \vec{r}_i}{\partial q_j \partial q_k} \dot{q}_k + \frac{\partial^2 \vec{r}_i}{\partial q_j \partial t} = \frac{\partial}{\partial q_j} \frac{d\vec{r}_i}{dt} = \frac{\partial \vec{r}_i}{\partial q_j}.$$

Além disso, mudando para $\dot{\vec{r}_i} = \vec{v_j}$:

$$\frac{\partial \vec{v_i}}{\partial \dot{q}_j} = \frac{\partial}{\partial \dot{q}_j}\left\{ \Sigma_k^{\square} \frac{\partial r_i}{\partial q_k} \dot{q}_k + \frac{\partial r_i}{\partial t} \right\} = \frac{\partial r_i}{\partial q_j}$$

Agora podemos escrever

$$\Sigma_i^{\square} \dot{p}_i \cdot \delta\vec{r}_i = \Sigma_i^{\square} \left\{ \frac{d}{dt}\left(m_i \vec{v}_i \cdot \frac{\partial \vec{v_j}}{\partial \dot{q}_j} \right) - m_i \vec{v}_i \cdot \frac{\partial \vec{v_j}}{\partial q_j} \right\}$$

$$= \Sigma_i^{\square} \left\{ \frac{d}{dt}\left(\frac{\partial}{\partial \dot{q}_j}\left(\Sigma_i^{\square} \frac{1}{2} m_i \vec{v}_i^{\,2} \right) \right) - \frac{\partial}{\partial q_j}\left(\Sigma_i^{\square} \frac{1}{2} m_i \vec{v}_i^{\,2} \right) \right\}$$

e escrevendo o termo energia cinética $\Sigma_i^{\square} \frac{1}{2} m_i \vec{v}_i^{\,2} = T$, obtemos o Princípio de D'Alembert na forma:

$$\Sigma_j^{\square} \left[\left\{ \frac{d}{dt}\left(\frac{\partial T}{\partial \dot{q}_j} \right) - \frac{\partial T}{\partial q_j} \right\} - Q_j \right] \partial q_j = 0.$$

(2-8)

Usando a Força escrita em termos de uma função potencial $\vec{F}_i = -\nabla_i V$ (onde as superfícies equipotenciais são bem definidas em relação às 'linhas de campo'), temos:

$$Q_j = \Sigma_i^{\square} \vec{F}_i \cdot \frac{\partial \vec{r}_i}{\partial q_j} = -\Sigma \nabla_i V \cdot \frac{\partial \vec{r}_i}{\partial q_j} = -\frac{\partial V}{\partial q_j}$$

(2-9)

Se introduzirmos agora o Lagrangiano padrão $L = T - V$, descobriremos que o princípio de D'Alembert dá origem às equações de movimento expressas em termos do Lagrangiano:

$$\frac{d}{dt}\left(\frac{\partial L}{\partial \dot{q}_j} \right) - \frac{\partial L}{\partial \dot{q}_j} = 0,$$

(2-10)

onde a última forma sucinta das equações de movimento é conhecida como equações de Euler-Lagrange (EL). Isto completa a derivação das equações EL por meio do princípio de D'Alembert; realizaremos uma derivação diferente da equação EL no contexto do Princípio da Mínima Ação de Hamilton no próximo capítulo.

Consideremos agora alguns dos campos de força ou fenomenologia mais simples. Suponha que a força atue em uma única direção (uniformemente) e seja constante, tal seria um exemplo da Força da gravidade na superfície da Terra, onde $F = -mg$. Quando tomado com o pêndulo simples, temos uma descrição completa, uma vez que todos os outros parâmetros do 'sistema' envolvem o pêndulo (comprimento do braço, que não tem massa, e massa do pêndulo):

Exemplo 2.1. O pêndulo simples

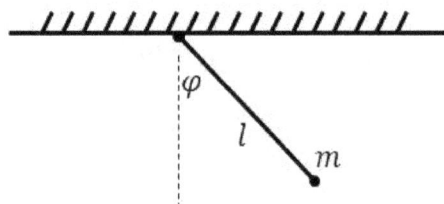

Figura 2.1 Pêndulo Simples.

O Lagrangiano é dado por $L=KE- PE$ onde:
$$KE = \frac{1}{2}m(l\dot{\varphi})^2 \quad and \quad PE = -lgm\cos\varphi, \quad thus \; L$$
$$= \frac{1}{2}m(l\dot{\varphi})^2 + lgm\cos\varphi$$

Exercício 2.1. *Quais são as equações de movimento do pêndulo simples?*

Exemplo 2.2. A primavera simples
Vamos agora considerar onde a força não é constante, mas linear em algum deslocamento, como seria o caso de uma mola simples onde $F = -kx$. Aqui k entra como um parâmetro fenomenológico, não como um simples parâmetro dimensional, e é dependente do material. As equações de movimento são assim:

$$m\ddot{x} = -kx \rightarrow x = \cos(\omega t) + B\sin(\omega t), \quad where\ \omega = \sqrt{\frac{k}{m}}.$$

Exercício 2.2. O que é o Lagrangiano?

Exemplo 2.3. O problema da mola de mesa.
Considere uma mola com uma extremidade presa à superfície de uma mesa e a outra extremidade presa a uma massa m. Para movimento planar em coordenadas polares, temos para energia cinética: $T = \left(\frac{1}{2}\right) m(\dot{r}^2 + r^2\dot{\theta}^2)$. Para energia potencial, da Lei de Hooke: $\delta W = -kr\delta r$. As equações de movimento então fornecem: $m\ddot{r} - mr\dot{\theta}^2 = -kr$ e $\frac{d}{dt}\left(mr^2\dot{\theta}\right) = 0$.

Exercício 2.3. Refaça em coordenadas retilíneas.

O último exemplo mostra como a familiaridade com a manipulação de equações diferenciais será útil no que se segue. Por esta razão, uma revisão das Equações Diferenciais Ordinárias é fornecida no apêndice (Apêndice A), com uma breve visão geral no que se segue imediatamente por conveniência. Em seguida, vários outros exemplos de MOE e Lagrangianos serão dados na Seção 3.3.2, uma vez que tenhamos aprendido como lidar com restrições.

2.3 Visão geral de equações diferenciais ordinárias simples baseadas em trajetória
Alguns breves comentários sobre o papel das equações diferenciais ordinárias nesta conjuntura inicial são apresentados agora, com mais informações básicas e numerosos exemplos dados no Apêndice A. Para o que segue, estamos interessados em forças que são polinomiais em deslocamento e em baixa ordem, portanto ma = F torna-se: ma=0; ma=constante; ou ma= -kx ; como já mencionado. Como $a = \ddot{x}$ vemos que estamos descrevendo a família de Equações Diferenciais Ordinárias envolvendo derivadas de segunda ordem. Faltando em uma forma mais geral de tal Equação Diferencial Ordinária estariam termos de derivada de primeira ordem e, ao adicioná-los, incluímos agora forças de atrito padrão (se lineares na primeira derivada e negativas). Assim, descobrimos, quase sem esforço, como os termos adicionados na Equação Diferencial Ordinária se relacionam com a cinemática física e a fenomenologia, e podem até ser usados por tais (ao contrário) para identificar novos efeitos físicos, como fizeram Landau e Lifshits na descoberta do Equação LL

[49] e na categorização de vários fenômenos de acoplamento [50]. Uma análise mais aprofundada da interação entre equações diferenciais ordinárias e fenomenologia, juntamente com a análise dimensional, é apresentada no Capítulo 9.

Capítulo 3. Princípio da Mínima Ação de Hamilton

Obtemos agora as equações de Euler-Lagrange de uma maneira diferente, como resultado de um mínimo variacional dado pelo Princípio da Mínima Ação de Hamilton [10-13]. Esta abordagem é mais do que uma reformulação newtoniana, pois é a formulação raiz da teoria quântica completa a ser descrita em [42] e brevemente discutida na Seção 3.2. Assim, esta seção é de especial atenção em sua parte da base conceitual da teoria quântica (propagadora) totalmente generalizada ([42-44]) e da teoria do emanador ([47]).

3.1 Lagrangiano para partícula pontual

Considere um objeto pontual e vamos definir sua posição pelas coordenadas generalizadas $\{q_k\}$, onde para K dimensões temos as coordenadas q_1 ... q_k ... q_K:. Vamos agora introduzir uma parametrização de tempo (coordenada) te definir as mudanças de coordenadas generalizadas (posição) associadas com o tempo, por exemplo, as velocidades. Assim, para coordenadas $\{q_k\}$e velocidades $\{v_k\}$temos:

$$v_k = \frac{dq_k}{dt} = \dot{q}_k,$$

(3-1)

por tempo t. Nos primórdios da física, argumentou-se [2-13] que construções variacionais que são minimizadas (como caminhos) ou maximizadas (como a entropia) deveriam determinar como os sistemas evoluem, se propagam ou se equilibram. Nessas discussões, vemos como a descrição dinâmica inicial de Newton, $F = ma$é uma formulação de segunda derivada.

O nome da função variacional de coordenadas e velocidades, como antes, é "Lagrangiana", e denotada por L:

$$L = L(\{q_k\}, \{\dot{q}_k\}) = L(\{q_k\}, \{v_k\}),$$

onde $L = L(\{q_k\}, \{\dot{q}_k\})$é a forma de um preâmbulo que será frequentemente usado para indicar as variáveis independentes (variacionalmente relevantes) na definição da função, aqui as coordenadas e suas velocidades. Considere a $2^{a \, Lei}$ de Newton sem nenhuma força presente, o Lagrangiano para isso é:

$$L = L(\{q_k\}, \{v_k\}) = \sum_k \frac{1}{2} m (v_k)^2,$$

19

ou, para 1 dimensão, tenha L= $(1/2)mv^2$, a expressão clássica para energia cinética. Para recuperar a $^{2ª\,Lei}$ de Newton, definimos então a derivada temporal de cada uma das derivadas da velocidade Lagrangiana como zero (*não a derivada temporal da própria função Lagrangiana*):

$$\frac{d}{dt}\frac{dL}{dv} = \frac{d}{dt}\frac{d}{dv}\left(\frac{1}{2}mv^2\right) = m\frac{dv}{dt} = ma = 0,$$

recuperando assim a equação do movimento quando nenhuma Força está presente (ma=F=0). Assim, uma expressão direta de uma variação de uma função, tal que definir essa variação como zero produz as equações de movimento, é o que é obtido na "formulação de ação" (expressa pela primeira vez por Hamilton em 1834 com o princípio da menor ação [10 - 13]). A ação S é introduzida como uma função de uma função (um funcional) definida pela seguinte relação integral ao longo de caminhos parametrizados pelo parâmetro de tempo t (ver Figura 2.1):

$$S = \int_{t_1}^{t_2} L(q,\dot{q},t)dt$$

(3-2)

onde os subscritos dos componentes são eliminados (ou caso unidimensional). Assumiremos que este é um ponto de partida válido para derivar equações de movimento e provaremos que este é o caso mais tarde na análise (onde esta noção de ação é re-derivada na formulação de Hamilton-Jacobi no Capítulo 8).

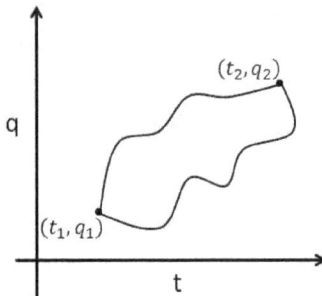

Figura 3.1. A Ação consiste na integração do Lagrangiano ao longo de um caminho especificado. A estacionariedade na variação da ação, com extremos fixos, dá origem às equações usuais de Euler Lagrange. Dois caminhos de integração para o Lagrangiano são mostrados na

figura, com pontos finais compartilhados (fixos) tais que $q_1 = q(t_1)$ e $q_2 = q(t_2)$.

Na formulação de Hamilton, o movimento é dado pelo caminho parametrizado no tempo $q(t)$ que fornece um valor estacionário para a ação (a variação funcional é zero), e onde as condições de contorno típicas são que os pontos finais nos caminhos do movimento sejam fixos no início t_1 e no final t_2, ou seja $\delta q(t_1) = \delta q(t_1) = 0$. Supondo que não há dependência direta do tempo no Lagrangiano, temos então para a derivada funcional:

$$0 = \delta S = \delta \int_{t_1}^{t_2} L(q, \dot{q}) dt$$

$$= \int_{t_1}^{t_2} \delta L(q, \dot{q}) dt = \int_{t_1}^{t_2} \left[\left(\frac{\partial L}{\partial q}\right) \delta q + \left(\frac{\partial L}{\partial \dot{q}}\right) \delta \dot{q} \right] dt$$

$$\delta S = \int_{t_1}^{t_2} \left[\left(\frac{\partial L}{\partial q}\right) \delta q + \left(\frac{\partial L}{\partial \dot{q}}\right) \frac{d \delta q}{dt} \right] dt$$

$$= \int_{t_1}^{t_2} \left[\left(\frac{\partial L}{\partial q}\right) \delta q - \frac{d}{dt}\left(\frac{\partial L}{\partial \dot{q}}\right) \delta q + \frac{d}{dt}\left(\frac{\partial L}{\partial \dot{q}} \delta q\right) \right] dt$$

$$\delta S = \left[\frac{\partial L}{\partial \dot{q}} \delta q \right]_{t_1}^{t_2} + \int_{t_1}^{t_2} \left[\left(\frac{\partial L}{\partial q}\right) - \frac{d}{dt}\left(\frac{\partial L}{\partial \dot{q}}\right) \right] \delta q \, dt$$

O termo limite da integração por partes é zero, pois os limites são fixos para as variações consideradas. Este é o caso padrão para a maioria dos problemas variacionais que serão descritos. Existem formulações alternativas, mais complexas, com extremidades não fixas que serão discutidas conforme necessário. Assim, temos agora que o princípio da Mínima Ação de Hamilton (forma padrão) recupera as Equações de Euler-Lagrange [8], mencionadas anteriormente:

$$\delta S = 0 \Rightarrow \left(\frac{\partial L}{\partial q}\right) - \frac{d}{dt}\left(\frac{\partial L}{\partial \dot{q}}\right) = 0.$$

(3-3)

As equações de Euler-Lagrange serão usadas nas seções a seguir para obter as equações de movimento em uma grande variedade de aplicações. Antes de passar para estes exemplos, no entanto, há mais que pode ser extraído da formulação da ação do que uma mera recuperação das equações de movimento; uma variedade de propriedades de movimento e leis de conservação podem agora ser extraídas.

3 .1.1 Propriedades mecânicas indicadas pela formulação da ação

As seções anteriores fizeram referência ao livro de Goldstein [25] inúmeras vezes, e parte do desenvolvimento (lei forte de ação-reação) veio da resolução de problemas a partir daí. Seguindo em frente, resolveremos detalhadamente muitos dos problemas apresentados no livro de Landau e Lifshitz sobre Mecânica [27], e acompanharemos seu desenvolvimento matemático em parte, pois é uma exposição das possíveis equações diferenciais de segunda ordem que podem ocorrer. A abordagem centrada na Equação Diferencial Ordinária também é feita no texto de Percival [28], portanto esta é uma abordagem popular. O papel das equações diferenciais ordinárias no desenvolvimento da mecânica fica ainda mais explícito no esforço apresentado aqui, no entanto, com um grande apêndice sobre Equações Diferenciais Ordinárias e problemas/soluções para tais (extraídos de notas feitas enquanto estava no Caltech em AMa101, um curso de pós-graduação em matemática sobre Equações Diferenciais Ordinárias). Parte do desenvolvimento aqui apresentado combina classes de equações diferenciais ordinárias com classes de movimento e, a partir daí, mostra como chegar a sistemas gerais, incluindo aqueles com caos. A parte do caos da discussão é feita principalmente na formulação hamiltoniana semelhante ao livro de Percival [28]. As seções de dinâmica avançada baseiam-se em soluções de problemas fornecidas nos livros didáticos de Goldstein [25], Landau e Lifshitz [27] e Fetter & Walecka [29]; e de notas dos cursos de Dinâmica (Ph 106) e Dinâmica Avançada (Aph107) realizados na Caltech (ca. 1986).

Seguindo a descrição dada por Landau e Lifschitz, em Mecânica [27], consideremos primeiro um sistema composto por duas partes com interação desprezível. Escrevemos o sistema Lagrangiano total como a simples adição de suas duas partes:

$$L = L_1 + L_2.$$

A propriedade aditiva implica um desacoplamento de sistemas não interagentes mas com constante partilhada comum (por exemplo, escolha de unidades). Para mostrar isso, considere multiplicar o Lagrangiano por uma constante, as equações de movimento resultantes permanecem inalteradas e todos os termos separados compartilham o mesmo multiplicador. Continuando nesse sentido, considere adicionar uma derivada de tempo total de uma função (dependente de coordenadas e tempo) à definição dada de um Lagrangiano:

$$\tilde{L} = L + \frac{d}{dt}f(q,t)$$

O novo funcional de ação obtido é:

$$\tilde{S} = S + f(q(t_2), t_2) - f(q(t_1), t_1)$$

para o qual a variação é a mesma quando os pontos finais são fixos:

$$\delta\tilde{S} = \delta S.$$

Assim, um Lagrangiano define a mesma equação de movimento para qualquer variação se diferir por uma derivada de tempo total. (Se houver condições de contorno não fixas ou não triviais, então não haverá mais invariância após a adição de uma derivada de tempo total.)

Se o Lagrangiano não depende da coordenada espacial, dizemos que há homogeneidade no espaço, o mesmo para o tempo. Se o Lagrangiano não depende da direção no espaço, dizemos que há isotropia espacial, enquanto para o tempo, um parâmetro unidimensional, isso equivale a dizer invariância de reversão no tempo. Portanto, se dissermos que não há nada de especial sobre a posição ou o tempo na descrição do movimento livre de uma partícula, então estamos dizendo que o Lagrangiano para o seu movimento não deve ter nenhuma q, t dependência { }. Além disso, a dependência da velocidade deve depender apenas da magnitude (para isotropia), que pode ser convenientemente escrita como uma dependência da magnitude da velocidade ao quadrado:

$$L = L(v^2).$$

Se esta for uma forma funcional válida para o Lagrangiano, então não esperamos nenhuma mudança sob mudança de velocidade (verdadeiro para referência de tempo absoluto não relativístico, ou seja, Galileu). Vamos tentar $\vec{v}' = \vec{v} + \vec{\varepsilon}$:

$$L' = L(v'^2) = L(v^2 + 2\vec{v} \cdot \vec{\varepsilon} + \varepsilon^2) = L(v^2) + \frac{\partial L}{\partial v^2} 2\vec{v} \cdot \vec{\varepsilon} + O(\varepsilon^2),$$

onde a derivação para primeira ordem $\vec{\varepsilon}$ é mostrada explicitamente. Para que isto permaneça inalterado na primeira ordem, então o termo de primeira ordem deve ser uma derivada total no tempo. Como já possui uma derivada temporal na velocidade, isso só é possível se $\frac{\partial L}{\partial v^2}$ for independente da velocidade (mas diferente de zero), assim temos $L \propto v^2$, e por convenção com a especificação de massa e inércia de Newton temos:

$$L = \frac{1}{2}mv^2,$$

(3-4)

23

para a partícula livre, a partir da qual a aplicação da equação de Euler-Lagrange resulta em equação de movimento v= constante, recuperando a Lei da Inércia. Observe também que $v^2 = \left(\frac{dl}{dt}\right)^2 = \frac{(dl)^2}{(dt)^2}$, onde as expressões para a métrica, $(dl)^2$ em vários sistemas de coordenadas são:

Cartesiano: $\quad\quad (dl)^2 = (dx)^2 + (dy)^2 + (dz)^2 \quad\quad\quad \Rightarrow$
$L = \frac{1}{2}m(\dot{x}^2 + \dot{y}^2 + \dot{z}^2)$
Cilíndrico: $(dl)^2 = (dr)^2 + (r\,d\varphi)^2 + (dz)^2 \quad\quad \Rightarrow L =$
$\frac{1}{2}m(\dot{r}^2 + r^2\dot{\varphi}^2 + \dot{z}^2)$
Esférico: $\quad (dl)^2 = (dr)^2 + (r\,d\theta)^2 + (r\sin\theta\,d\varphi)^2 \quad \Rightarrow L =$
$\frac{1}{2}m(\dot{r}^2 + r^2\dot{\theta}^2 + r^2\sin^2\theta\,\dot{\varphi}^2)$

$$(3\text{-}5abc)$$

3.1.2 A ação para movimento livre
Exemplo 3.1. A ação para o movimento livre – uso prático mínimo, implicação teórica máxima
Para uma partícula livre com movimento unidimensional temos $L = T = \frac{1}{2}\dot{x}^2$, para a qual a ação é:

$$S = \int\limits_{t_A}^{t_B} L\,dt = \int\limits_{t_A}^{t_B} \frac{1}{2}v^2\,dt,$$

onde $v = \frac{x_B - x_A}{t_B - t_A}$ da equação EL. Por isso,

$$S = \frac{1}{2}\frac{(x_B - x_A)^2}{(t_B - t_A)} \quad \rightarrow \quad S = \frac{1}{2}\frac{(\Delta x)^2}{(\Delta t)} \quad \rightarrow \quad (\Delta x)^2 \cong (\Delta t)\ if\ S$$
$$= constant.$$

Se $\Delta t = N$ forem intervalos de tempo, então $|\Delta x| \approx \sqrt{\Delta t}$, como acontece com um passeio aleatório (mais detalhes em [45]).

Exercício 3.1. Repita com $L = \cosh v$.

Observe que a ação para o movimento livre é como a solução para a equação de difusão (solução para a equação do calor 1D), que é nossa primeira dica da possibilidade da equação de Schrodinger, e a primeira dica das formulações Ito Integral (Weiner Integral), visto novamente mais tarde com a forma quântica euclidiana por meio do tempo analítico (via rotação de Wick, ver [43,44]). A relação com a relação de difusão em uma

24

dimensão também é um indício inicial das profundas conexões entre dinâmica e termodinâmica em geral - via mecânica (quântica) com tempo complexo ou analiticidade (a ser discutida em [43,44]). A reificação de associações ou projeções analíticas de emanação de trigintaduonion, com o surgimento da termalidade (termodinâmica de Martingale), geometria (cosmologia padrão) e geometria de calibre (o modelo padrão), é discutida mais detalhadamente em [45].

Exemplo 3.2. Lagrangiano com derivadas de tempo de ordem superior
Considere um sistema com o seguinte Lagrangiano:

$$L = A\ddot{x}^2 + \frac{1}{2}m\dot{x}^2.$$

A equação de movimento para tal sistema pode ser obtida, exclusivamente, se exigirmos que a ação seja um extremo para todos os caminhos com os mesmos valores de x, e todas as suas derivadas temporais, nos extremos dos caminhos:

$$S = \int_{t_1}^{t_2} \left(A\ddot{x}^2 + \frac{1}{2}m\dot{x}^2 \right) dt = \int_{t_1}^{t_2} L(\dot{x}, \ddot{x}) dt$$

$$0 = \delta S = \int_{t_1}^{t_2} \left(\frac{\partial L}{\partial \dot{x}} \delta \dot{x} + \frac{\partial L}{\partial \ddot{x}} \delta \ddot{x} \right) dt$$

$$= \int_{t_1}^{t_2} \left(-\frac{d}{dt}\left(\frac{\partial L}{\partial \dot{x}}\right) \delta x - \frac{d}{dt}\left(\frac{\partial L}{\partial \ddot{x}}\right) \delta \dot{x} \right) dt$$

e outra integração por partes (com termos de fronteira eliminados, portanto, derivadas totais eliminadas):

$$\delta S = \int_{t_1}^{t_2} \left(-\frac{d}{dt}\left(\frac{\partial L}{\partial \dot{x}}\right) + \frac{d^2}{dt^2}\left(\frac{\partial L}{\partial \ddot{x}}\right) \right) \delta x \, dt = 0 \rightarrow \frac{d^2}{dt^2}\left(\frac{\partial L}{\partial \ddot{x}}\right) - \frac{d}{dt}\left(\frac{\partial L}{\partial \dot{x}}\right)$$
$$= 0$$

A equação do movimento é assim:

$$2Ax^{(4)} - m\ddot{x} = 0,$$

onde (4) denota uma derivada temporal de quarta ordem.

Exercício 3.2. Repita com $L = A\ddot{x}^3 + \frac{1}{2}m\dot{x}^2 + B\ddot{x}$

3.2 Menor ação de integrais altamente oscilatórias e fase estacionária

O extremo variacional indicado no princípio de mínima ação de Hamilton também pode ser obtido por meio de uma integral funcional exponenciada de grande magnitude [6], onde a ação é avaliada ao longo de cada caminho, cada um contribuindo com um termo exponenciado com um grande fator constante (de tal forma que um mínimo variacional domina , de acordo com a convenção de sinais negativos abaixo). Isso também é usado na formulação da integral de caminho quântico [48] (e [42]), onde ainda existe uma grande constante (o inverso da constante de Planck), mas o termo exponenciado se torna imaginário, ou seja, cada caminho agora contribui com sua ação como um termo de fase, onde a fase estacionária então seleciona o extremo variacional. Assim, a forma integral clássica pode ser continuada analiticamente em uma forma integral quântica que é diretamente relevante:

$$\int e^{-Mf(x)} \, dx \quad \rightarrow \quad \int e^{iMf(x)} \, dx, \quad M \gg 1.$$

$$(3\text{-}6)$$

Observe que a forma integral clássica era uma representação estranha, não muito usada, pois, de qualquer maneira, reduzia-se à menor ação de Hamilton. Na sua forma complexa, no entanto, quando reduzida à forma diferencial consistente com menor ação, obtemos a equação de Schrödinger e recuperamos a teoria clássica na ordem mais baixa, com correções quânticas na ordem mais alta (ver [42] para detalhes).

A noção de caminhos múltiplos, a partir dos quais o caminho que transmite estacionariedade é selecionado, é fundamental na abordagem de PI quântica para a mecânica quântica. A quantização PI é equivalente em vários domínios às formulações operador/função de onda (Schrodinger) ou operador autoadjunto/Espaço de Hilbert (Heisenberg), como será mostrado em [42], onde a escolha da formulação para resolver um problema pode ser crítica para sua solução. As construções clássicas definidas variacionalmente, especialmente aquelas descritas no Capítulo 8, acabarão por generalizar para a formulação completa da mecânica quântica (em termos de múltiplos caminhos de propagação e uma ação estacionária funcional sobre esses caminhos). Na prática, a teoria quântica completa, especialmente para sistemas ligados, é muito mais fácil de analisar se mudarmos da representação integral de caminho para uma das formulações equivalentes de Heisenberg [16], Schrodinger [17] ou Dirac [18], como será mostrado em [42]. A formulação do cálculo de operadores de Heisenberg é baseada em uma reformulação de operadores do hamiltoniano clássico (Capítulo 6); A equação de Schrodinger é baseada em uma reformulação operador- funcional de onda das equações de Hamilton-Jacobi (Capítulo 8); e a reformulação axiomática de Dirac [42] muda para sistemas gerais sem necessariamente ter um análogo clássico (e também faz uma ponte para a equação de onda relativística para spin ½ férmions em desenvolvimentos posteriores [18]).

26

Observe que a representação integral clássica envolvia uma soma simples em caminhos (sem ponderação) e posteriormente, com continuação analítica para uma formulação quântica, ainda tínhamos uma soma em caminhos que não era ponderada. Esta característica é transportada para a mecânica estatística para se tornar o teorema da equipartição, e pode ser encontrada através da continuação analítica (rotação de Wick) do propagador quântico para a função de partição mecânica estatística (descrita nos Livros 7 e 8 da Série). Assim, há um crescente corpo de evidências de que as teorias subjacentes, ou representações teóricas, são analíticas, e possivelmente de múltiplas maneiras, indicando possivelmente serem fundamentalmente hipercomplexas (discutidas mais detalhadamente no Livro 9).

3.3 Lagrangiana para sistema de partículas

Agora considere um monte de partículas em movimento livre, o Lagrangiano consiste em termos de energia cinética:

$$L = T = \sum_a \frac{1}{2} m_a\, v_a^{\,2},$$

(3-7)

onde o índice 'a' varia entre as diferentes partículas, com o Lagrangiano para movimento unidimensional explícito. O movimento multidimensional (normalmente tridimensional) está implícito onde os índices dos componentes nas quantidades vetoriais são suprimidos. Vamos agora considerar que as partículas estão interagindo e expressar isso como um termo de "energia potencial", conforme indicado na formulação D'Alembert/Newtoniana anterior:

$$L = \sum_{a=1} \frac{1}{2} m_a\, v_a^{\,2} - U(\vec{r}_1, \vec{r}_2, \dots) = T - U,$$

(3-8)

onde foi introduzida a notação padrão "T" para energia cinética e "U" para energia potencial. As equações de Euler-Lagrange, usando notação vetorial padrão explicitamente em velocidades, produzem então:

$$m_a \frac{d\vec{v}_a}{dt} = -\frac{\partial U}{\partial \vec{r}_a} = \vec{F},$$

(3-9)

onde F é a força newtoniana familiar. Observe que ao chegar a isso a partir do Lagrangiano, vemos mais uma vez a introdução de uma função potencial sem referência ao tempo ou à transmissão de informação, por exemplo, ela faz referência a um tempo absoluto galileano implícito, com propagação instantânea de interações. Obviamente, isso começará a errar significativamente quando as velocidades se tornarem relativísticas, mas nesta fase, onde examinamos as propriedades mecânicas clássicas em configurações clássicas (como o movimento do pêndulo), este é um erro insignificante. Lembre-se de que o Lagrangiano permanece inalterado dentro de uma constante aditiva ou de uma derivada de tempo total. Até agora não estamos considerando potenciais com dependência do tempo, então focar no "inalterado dentro de uma constante aditiva" significa que somos livres para mudar nossa formulação Lagrangiana tão conveniente para que o potencial caia para zero à medida que a distância entre as partículas aumenta

Consideremos agora um sistema de duas partículas visto do ponto de vista de um sistema definido em termos da primeira partícula (agora visto como um sistema aberto). Primeiro, o Lagrangiano para apenas duas partículas é:

$$L = T_1(q_1, \dot{q}_1) + T_2(q_2, \dot{q}_2) - U(q_1, q_2).$$

Suponha que tenhamos uma solução para a segunda partícula em função do tempo: $q_2 = q_2(t)$, e que substituamos esta solução de volta em nosso Lagrangiano. O que resulta é um termo cinético onde a única variável independente é agora o tempo, portanto pode ser visto como uma derivada do tempo total e, portanto, retirado do Lagrangiano sem alterar suas equações de movimento. O Lagrangiano equivalente, onde agora a primeira partícula é descrita em um sistema "aberto" é assim:

$$L = T_1(q_1, \dot{q}_1) - U(q_1, q_2(t)).$$

O Lagrangiano chegou agora à sua forma principal $L = T - U$, energia cinética menos energia potencial. Pode parecer estranho neste ponto ter uma entidade fundamental $T - U$ no formalismo variacional, quando a conservação da energia global governaria $T + U$. (Acontece que este último também funciona como base para um formalismo variacional, hamiltoniano, que abordaremos em capítulos posteriores.) Por enquanto, permanecemos com a formulação lagrangiana e passamos para o tipo de "potencial" implícito em um sistema por meio de restrições.

3.3.1 Restrições

Os sistemas mecânicos muitas vezes lidam com o movimento sob restrição por meio de hastes, cordas e dobradiças. Surgem então duas novas questões: (1) determinar o efeito da restrição nos graus de liberdade (N partículas em 3D têm 3N graus de liberdade enquanto não estão restritas, se forçadas sobre uma superfície, por exemplo, depois reduzidas

28

a 2N graus de liberdade, etc. .); e (2) atrito. Nos problemas de exemplo a seguir, assumimos que o atrito é desprezível, mas voltamos à discussão sobre o atrito e outras forças fenomenológicas no Capítulo 9.

Se uma restrição for não holonômica, as equações que expressam a restrição não poderão ser usadas para eliminar as coordenadas dependentes. Considere equações diferenciais lineares gerais de restrição da forma:

$$\sum_{i=1}^{n} g_i(x_1, \ldots, x_n) dx_i = 0.$$

As restrições muitas vezes podem ser colocadas nesta forma, mas são integráveis (e holonômicas) apenas se existir uma função integradora $f(x_1, \ldots, x_n)$:

$$\frac{\partial(f g_i)}{\partial x_j} = \frac{\partial(f g_j)}{\partial x_i}.$$

Assim, as derivadas mistas de segunda ordem de uma função integrável não devem depender da ordem de diferenciação. Como exemplo disso, considere um disco rolando em um plano, com restrição governada por um par de equações diferenciais (com fatores zero explícitos mostrados):

$$0 d\theta + dx - a \sin\theta\, d\varphi = 0 \quad and \quad 0 d\theta + dy + a \cos\theta\, d\varphi = 0.$$

Para isso temos:

$$\frac{\partial(f(1))}{\partial\theta} = \frac{\partial(f(0))}{\partial x} = 0 \quad \rightarrow \quad \frac{\partial f}{\partial\theta} = 0,$$

Assim f não tem θ dependência. Mas isso é inconsistente com:

$$\frac{\partial(f(1))}{\partial\varphi} = \frac{\partial(f(-a \sin\theta))}{\partial x},$$

onde f tem θ dependência. Assim, objetos rolantes são um exemplo familiar de sistema com restrições não holonômicas.

3.3.2 Lagrangianas para sistemas simples
Se existirem restrições ou acoplamentos simples, a avaliação direta dos termos cinéticos é possível. Considere o pêndulo duplo mais simples, por exemplo (mostrado na Figura 3.2, feito de hastes sem massa unindo massas pontuais). Observe que os sistemas multielementares gerais serão quase inteiramente abordados em [44] sobre Mecânica Estatística.

Exemplo 3.3 O pêndulo duplo

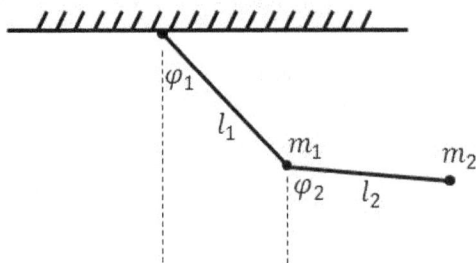

Figura 3.2. O pêndulo duplo.

Vamos descrever as coordenadas do m_2 massa por (x ,y):
$$x = l_1 sin\varphi_1 + l_2 sin\varphi_2 \quad and \quad y = l_1 cos\varphi_1 + l_2 cos\varphi_2$$
Então, tomando o Lagrangiano como energia cinética menos energia potencial, $L = K.E. -P.E.$ primeiro determinamos KE:

$$K.E. = \frac{1}{2}m_1(l_1\dot{\varphi}_1)^2$$
$$+ \frac{1}{2}m_2[(l_1 cos\varphi_1\dot{\varphi}_1 + l_2 cos\varphi_2\dot{\varphi}_2)^2$$
$$+ (-l_1 sin\varphi_1\dot{\varphi}_1 - l_2 sin\varphi_2\dot{\varphi}_2)^2]$$
$$= \frac{1}{2}(m_1 + m_2)(l_1\dot{\varphi}_1)^2 + \frac{1}{2}m_2(l_2\dot{\varphi}_2)^2$$
$$+ m_2(l_1\dot{\varphi}_1)(l_2\dot{\varphi}_2)cos(\varphi_1 - \varphi_2)$$
$$P.E. = (m_1 + m_2)g(sin\varphi_1)l_1 + m_2 g l_2 sin\varphi_2$$

e o Lagrangiano é assim:
$$L = \frac{1}{2}(m_1 + m_2)(l_1\dot{\varphi}_1)^2 + \frac{1}{2}m_2(l_1\dot{\varphi}_1)^2 + m_2(l_1\dot{\varphi}_1)(l_2\dot{\varphi}_2)cos(\varphi_1 - \varphi_2)$$
$$-(m_1 + m_2)g l_1 sin\varphi_1 - m_2 g l_2 sin\varphi_2$$

Exercício 3.3. Determine as equações de movimento.

Vamos agora considerar o efeito sobre um pêndulo simples de modular o ponto de apoio de várias maneiras (horizontal no Ex. 3.4; vertical no Ex. 3.5; e circular no Ex. 3.6):

Exemplo 3.4. O pêndulo único com suporte oscilante horizontalmente
Vamos agora considerar o pêndulo único (Figura 3.3) quando o ponto de apoio está agora m_1 e oscila horizontalmente:

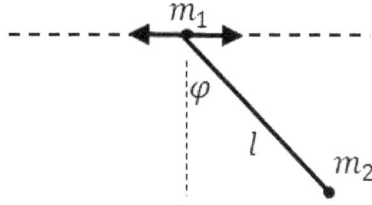

Figura 3.3. O pêndulo único com suporte oscilante horizontalmente.

Especificando cuidadosamente a segunda massa em termos de coordenadas cartesianas, temos:
$$x_2 = x_1 + l\sin\varphi \quad and \quad y_2 = l\cos\varphi.$$
Então, definindo o Lagrangiano por $L = K.E. - P.E.$ temos:
$$K.E. = \frac{1}{2}m_1\dot{x}_1^2 + \frac{1}{2}m_2[(\dot{x}_1 + l\cos\varphi\dot{\varphi})^2 + (-l\sin\varphi\dot{\varphi})^2]$$
$$= \frac{1}{2}m_1\dot{x}_1^2 + \frac{1}{2}m_2[\dot{x}_1^2 + (l\dot{\varphi})^2 + 2l\cos\varphi\dot{x}_1\dot{\varphi}]$$
$$= \frac{1}{2}(m_1 + m_2)\dot{x}_1^2 + \frac{1}{2}m_2(l\dot{\varphi})^2 + m_2l\cos\varphi\dot{x}_1\dot{\varphi}$$
$$P.E. = -lgm_2\cos\varphi$$
$$L = \frac{1}{2}(m_1 + m_2)\dot{x}_1^2 + \frac{1}{2}m_2(l\dot{\varphi})^2 + m_2l\cos\varphi(\dot{x}_1\dot{\varphi} + gl)$$

Exercício 3.4. Determine as equações de movimento.

Exemplo 3.5. Pêndulo único com suporte oscilante vertical.
Considere a Figura 3.3, mas com suporte oscilante *verticalmente* .
Especificando a segunda massa em termos de coordenadas cartesianas temos:
$$x_2 = x_1 + l\sin\varphi \quad and \quad y_2 = l\cos\varphi.$$

Então, definindo o Lagrangiano por $L = K.E. - P.E.$ temos:

$$K.E. = \frac{1}{2}m_1\dot{x}_1^2$$
$$+ \frac{1}{2}m_2[(\dot{x}_1 + l\cos\varphi\dot{\varphi})^2$$
$$+ (-l\sin\varphi\dot{\varphi})^2]$$

31

$$= \frac{1}{2}m_1\dot{x}_1^2 + \frac{1}{2}m_2[\dot{x}_1^2 + (l\dot{\varphi})^2 + 2l\cos\varphi\dot{x}_1\dot{\varphi}]$$

$$= \frac{1}{2}(m_1 + m_2)\dot{x}_1^2 + \frac{1}{2}m_2(l\dot{\varphi})^2 + m_2l\cos\varphi\dot{x}_1\dot{\varphi}$$

$$P.E. = -lgm_2\cos\varphi$$

$$L = \frac{1}{2}(m_1 + m_2)\dot{x}_1^2 + \frac{1}{2}m_2(l\dot{\varphi})^2 + m_2l\cos\varphi(\dot{x}_1\dot{\varphi}$$
$$+ gl)$$

Exercício 3.5. Determine as equações de movimento.

Exemplo 3.6. O pêndulo único com suporte de disco giratório (oscilante).

Considere a Figura 3.3, mas com suporte oscilante *de disco giratório* .
Começando com as coordenadas da massa do pêndulo:

$$x = l\sin\varphi + a\sin\gamma t \quad and \quad y = l\cos\varphi + a\cos\gamma t.$$

A energia cinética é então:

$$K.E. = \frac{1}{2}m([l\cos\varphi\dot{\varphi} + a\gamma\cos\gamma t]^2$$
$$+ [-l\sin\varphi\dot{\varphi} + a\gamma\sin\gamma t]^2)$$
$$= \frac{1}{2}m(l\dot{\varphi})^2 + m\gamma al\dot{\varphi}[\cos\varphi\cos\gamma t + \sin\varphi\sin\gamma t]$$
$$= \frac{1}{2}m(l\dot{\varphi})^2 + m\gamma al\dot{\varphi}(\cos(\varphi - \gamma t))$$

e a energia potencial é:

$$P.E. = -gml\cos\varphi + gma\cos\gamma t$$

$$L = \frac{1}{2}m(l\dot{\varphi})^2 + m\gamma al\dot{\varphi}(\cos(\varphi - \gamma t) + gm(l\cos\varphi - a\cos\gamma t)$$
$$= \frac{1}{2}m(l\dot{\varphi})^2 + mla\gamma^2\sin(\varphi - \gamma t) + mgl\cos\varphi$$

Exercício 3.6. Determine as equações de movimento.
Consideremos agora quando o braço do pêndulo é uma mola (ver Figura 3.4).

Exemplo 3.7 O pêndulo simples com mola para suporte do braço do pêndulo .

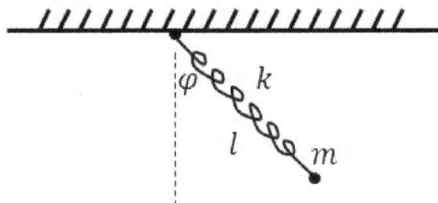

Figura 3.4. O pêndulo único com mola para suporte do braço do pêndulo.

$$L = \frac{1}{2}m(\dot{r}^2 + r^2\dot{\theta}^2) + mgr\cos\theta - \frac{1}{2}k(r-l)^2$$

$$\frac{d}{dt}\left(\frac{\partial L}{\partial \dot{r}}\right) - \frac{\partial L}{\partial r} = m\ddot{r} - mg\cos\theta + k(r-l)$$
$$+ mr\dot{\theta}^2 = 0$$

$$\frac{d}{dt}\left(\frac{\partial L}{\partial \dot{\theta}}\right) - \frac{\partial L}{\partial \theta} = mr^2\ddot{\theta} + mgr\sin\theta = 0$$

Vamos considerar pequenas oscilações devido à mola de modo que o comprimento do braço possa ser escrito como $r = l + \varepsilon$ com $\varepsilon \ll l$ e tomando também um pequeno ângulo de oscilação, podemos escrever um resultado de pequena oscilação e identificar frequências ressonantes (este é um exemplo de uma análise simples de pequena oscilação, com uma descrição mais extensa para análises mais complexas de pequenas oscilações fornecidas na Seção 3.8). Para primeira ordem temos:

$$m\ddot{\varepsilon} - mg + k\varepsilon = 0 \quad and \quad ml^2\ddot{\theta} + mgl\theta = 0.$$

Assim, temos soluções de pequenas oscilações:

$$\varepsilon = A\cos\left(\omega_0^{(1)}t + \alpha\right) + \frac{mg}{k} \quad \rightarrow \quad \omega_0^{(1)} = \sqrt{\frac{k}{m}}$$

e

$$\theta = B\cos\left(\omega_0^{(2)}t + \beta\right) \rightarrow \quad \omega_0^{(2)} = \sqrt{\frac{g}{l}}.$$

Exercício 3.7. O que acontece se $\omega_0^{(1)} = \omega_0^{(2)}$.

Consideremos agora quando o braço do pêndulo pode suportar tensão, mas não compressão (por exemplo, é uma corda).

Exemplo 3.8. O pêndulo único com suporte somente de tensão para a massa do pêndulo.

Considere a Figura 3.4, mas com suporte *de tensão* . Novamente temos o pêndulo simples, de massa m, preso por um fio (ou fio) de comprimento l, e agora consideramos a tensão no fio. Gostaríamos de examinar o regime holonômico onde a tensão das cordas não diminui. Novamente temos em coordenadas polares, para potencial $U = -mgr\cos\theta$:

$$L = \frac{1}{2}m(\dot{r}^2 + r^2\dot{\theta}^2) + mgl\cos\theta$$

Por isso

$$E_T = \frac{1}{2}ml^2\dot{\theta}^2 - mgl\cos\theta$$

onde a força efetiva que atua no fio é radial. Vamos usar a equação EL para a coordenada r:

$$\frac{d}{dt}\left(\frac{\partial L}{\partial \dot{r}}\right) - \frac{\partial L}{\partial r} = Q_r$$

(3-10)

Como $Q_r = -T_r$, a tensão da corda, temos então:

$$m\ddot{r} - mr\dot{\theta}^2 - mg\cos\theta = -T_r \quad \rightarrow \quad T_r = \frac{2}{l}E_T + 3mg\cos\theta$$

$$0 \leq \frac{2}{l}E_T + 3mg\cos\theta \quad \rightarrow \quad E_T \geq -\frac{3}{2}mgl\cos\theta,$$

Para uma corda ou corda esticada. Se existir um ângulo máximo, θ_{max} temos:

$$E_T = -mgl\cos\theta_{max} \quad and \quad 0 \leq \frac{2}{l}E_T + 3mg\cos\theta_{max}$$

$$0 \leq -2mg\cos\theta_{max} + 3mg\cos\theta_{max} \quad \rightarrow \quad 0 \leq \cos\theta_{max} \quad \rightarrow \quad 0 \leq \theta_{max} \leq 90$$

Portanto, se existe um ângulo máximo para o movimento com o fio esticado, ele deve estar em $0 \leq \theta_{max} \leq 90$, com energia do sistema:
$$-mgl \leq E_T \leq 0.$$
Se não houver ângulo máximo com tensão, então estamos atendendo à condição $E_T \geq -\frac{3}{2}mgl\cos\theta$ para qualquer ângulo, portanto temos:

$$E_T \geq \frac{3}{2}mgl$$

Vamos agora deslocar a energia potencial de modo que o pêndulo em repouso tenha $E = 0$, então a faixa de valores de energia onde a tensão da corda é mantida é:

$$0 \leq E_T < mgl \quad and \quad \frac{5}{2}mgl \leq E_T < \infty.$$

Exercício 3.8. Como passar da libração à rotação?

Exemplo 3.9. Um pêndulo com movimento de suporte horizontal com força restauradora de mola .
Vamos considerar o problema de um pêndulo livre para se mover na direção horizontal cujo ponto de apoio também é livre para se mover na direção horizontal com constante elástica $k/2$ em ambos os lados esquerdo e direito (semelhante ao problema 3.7 em [29]). O pêndulo tem massa m conectada por uma haste sem massa de comprimento l ao ponto

34

de apoio. O movimento do pêndulo é restrito a um plano vertical de movimento pendular, onde consideramos as coordenadas como:

$$X = x + l \sin \theta \quad and \quad Y = -l \cos \theta$$

O Lagrangiano é então:

$$L = \frac{1}{2} m \left(\dot{X}^2 + \dot{Y}^2 \right) - U, \quad where \ U = \frac{1}{2} k x^2 - mgl \cos \theta$$

o que simplifica para:

$$L(x, \theta) = \frac{1}{2} m \dot{x}^2 + \frac{1}{2} m \left(l \dot{\theta} \right)^2 + m \dot{x} \dot{\theta} l \cos \theta - U.$$

A equação EL para x dá:

$$m \ddot{x} + \frac{d}{dt} \left(m \dot{\theta} l \cos \theta \right) - kx = 0$$

e a equação EL para θ dá:

$$m l^2 \ddot{\theta} + \frac{d}{dt} (m \dot{x} l \cos \theta) + m \dot{x} \dot{\theta} l \sin \theta + mgl \sin \theta = 0.$$

Na aproximação de pequena oscilação, as equações de movimento se reduzem a:

$$\ddot{x} + l \ddot{\theta} - \frac{k}{m} x = 0 \quad and \quad \ddot{x} + l \ddot{\theta} + g \theta = 0.$$

Podemos combinar para ver uma relação entre (x, θ): $x = \frac{mg}{k} \theta$, que se reduz a uma única relação:

$$L \ddot{\theta} + g \theta = 0 \quad where \quad L = l + \frac{mg}{k}.$$

Assim, para oscilações pequenas, temos um pêndulo de comprimento efetivo $L = l + \frac{mg}{k}$.

Exercício 3.9. Refaça com massa M para haste (uniforme).

Exemplo 3.10. Quão alto você consegue balançar antes que a tensão de suporte chegue a zero?
Os dois sistemas dinâmicos considerados a seguir têm Lagrangianos idênticos , exceto por uma mudança na coordenada angular. Ambos têm a mesma restrição de distância radial constante, onde a força da restrição indo para zero marca onde a tensão da corda do pêndulo diminui ou quando um objeto deslizante deixa uma superfície hemisfericamente abobadada. Vamos considerar primeiro o problema do pêndulo e abordar a questão de quando a tensão da corda do pêndulo chega a zero.

O primeiro problema também responde à questão de saber se você pode entrar em um balanço e balançar em arcos cada vez maiores, talvez acionados parametricamente, e chegar a velocidade angular suficiente para começar a fazer rotações completas.... A resposta é nunca, porque seria necessária uma velocidade angular (na parte inferior do arco) $\omega > \sqrt{(5g/l)}$, com um 'salto' ou impulso necessário, uma vez que uma vez que a velocidade angular aumenta até $\omega = \sqrt{(2g/l)}$a tensão da linha de suporte vai para zero, e ainda mais (incremental ou adiabático) o crescimento da energia do sistema não será possível.

O Lagrangiano para o pêndulo agora é escrito com o multiplicador de Lagrange explícito τ(veja a nota abaixo) para o raio do pêndulo $r$restrito ao comprimento l:

$$L = \frac{1}{2}m\left(\dot{r}^2 + r^2\dot{\theta}^2\right) + mgr\cos\theta - \tau(r - l)$$

As equações EL nos dão as equações de movimento:

$$r: \quad m\ddot{r} - mr\dot{\theta}^2 - mg\cos\theta - \tau = 0$$
$$\theta: \quad \frac{d}{dt}\left(mr^2\dot{\theta}\right) + mgr\sin\theta = 0$$
$$\tau: \quad r - l = 0$$

Observe a introdução de um "multiplicador de Lagrange" tal que quando tratado como um parâmetro variacional por si só, com sua própria equação EL (mostrada acima), onde recupera a equação de restrição. O uso de multiplicadores de Lagrange a seguir será, de forma semelhante, muito simples, onde obtemos, por exemplo, um termo $-\tau(contraint\_body)$sempre que a equação de restrição for $contraint\_body = 0$(obviamente, isso só funciona para restrições de igualdade, mas existe um procedimento muito semelhante para restrições de desigualdade, como bem [24]).

Da θequação obtemos uma constante de movimento (conservação de energia):

$$\frac{d}{dt}\left(\frac{1}{2}\dot{\theta}^2 - \frac{g}{l}\cos\theta\right) = 0$$

Se definirmos $\dot{\theta} = \omega$em $\theta = 0$:

$$\frac{1}{2}\dot{\theta}^2 - \frac{g}{l}\cos\theta = \frac{1}{2}\omega^2 - \frac{g}{l}$$

Resolvendo a tensão τ:

$$\tau = ml\omega^2 - 2mg + 3mg\cos\theta$$

Considere quando a tensão (ou a força de restrição) chega a zero:

$$\omega^2 = \frac{g}{l}(2 - 3\cos\theta).$$

Vemos que existem soluções de tensão zero quando $\frac{g}{l}(2 - 3\cos\theta) \geq 0$. O ângulo em que a restrição zero ocorre primeiro é para:

$$\cos\theta = \frac{2}{3} \quad \rightarrow \quad \theta \cong 48°.$$

Existem três domínios de interesse na fórmula de energia:

Caso 1:: $l\omega^2 < 2g$ Assim $2mg\cos\theta = ml\dot\theta^2 - ml\omega^2 + 2mg > -2mg + 2mg = 0.$, temos $\cos\theta > 0$, assim $\theta \leq 45°$ e desde menor que $\theta \cong 48°$, a tensão $\tau > 0$.

Caso 2: $2g < l\omega^2 < 5g$: $2mg\cos\theta = ml\dot\theta^2 - (x - 2)mg$, where $2 < x < 5$. Assim, pode ter $\tau = 0$ quando $\cos\theta = \frac{2}{3} - \frac{l\omega^2}{3g}$ conforme já observado.

Caso 3: $l\omega^2 > 5g$: $\omega^2 = \frac{g}{l}(2 - 3\cos\theta)$ nunca pode ser satisfeito, portanto a tensão nunca chega a zero - o pêndulo gira (completamente), em vez de librar.

Exercício 3.10. Descreva o movimento conforme você avança $l\omega^2 > 5g$ e diminui ω.

Exemplo 3.11. Movimento na superfície de um hemisfério
Para o segundo problema relacionado, considere o movimento de um disco (disco de hóquei) na superfície de um hemisfério. Gostaríamos de saber em que ângulo o disco deslizante se afasta do hemisfério enquanto desliza, por exemplo, quando a força de restrição é zero. O Lagrangiano é

$$L = \frac{1}{2}m(\dot r^2 + r^2\dot\theta^2) - mgr\cos\theta - \tau(r - l),$$

e a análise prossegue como antes, com o mesmo resultado para o ângulo em que a restrição atinge pela primeira vez zero ($\theta \cong 48°$) como antes.

Exercício 3.11 . Qual constante de mola k, para a restauração da mola no topo do hemisfério, manterá o contato de restrição até $\theta = 50°$

3.4 Quantidades conservadas em Sistemas Simples
O hamiltoniano para um sistema simples de partículas é descrito a seguir (normalmente um elemento ou pequeno grupo de elementos (dois) ligados de alguma forma), mas apenas no contexto da identificação de

integrais do movimento, como conservação de energia, momento e momento angular. Uma discussão mais aprofundada sobre os hamiltonianos será feita no Capítulo 6.

Considere um sistema de coordenadas generalizado q_i, onde 'i' é o componente em um sistema com s graus de liberdade (as dimensões cumulativas de movimento livre das partículas são todas contadas para s). Da mesma forma para as velocidades associadas: $\dot{q}_i$. Existem, portanto, s graus de liberdade para a coordenada generalizada e s graus de liberdade para a velocidade generalizada. Isso dá origem a 2s condições iniciais para especificar o movimento. Em um sistema mecânico fechado, isso pareceria indicar condições 2s e constantes ou integrais de movimento associadas, mas o aparecimento do tempo na velocidade como um diferencial significa te $t + t_0$ tem a mesma equação de movimento, então uma dessas constantes 2s é meramente t_0, uma escolha da origem temporal. Vamos considerar as simetrias do espaço de movimento e as implicações dada a formulação Lagrangiana:

$$\frac{dL(q_i, \dot{q}_i, t)}{dt} = \sum_i \left[\left(\frac{\partial L}{\partial q_i}\right)\dot{q}_i + \left(\frac{\partial L}{\partial \dot{q}_i}\right)\ddot{q}_i \right] + \frac{\partial L}{\partial t}$$

Primeiro considere a homogeneidade no tempo, o que significa sistema fechado ou sistema aberto, mas com campo externo independente do tempo. De qualquer forma, temos $\frac{\partial L}{\partial t} = 0$, e com reutilização das relações de Euler-Lagrange:

$$\frac{dL}{dt} = \sum_i \left[\left(\frac{\partial L}{\partial q_i}\right)\dot{q}_i + \left(\frac{\partial L}{\partial \dot{q}_i}\right)\ddot{q}_i \right] = \sum_i \left[\dot{q}_i \frac{d}{dt}\left(\frac{\partial L}{\partial \dot{q}_i}\right) + \left(\frac{\partial L}{\partial \dot{q}_i}\right)\ddot{q}_i \right]$$

$$= \sum_i \left[\frac{d}{dt}\left(\dot{q}_i \frac{\partial L}{\partial \dot{q}_i}\right) \right]$$

Por isso,

$$\frac{d}{dt}\left[\sum_i \left(\dot{q}_i \frac{\partial L}{\partial \dot{q}_i}\right) - L \right] = 0$$

A quantidade conservada com o tempo é a energia, denotada por E:

$$E = \sum_i \left(\dot{q}_i \frac{\partial L}{\partial \dot{q}_i}\right) - L$$

(3-11)

Observe que a aditividade da Energia nos subsistemas segue então da aditividade para o Lagrangiano e da aditividade explícita indicada pela soma. Se $L = T(q, \dot{q}) - U(q)$ e $T(q, \dot{q}) \propto (\dot{q})^2$, o que é típico, então a

38

conservação de energia padrão na forma de energia cinética mais energia potencial resulta:

$$E = T(q, \dot{q}) + U(q).$$

(3-12)

Em seguida, considere a homogeneidade no espaço e comece com uma expressão variacional no Lagrangiano assumida não explicitamente dependente do tempo:

$$\delta L(q, \dot{q}) = \sum_i \left[\left(\frac{\partial L}{\partial q_i} \right) \delta q_i + \left(\frac{\partial L}{\partial \dot{q}_i} \right) \delta \dot{q}_i \right]$$

onde um deslocamento infinitesimal não deve alterar a avaliação do Lagrangiano quando $\delta q_i \neq 0$:

$$\delta L(q, \dot{q}) = 0 = \sum_i \left(\frac{\partial L}{\partial q_i} \right) = \sum_i - \left(\frac{\partial U}{\partial q_i} \right) \Rightarrow \sum_i F_i = 0.$$

As forças e momentos líquidos em um sistema fechado somam zero (o uso especializado disso será mostrado na Seção 5.1). Se substituirmos de volta a relação de Euler-Lagrange para obter um termo derivado de tempo total explícito:

$$\sum_i \frac{d}{dt} \left(\frac{\partial L}{\partial \dot{q}_i} \right) = \frac{d}{dt} \sum_i \left(\frac{\partial L}{\partial \dot{q}_i} \right) = 0 \,.$$

Da relação derivada do tempo total obtemos uma constante do movimento correspondente à conservação do momento:

$$\sum_i \left(\frac{\partial L}{\partial \dot{q}_i} \right) = \vec{P} \,,$$

(3-13)

onde para sistemas com $T(q, \dot{q}) \propto (\dot{q})^2$ cada uma das partículas isso simplifica para a forma padrão:

$$\vec{P} = \sum_i m_i v_i \,.$$

(3-14)

Nota: com duas partículas temos $\vec{F}_1 + \vec{F}_2 = 0$, o que equivale a dizer que ação é igual a reação (ou seja, a 3ª lei de Newton é um caso especial de conservação do momento e a equação de Lagrange).

Para acompanhar nossas coordenadas e velocidades generalizadas, os momentos e forças generalizadas são:

$$p_i = \frac{\partial L}{\partial \dot{q}_i} \quad and \quad F_i = \frac{\partial L}{\partial q_i} \,,$$

(3-15)

onde as equações de Lagrange são simplesmente:

$$\dot{p}_i = F_i.$$

(3-16)

Agora vamos ver o que acontece devido à isotropia do espaço. Para isso mudamos de coordenadas generalizadas para um vetor de posição radial tridimensional com deslocamento rotacional infinitesimal dado por:

$$\delta\vec{r} = \delta\vec{\varphi} \times \vec{r} \ and \ \delta\vec{v} = \delta\vec{\varphi} \times \vec{v}.$$

A variação no Lagrangiano deve ser zero (agora indexando partículas individuais):

$$0 = \delta L(\vec{r}_a, \dot{\vec{r}}_a) = \delta L(\vec{r}_a, \vec{v}_a) = \sum_a \left[\left(\frac{\partial L}{\partial \vec{r}_a} \right) \cdot \delta\vec{r}_a + \left(\frac{\partial L}{\partial \vec{v}_a} \right) \cdot \delta\vec{v}_a \right]$$

Substituindo a equação EL e definição de momento generalizado:

$$\sum_a [\dot{\vec{p}}_a \cdot \delta\vec{r}_a + \vec{p}_a \cdot \delta\vec{v}_a] = 0 \implies \delta\vec{\varphi} \cdot \sum_a [\vec{r}_a \times \dot{\vec{p}}_a + \vec{v}_a \times \vec{p}_a]$$

Assim, chegue em:

$$\frac{d}{dt}\left[\sum_a \vec{r}_a \times \vec{p}_a \right] = 0 \implies \vec{M} = \sum_a \vec{r}_a \times \vec{p}_a = constant.$$

(3-17)

A quantidade $\vec{M}$ é o momento angular e é conservado. Não existem outras integrais aditivas do movimento (por exemplo, nenhuma outra simetria espacial global além da homogeneidade e isotropia do espaço).

Agora que sabemos que o momento angular é conservado, podemos começar a explorar as ramificações disto. O momento angular em 1D é trivialmente zero, portanto, devemos passar para problemas com movimento irrestrito 2D ou movimento 3D. Vamos começar com o pêndulo *esférico* .

Exemplo 3.12. O pêndulo esférico.
Considere a Figura 3.4, mas com suporte *de tensão* e com movimento de massa permitido em 3-D (por exemplo, não mais horizontalmente plano). A coordenada cartesiana da massa é:

$$x = lsin\varphi cos\theta \ and \ y = lsin\varphi sin\theta \ and \ z = lcos\varphi$$

Suas derivadas temporais são diretas:

$$\dot{x} = lcos\varphi\dot{\varphi} \, cos\theta + lsin\varphi(-sin\theta)\dot{\theta}, \ etc.$$

O Lagrangiano é assim

$$L = \frac{1}{2}m\{l^2(\cos^2\varphi\dot{\varphi}^2) + l^2\sin^2\varphi\dot{\varphi}^2 + l^2\sin^2\varphi\dot{\theta}\}$$
$$- mglcos\varphi$$
$$= \frac{1}{2}m(l\dot{\varphi})^2 + \frac{1}{2}m(lsin\varphi\dot{\theta})^2 - mglcos\varphi$$

Para as equações de movimento começamos pela eliminação do momento angular conservado em torno do eixo z:

$$\frac{d}{dt}\left(\frac{\partial L}{\partial\dot{\theta}}\right) - \frac{\partial L}{\partial\theta} = 0 \rightarrow \frac{d}{dt}\left(ml^2\sin^2\varphi\dot{\theta}\right) = 0$$
$$ml^2\sin^2\varphi\dot{\theta} = P_\theta \text{ ,a conserved quantity, } alternatibvely \Rightarrow \dot{\theta}$$
$$= \frac{P_\theta}{ml^2\sin^2\varphi}$$

Eliminando a $\dot{\theta}$ dependência do Lagrangiano pelo uso de sua quantidade conservada, obtemos então o Lagrangiano revisado:

$$L = \frac{1}{2}m(l\dot{\varphi})^2 + \frac{P_\theta{}^2}{2ml^2\sin^2\varphi} - mglcos\varphi$$

Onde agora:

$$\frac{d}{dt}\left(\frac{\partial L}{\partial\dot{\varphi}}\right) - \frac{\partial L}{\partial\varphi} = 0 \Rightarrow ml^2\ddot{\varphi} = \frac{-P_\theta{}^2 sin\varphi cos\varphi}{ml^2 sin^4\varphi} + mglsin\varphi$$

por isso,

$$\ddot{\varphi} + \frac{P_\theta{}^2}{(ml)^2}\frac{cos\varphi}{sin^3\varphi} - \frac{g}{l}sin\varphi = 0$$

Exercício 3.12. Qual é a frequência natural na aproximação de pequeno ângulo?

Exemplo 3.13. Mesa com furo, enfiada por linha com massas nas extremidades.

Vamos considerar outro cenário onde o momento angular em torno de um eixo específico é conservado. Considere uma mesa com um buraco. Uma linha de tensão passa pelo buraco. A extremidade da linha pendurada sob a mesa tem massa m_2 anexada (a linha tem massa desprezível), enquanto a extremidade apoiada no tampo da mesa tem massa m. As equações iniciais de equilíbrio de força fornecem:

$$F_2 = m_2g - T_2, \qquad T_2 = T_1 = F_1 = ma_1, \qquad y_2 = l - r_1,$$
$$\dot{y}_2 = -\dot{r}_1, \qquad \ddot{y}_2 = -\ddot{r}_1$$

Enquanto a força, em termos da função potencial, fornece:

$$F_i = -\frac{\partial U}{\partial q_i}, \quad F_1 = m_1 a_1 = m_1\left(\ddot{r}_1 + r_1{}^2\ddot{\theta}\right) = m_1\ddot{r}_1, \quad \text{and} \quad F_2$$
$$= m_2 g + \frac{m_1}{m_2} F_2$$

Assim, o Lagrangiano é:

$$L = \frac{1}{2}m_1\left(\left(\ddot{r}_1 + \ddot{r}_2\dot{\theta}^2\right) + \frac{1}{2}m_2(\dot{y}_2)^2 - U_2 - U_1, \quad \text{where } U_2\right.$$
$$= y_2 F_2 \text{ and } U_1 = -r_1 F_1$$

que pode ser reescrito:

$$L = \frac{1}{2}(m_1 + m_2)(\dot{r})^2 + \frac{1}{2}m_1 r_1{}^2\dot{\theta}^2 - (l - r_1)\left(\frac{m_2{}^2}{m_1 + m_2}\right)g$$
$$+ r_1\left(\frac{m_1 m_2}{m_1 + m_2}\right)g$$

Podemos retirar termos constantes do Lagrangiano (já que eles não alteram as equações EL e, portanto, não alteram as equações de movimento). Então, abandonando o termo constante e reagrupando:

$$L = \frac{1}{2}(m_1 + m_2)(\dot{r})^2 + \frac{1}{2}m_1 r^2\dot{\theta}^2 + r m_2 g$$

Podemos agora prosseguir com a avaliação do Lagrangiano, novamente começando com o termo de conservação do momento angular:

$$\frac{d}{dt}\frac{\partial L}{\partial \dot{\theta}} - \frac{\partial L}{\partial \theta} = 0 \quad \rightarrow \quad \frac{d}{dt}\left(m_1 r^2\dot{\theta}\right) = 0 \quad \rightarrow \quad m_1 r^2\dot{\theta} = p_\theta$$

Assim temos:

$$L = \frac{1}{2}(m_1 + m_2)(\dot{r})^2 + \frac{p_\theta{}^2}{2m_1 r^2} + m_2 g r$$

A equação de movimento restante é:

$$\frac{d}{dt}\frac{\partial L}{\partial \dot{r}} - \frac{\partial L}{\partial r} = 0 \quad \rightarrow \quad (m_1 + m_2)\ddot{r} - m_2 g + \frac{p_\theta{}^2}{m_1 r^3} = 0$$

Para r pequenos temos então:

$$\ddot{r} = -\frac{p_\theta{}^2}{(m_1 + m_2)m_1}\frac{1}{r^3} = -\beta\frac{1}{r^3}, \quad \text{where } \beta = \frac{p_\theta{}^2}{(m_1 + m_2)m_1}$$

Assim, podemos escrever:

$$\dot{r}\ddot{r} = -\beta\frac{\dot{r}}{r^3} \quad \rightarrow \quad (\dot{r})^2 = +\beta\left(\frac{1}{r^2}\right) \rightarrow \dot{r} = \frac{\sqrt{\beta}}{r} \rightarrow r\dot{r} = \sqrt{\beta} = \frac{1}{2}\frac{d}{dt}r^2 \quad \rightarrow \quad r$$
$$= \sqrt{2\sqrt{\beta}\,t}$$

O último resultado para a $r$equação do movimento é indicativo de um potencial repulsivo, o que levanta a questão: quando teremos órbitas estáveis?

$$L = \frac{1}{2}m_1(\dot{r})^2 + \frac{p_\theta{}^2}{2(m_1 + m_2)r^2} + m_2gr \quad \rightarrow \quad -U$$

$$= \frac{p_\theta{}^2}{2(m_1 + m_2)r^2} + m_2gr,$$

Por isso,

$$\frac{dU}{dr} = 0 \quad \Longrightarrow \quad -\frac{p_\theta{}^2}{(m_1 + m_2)r_{eq}{}^3} + m_2g = 0 \quad \Longrightarrow \quad r_{eq} = \sqrt[3]{\gamma}, \quad where \; \gamma$$

$$= \frac{p_\theta{}^2}{(m_1 + m_2)m_2g}$$

Exercício 3.13. *Este aparelho poderia ser usado para pesar massa desconhecida* m_2*? Descreva um processo para fazer isso.*

Exemplo 3.14. Revisite o pêndulo único com suporte oscilante horizontalmente .

Vamos agora revisitar o pêndulo único quando o ponto de apoio oscila horizontalmente. O pêndulo se move no plano do papel. A corda de comprimento $l$não dobra. O ponto de apoio P se move para frente e para trás ao longo de uma direção horizontal de acordo com a equação $x = a\cos(\omega t)$, e ($\omega \neq \sqrt{(g/l)}$):

    (i) Vamos começar escrevendo o Lagrangiano para este sistema e obter as equações de movimento de Lagrange. (Não esqueça a força generalizada ao escrever a equação de Lagrange para x). Tem: $x' = x + l\sin\theta$, assim $\dot{x}' = \dot{x} + l\cos\theta\dot{\theta}$. Tem $y' = -l\cos\theta$, portanto $\dot{y}' = l\sin\theta\,\dot{\theta} = -mgl\cos\theta$. Tenha também o de costume $U = mgy$, para depois escrever o Lagrangiano:

$$L = \frac{1}{2}m\left([-a\omega\sin(\omega t) + l\cos\theta\,\dot{\theta}]^2 + [l\sin\theta\dot{\theta}]^2\right)$$
$$+ mgl\cos\theta$$
$$= \frac{1}{2}ml^2\dot{\theta}^2 + mgl\cos\theta + am\omega^2 l\cos(\omega t)\sin\theta$$
$$\frac{d}{dt}\left(\frac{d}{\partial\dot{\theta}}\right) - \frac{\partial L}{\partial\theta} = 0$$
$$\rightarrow \quad ml^2\ddot{\theta} + mgl\sin\theta$$
$$- am\omega^2 l\cos(\omega t)\cos\theta = 0$$

(ii) Em seguida, resolva as equações de movimento acima em primeira ordem em θ(pequenas oscilações) e encontre a solução de estado estacionário para $\theta(t)$, em termos de m, l, a e ω. (Não estamos interessados na solução oscilando no frequência natural do pêndulo.) Assim:

$$ml^2\ddot\theta + mgl\theta - am\omega^2 l\cos(\omega t) = 0$$
$$\ddot\theta + \frac{g}{l}\theta - \frac{a}{l}\omega^2\cos(\omega t) = 0.$$

Então tenha:

$$\ddot\theta + \frac{g}{l}\theta = \frac{a}{l}\omega^2\cos(\omega t)$$

onde o RHS é uma força efetiva/m. E nós temos a solução:

$$\theta = \frac{(a/l)\omega^2}{\omega_0^2 - \omega^2}\cos(\omega t + \beta).$$

Exercício 3.14. *Repita, mas com um suporte oscilante verticalmente.*

3.5 Sistemas Similares e o teorema do Virial

Até agora vimos como as simetrias globais desempenham um papel no estabelecimento de leis de conservação (aditivas). Agora vamos considerar as simetrias internas ao Lagrangiano de modo que ele possa ser expresso como outro Lagrangiano com um multiplicador constante geral. Nesse caso, descobriremos que as equações do movimento serão as mesmas. Para ver se um Lagrangiano exibirá tal "semelhança" requer uma especificação do termo de energia potencial precisamente neste aspecto. Então, vamos redimensionar os comprimentos e o tempo do sistema, e fazer com que a energia potencial seja uma função homogênea do redimensionamento dos parâmetros (onde o grau de homogeneidade é dado pelo parâmetro k):

$$\vec{q}_a \longrightarrow \alpha\vec{q}_a, \, (\, l' = \alpha l, \text{dilatação do comprimento})$$
$$\dot{\vec{q}}_a \longrightarrow \left(\frac{\alpha}{\beta}\right)\dot{\vec{q}}_a, (\, t' = \beta t, \text{dilatação do tempo})$$
$$U(\alpha\{\vec{q}_a\}) \longrightarrow \alpha^k\, U(\{\vec{q}_a\}), \text{(homogêneo, grau k)}.$$

$$(3\text{-}18abc)$$

Agora que as dilatações estão especificadas, para que haja uma semelhança no Lagrangiano tal que resulte um fator constante geral, com especificação Lagrangiana típica $L = T - U$, já temos o reescalonamento da parte da energia potencial, o reescalonamento da parte da energia cinética é simplesmente isso dado pela velocidade acima (ao quadrado). Assim, para termos um sistema semelhante:

44

$$\left(\frac{\alpha}{\beta}\right)^2 = \alpha^k \longrightarrow \beta = \alpha^{1-\frac{1}{2}k}, \qquad \left(\frac{E'}{E}\right) = \alpha^k \ and \ \left(\frac{M'}{M}\right) = \alpha^{1+\frac{1}{2}k}.$$

$$(3\text{-}19)$$

Vamos considerar alguns casos onde temos um potencial homogêneo:
> (1) Para pequenas oscilações, ou mola clássica, a energia potencial é uma função quadrática de coordenadas (k=2). A relação crítica acima com k=2 torna-se: $\beta = \alpha^0 = 1$, ou seja, não importa o tamanho do deslocamento da posição de repouso (amplitude), a razão de tempo do sistema será 1, ou seja, o período do sistema é independente da amplitude.
> (2) Para um campo de força uniforme, a energia potencial é uma função linear de coordenadas, tal como a aproximação do movimento devido à gravidade perto da superfície da Terra (PE = mgh). Para k=1 temos: $= \sqrt{\alpha}$, então cai sob a gravidade. O tempo de queda, por exemplo, é igual à raiz quadrada da altura inicial.
> (3) Para o potencial newtoniano ou coulombiano: k = -1. Agora temos $= \sqrt[3]{\alpha}$, o quadrado do período de uma órbita é igual ao cubo do tamanho da órbita (3ª Lei de Kepler).

Teorema do virial

Este é um dos poucos exemplos, ou contextos, onde um sistema multi-elemento está a ser considerado (e para um grande número de elementos), devido à sua aplicação universal. Qualquer potencial homogêneo onde o movimento é limitado permite a aplicação do Teorema de Virial, segundo o qual as médias temporais da energia potencial e cinética do sistema têm uma relação simples. Isso será derivado da seguinte forma, considere:

$$E = \sum_i \left(\dot{q}_i \frac{\partial L}{\partial \dot{q}_i} \right) - L \implies \sum_i \left(\dot{q}_i \frac{\partial L}{\partial \dot{q}_i} \right) = 2T$$

$$(3\text{-}20)$$

Escrita $v_i = \dot{q}_i$ e definição de momentos generalizados, passando então para a notação vetorial com partículas indicadas pela indexação 'a':

$$\sum_i (v_i \, p_i) = \sum_a \vec{v}_a \cdot \vec{p}_a = \frac{d}{dt}\left(\sum_a \vec{r}_a \cdot \vec{p}_a \right) - \sum_a \vec{r}_a \cdot \dot{\vec{p}}_a$$

Vamos agora tomar a média temporal de 2T, onde o termo derivado do tempo total terá valor médio zero se tivermos movimento limitado. Para ser mais específico, a média de tempo para uma função $f(t)$ de tempo é definida como:

$$\overline{f} = \lim_{\tau \to \infty} \frac{1}{\tau} \int_0^\tau f(t)\,dt$$

(3-21)

Suponha $f(t) = \frac{d}{dt}F(t)$, então:

$$\overline{f} = \lim_{\tau \to \infty} \frac{1}{\tau}[F(\tau) - F(0)] = 0$$

Para movimento limitado.

Como temos movimento limitado se permanecermos em uma região finita do espaço com velocidades finitas, teremos então:

$$2\overline{T} = -\overline{\sum_a \vec{r}_a \cdot \dot{\vec{p}}_a} = \overline{\sum_a \vec{r}_a \cdot \frac{\partial U}{\partial \vec{r}_a}} = k\overline{U}$$

Revisitando o que isso indica para os três casos mencionados acima ($E = \overline{E} = \overline{T} + \overline{U}$):

   (1) Pequenas oscilações (k=2), possuem $\overline{T} = \overline{U}, E = 2\overline{T}$.
   (2) Campo uniforme (k = 1), tem $\overline{T} = (1/2)\,\overline{U}, E = 3\overline{T}$
   (3) Potencial Newtoniano ou Coulomb (k = –1): $\overline{U} = -2\overline{T}, E = -\overline{T}$. Este resultado é consistente com o fato de a energia total de um movimento limitado neste tipo de potencial ser negativa, como ficará aparente nos exemplos a seguir.

3.6. Sistemas unidimensionais

Freqüentemente, a análise do sistema reduz sua dimensionalidade (devido a simetrias). Considere a órbita de um planeta em torno do Sol, onde o problema 3D se reduz ao problema 2D pela conservação do momento angular. Na maior parte, só precisamos considerar o movimento em uma ou duas dimensões. Vamos começar com movimento unidimensional.

Considere o seguinte Lagrangiano para movimento unidimensional onde um potencial arbitrário é esboçado como mostrado na Figura 3.5.

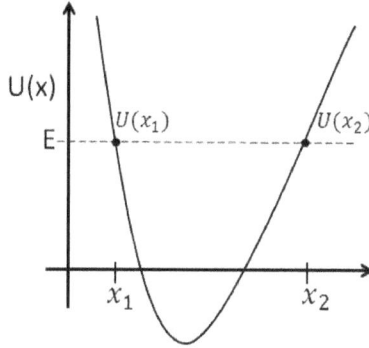

Figura 3.5 . Um potencial unidimensional. $U(x_1) = E = U(x_2)$.

$$L = \frac{1}{2}m\,\dot{x}^2 - U(x) \longrightarrow E = \frac{1}{2}m\,\dot{x}^2 + U(x)$$

(3-22)

Desde então $U(x) \le E$, e tirando a raiz positiva (o negativo corresponde à reversão do tempo, com o mesmo tipo de soluções):

$$\frac{dx}{dt} = \sqrt{\frac{2[E - U(x)]}{m}} \rightarrow t = \sqrt{m/2} \int dx/\sqrt{E - U(x)} + C$$

Os limites do movimento são dados por $U(x_1) = E = U(x_2)$ e o período do movimento é dado pelo dobro da integral de x_1 até x_2:

$$Period = \sqrt{2m} \int_{x_1}^{x_2} dx/\sqrt{E - U(x)}.$$

(3-23)

Exemplo 3.15. Movimento em uma rampa curva.
Uma pequena massa desliza sem atrito sobre um bloco de massa M, como mostra a Figura 3.6. O próprio M desliza sem atrito sobre uma mesa horizontal e seu lado curvo tem a forma de um círculo de raio a .

a) Encontre as equações de Lagrange para o sistema em termos de duas coordenadas generalizadas.

b) Encontre duas quantidades conservadas.

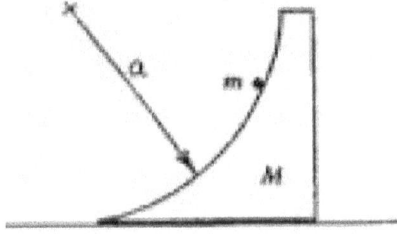

Figura 3.6. Uma massa m desliza sem atrito sobre um bloco de massa M, com círculo de raio a.

As coordenadas: $x_1 = x + a \cos \theta$; $y_1 = -a \sin \theta$; e $x_2 = x$.
As derivadas do tempo coordenado: $\dot{x}_1 = \dot{x} + a \sin \theta \, \dot{\theta}$; $\dot{y}_1 = -a \cos \theta \, \dot{\theta}$;
e $\dot{x}_2 = \dot{x}$.
A energia potencial: $U = -mga \sin \theta$.
Por isso,

$$L = T - U = \frac{1}{2} m \left([\dot{x} - a \sin \theta \, \dot{\theta}]^2 + [-a \cos \theta \, \dot{\theta}]^2 \right) + \frac{1}{2} M(\dot{x})^2 - U$$

$$L = \frac{1}{2}(m + M)\dot{x}^2 + \frac{1}{2}m(a\dot{\theta})^2 - am\dot{x}\dot{\theta} \sin \theta + mga \sin \theta$$

e,

$$\frac{d}{dt}\left(\frac{\partial L}{\partial \dot{x}}\right) - \frac{\partial L}{\partial x} = 0 \Longrightarrow (m + M)\ddot{x} - \frac{d}{dt}\left(am\dot{\theta} \sin \theta\right) = 0, \text{ por isso,}$$

$$\frac{d}{dt}\left\{(m + M)\dot{x} - am\dot{\theta} \sin \theta\right\} = 0.$$

Então nós temos:

$$(m + M)\dot{x} - am\dot{\theta} \sin \theta = const,$$

e,

$$E = T + U = \frac{1}{2}(m + M)\dot{x}^2 + \frac{1}{2}m(a\dot{\theta})^2 - am\dot{x}\dot{\theta} \sin \theta + mga \sin \theta.$$

Exercício 3.15. *Encontre as velocidades das massas em função do tempo quando a massa m é liberada do repouso no topo do lado curvo.*

3.7 Movimento num Campo Central
Considere uma única partícula em um potencial central. Seu momento angular é conservado: $\vec{M} = \vec{r} \times \vec{p} = constant$. Como a constante $\vec{M}$ é perpendicular a $\vec{r}$, a posição está sempre em um plano perpendicular a $\vec{M}$ (a conservação do momento angular reduziu assim o problema de 3D

48

para 2D). A forma apropriada para o Lagrangiano para movimento em um plano com potencial central é assim:

$$L = \frac{1}{2}m\dot{r}^2 + \frac{1}{2}m(r\dot{\varphi})^2 - U(r)$$

(3-24)

Observe que não há referência direta à coordenada φ, no formalismo hamiltoniano isso significa que:

$$F_\varphi = \frac{\partial L}{\partial \varphi} = 0$$

por isso

$$\dot{p}_\varphi = F_\varphi = 0 \quad \rightarrow \quad p_\varphi = constant = "M".$$

$$p_\varphi = \frac{\partial L}{\partial \dot{q}_i} = mr^2\dot{\varphi} = M.$$

(3-25)

Lembre-se de que a área de um raio de setor radial r com ângulo de varredura φ é $A = (1/2)r \cdot r\varphi$, e a velocidade setorial é, portanto, $V_{sectorial} = (1/2)r^2\dot{\varphi} = M/2m$ uma constante, ou seja, "áreas iguais varridas em tempos iguais", também conhecida como Terceira Lei de Kepler. Como é típico neste tipo de análise, integrais de movimento (por exemplo, leis de conservação) são usadas como primeiro passo para simplificar a análise. Assim, para energia temos:

$$E = \frac{1}{2}m\dot{r}^2 + \frac{1}{2}m(r\dot{\varphi})^2 + U(r) \quad \rightarrow \quad \frac{1}{2}m\dot{r}^2 = [E - U] - \frac{M^2}{2mr^2},$$

onde o último termo é a energia centrífuga. Reorganizando:

$$\frac{dr}{dt} = \sqrt{\frac{2}{m}[E - U] - \frac{M^2}{m^2r^2}}$$

Integrando, obtemos

$$t = \int \frac{dr}{\sqrt{\frac{2}{m}[E - U] - \frac{M^2}{m^2r^2}}} + C_1$$

(3-26)

Usando $d\varphi = \frac{M}{mr^2}dt$,

$$\varphi = \int \frac{Mdr/r^2}{\sqrt{2m[E - U] - \frac{M^2}{r^2}}} + C_2$$

49

Observe que $\dot{\varphi} = M$ significa φ mudanças monotonicamente, portanto, para um caminho fechado, que necessariamente tem um raio mínimo e máximo (limitado), temos para mudança de fase indo do raio mínimo para o raio máximo e depois voltando:

$$\Delta\varphi = 2 \int_{r_{min}}^{r_{max}} \frac{M dr/r^2}{\sqrt{2m[E - U] - \frac{M^2}{r^2}}}$$

onde os limites do movimento são dados pela energia sem parte cinética, $E = U_{eff}$ onde

$$U_{eff} = U + \frac{M^2}{2mr^2}.$$

(3-28)

O $\Delta\varphi$ for para resultar em um caminho fechado deve ser exatamente igual 2π ou um múltiplo de $\Delta\varphi$ deve resultar em um múltiplo de 2π (ou seja, $\Delta\varphi = 2\pi (m/n)$). Isso só acontece para todos os caminhos na integral acima quando os potenciais U têm a forma $1/r$ ou r^2, e nesses casos ocorre uma integral extra do movimento (conhecida como vetor Runge-Lens). Antes de passarmos ao $1/r$ potencial crítico, entretanto, vamos considerar as implicações do momento angular diferente de zero com um potencial central. Geralmente é impossível alcançar o centro em tais casos, mesmo em potenciais atrativos. Para chegar ao centro quando $M \neq 0$ estamos obviamente considerando uma situação em que não estamos nos pontos de inflexão do movimento, portanto

$$\frac{1}{2}m\dot{r}^2 = [E - U] - \frac{M^2}{2mr^2} > 0,$$

e reagrupando e tomando o limite quando o raio vai para zero, descobrimos que os únicos potenciais que permitem isso devem satisfazer:

$$\lim_{r\to 0} r^2 U < -\frac{M^2}{2m}$$

Isto só é possível para potenciais negativos $U(r) = -\alpha/r^n$ com $n > 2$ ou com $n = 2$ and $\alpha > \frac{M^2}{2m}$.

50

No exemplo anterior vimos que os potenciais Kepler e Coulomb ($U(r) = -\alpha/r$) não estavam no grupo de potenciais que permitem o movimento através do centro quando o momento angular é diferente de zero. Vamos agora considerar o potencial atrativo relevante para a gravidade (e para a atração entre cargas opostas) com $U(r) = -\alpha/r$ mais detalhes. Para começar, a integral do ângulo pode ser facilmente resolvida para esta situação, onde o potencial efetivo é:

$$U_{eff} = -\frac{\alpha}{r} + \frac{M^2}{2mr^2} \;,and\; \min_r U_{eff} = -\frac{m\alpha^2}{2M^2} \;at\; r = \frac{M^2}{m\alpha}$$

$$(3\text{-}29)$$

onde os domínios de energia mínimo e significativo da função estão indicados na Figura 3.7.

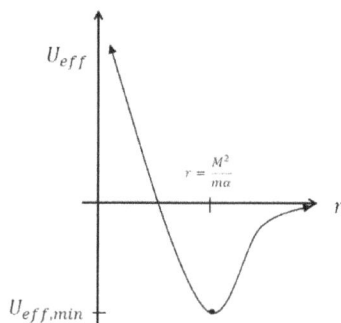

Figura 3.7. Um esboço do potencial efetivo. $U_{eff,min} = -\frac{m\alpha^2}{2M^2}$. O movimento é finito se $E < 0$, infinito se $E \geq 0$.

A integração então produz:

$$\varphi = \cos^{-1} \frac{\left(\dfrac{M}{r} - \dfrac{m\alpha}{M}\right)}{\sqrt{2mE + \dfrac{m^2\alpha^2}{M^2}}} + constant$$

$$(3\text{-}30)$$

Vamos $\varphi = 0$ corresponder à ocorrência da aproximação mais próxima (periélio, r_{min} a seguir), caso em que a constante é zero. Vamos também relacionar duas formas de descrição de órbitas $\{p, e\}$, onde $2p$ é conhecido como latus rectum, e e é a excentricidade, e os parâmetros da seção cônica $\{a, b\}$, onde $2a$ é o comprimento do eixo maior e $2b$ é o comprimento do eixo menor:

$$p = \frac{M^2}{m\alpha} \quad and \quad e = \sqrt{1 + \frac{2EM^2}{m\alpha^2}}$$

$$(3\text{-}31)$$

para chegar à equação da órbita:

$$p = r(1 + e \cos \varphi)$$

$$(3\text{-}32)$$

Da equação da órbita podemos ver que:

$$r_{min} = \frac{p}{1 + e} \quad and \quad r_{max} = \frac{p}{1 - e}$$

$$(3\text{-}33)$$

Desde $2a = r_{min} + r_{max}$:

$$a = \frac{p}{1 - e^2} = \frac{\alpha}{2|E|}$$

$$(3\text{-}34)$$

Vemos também que as razões b/r_{min} e r_{max}/b são invariantes de redimensionamento e devem ser proporcionais entre si, onde para $e = 0$ isso se mostra igualdade, assim $b = \sqrt{r_{min} \cdot r_{max}}$ obtemos:

$$b = \frac{p}{\sqrt{1 - e^2}} = \frac{M}{\sqrt{2m|E|}}$$

$$(3\text{-}35)$$

Consideremos agora os vários casos em termos do parâmetro de excentricidade $e = \sqrt{1 + \frac{2EM^2}{m\alpha^2}}$ da órbita:

<u>Pois $e = 0$</u>(ocorre quando $E = -\frac{m\alpha^2}{2M^2}$): Temos uma órbita circular $r_{min} = r_{max} = p$.

<u>Para $0 < e < 1$</u>(ocorre quando $E < 0$): Temos órbita elíptica $r_{min} \neq r_{max}$.
Para as elipses e o círculo, temos órbitas vinculadas, o que nos permite fazer a integral setorial completa de uma dessas órbitas, obtendo assim simplesmente a área da elipse ou do círculo. Lembrar

$$\frac{d(area)}{dt} = V_{sectorial} = \frac{1}{2}r^2\dot\varphi = \frac{M}{2m}$$

$$(3\text{-}36)$$

integrando ao longo do tempo de um período orbital T:

$$T = \frac{2m(area)}{M} = \frac{2m\pi ab}{M} = \pi\alpha\sqrt{\frac{m}{2|E|^3}}.$$

A partir desta solução exata podemos ver que , que é a $T^2 \propto \frac{1}{|E|^3} \propto a^{33^a}$ Lei de Kepler .

Para $e = 1$(ocorre quando $E = 0$): Temos uma órbita parabólica (ilimitada) com $r_{min} = \frac{p}{2}$ and $r_{max} = \infty$, que descreve uma partícula caindo do repouso no infinito.

Para $e > 1$(ocorre quando $E > 0$): Temos uma órbita hiperbólica (ilimitada).

O vetor Laplace-Runge-Lenz
Considere uma força central inversa do quadrado agindo sobre uma única partícula que é descrita pela equação

$$A = p \times L - mk\hat{r} \rightarrow e = \frac{A}{mk},$$

(3-38)

onde

m é a massa da partícula pontual movendo-se sob a força central,
p é seu vetor momento,
L = **r** × **p** é o seu vetor momento angular,
r é o vetor de posição da partícula (Figura 3.8),
$\hat{r}$ é o vetor unitário correspondente , ou seja, $\hat{r}$, e
r é a magnitude de **r** , a distância da massa ao centro de força.

O parâmetro constante k descreve a intensidade da força central; é igual a $\underline{G} \cdot M \cdot m$ para forças gravitacionais e $- \underline{k}_e \cdot Q \cdot q$ para forças eletrostáticas. A força é atrativa se $k > 0$ e repulsiva se $k < 0$.

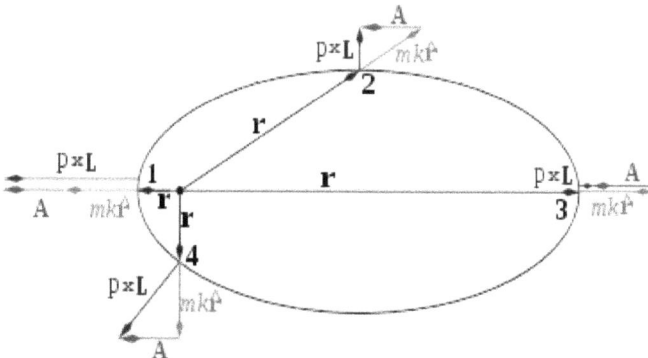

Figura 3.8 . O vetor LRL **A** em quatro pontos da órbita elíptica sob uma força central inversa do quadrado. O centro de atração é mostrado como um pequeno círculo preto de onde emanam os vetores de posição. O vetor momento angular **L** é perpendicular à órbita. Os vetores coplanares **p** × **L** e (mk/r) **r** são mostrados. O vetor **A** é constante em direção e magnitude.

As sete grandezas escalares E , **A** e **L** (sendo vetores, as duas últimas contribuem com três grandezas conservadas cada) estão relacionadas por duas equações, $\mathbf{A} \cdot \mathbf{L} = 0$ e $A^2 = m^2 k^2 + 2\,mEL^2$, dando cinco constantes de movimento independentes . Isto é consistente com as seis condições iniciais (a posição inicial da partícula e os vetores de velocidade, cada um com três componentes) que especificam a órbita da partícula, uma vez que o tempo inicial não é determinado por uma constante de movimento. A órbita unidimensional resultante no espaço de fase hexadimensional é, portanto, completamente especificada.

Exemplo 3.16. Uma massa de teste é lançada sobre o pólo norte.
Uma massa de teste é liberada em repouso, um diâmetro terrestre acima do pólo norte (rotacional). Ignore o atrito atmosférico. (Use para aceleração da gravidade perto da superfície da Terra $10\,\frac{m}{sec^2}$, e para o raio da Terra $R_e = 6,400\ km$.)
a) Encontre a velocidade (em metros/seg) da massa quando ela atinge a Terra.
b) Encontre uma expressão para o tempo que a massa leva para atingir a Terra. A sua expressão deve conter uma integral adimensional.

Solução:
(a) Velocidade na superfície da terra: a energia potencial da massa de teste: $\Phi = -\frac{mGM}{R}$. A conservação da energia dá a energia cinética como a variação da energia potencial:

$$\frac{1}{2}mv^2 = \Delta PE = \left(\frac{-mGM}{R}\right)\Big|_{R_e}^{3R_e} = \frac{2}{3}m\,R_e\,g$$

(b) Tempo até o impacto, vamos primeiro obter a relação da queda até o raio r:

54

$$\frac{1}{2}mv^2 = \left(\frac{-mGM}{R}\right)\Big|_r^{3R_e} \qquad v$$

$$= \frac{dr}{dt} \; since \; no \; coriolis \; force \; at \; North \; pole$$

$$\frac{1}{2}m\left(\frac{dr}{dt}\right)^2 = \frac{mGM}{r} - \frac{mGM}{3R_e}$$

$$\frac{dr}{dt} = \sqrt{\frac{2GM}{r} - \frac{2GM}{3R_e}} = \sqrt{2GM}\sqrt{\frac{1}{r} - \frac{1}{3R_e}}$$

$$dt = \frac{1}{\sqrt{2GM}}\frac{dr}{\sqrt{\dfrac{1}{r} - \dfrac{1}{3R_e}}}$$

$$T = \frac{1}{\sqrt{2GM}}\int_{R_e}^{3R_e}\frac{dr}{\sqrt{\dfrac{1}{r} - \dfrac{1}{3R_e}}} = \frac{(3R_e)^{\frac{3}{2}}}{\sqrt{2GM}}\int_{\left(\frac{1}{3}\right)}^{1}\frac{dx}{\sqrt{\dfrac{1}{x} - 1}} \cong 1.43\frac{(3R_e)^{\frac{3}{2}}}{\sqrt{2GM}}$$

Exercício 3.16. *Uma massa de teste é lançada sobre o equador.*

Exemplo 3.17. Um planeta de massa M....

Um planeta de massa m orbita um Sol de massa M. Vimos nas propriedades gerais dos sistemas Keplerianos que o planeta se move num plano que contém o centro de força. (a) Introduza coordenadas polares para o plano de movimento e escreva o Lagrangiano; (b) Obtenha o momento angular e a energia do sistema planetário; e (c) pela análise Kepleriana sabemos que a órbita é uma elipse, então relacione o comprimento do semieixo maior a e a excentricidade ε dessa elipse com a energia conservada e o momento angular obtidos em (b), usando a seguinte parametrização da órbita como uma elipse:

$$\frac{1}{e} = \frac{1}{a(1 - \varepsilon^2)} + \frac{\varepsilon}{a(1 - \varepsilon^2)}\cos\theta$$

Solução:

(a) Temos da força gravitacional newtoniana e mudamos para o referencial do centro de massa:

$$F = \frac{mMG}{r^2} = \frac{M_T\mu G}{r^2}, where \; M_T = (m + M) \; and \; \mu = \frac{mM}{m + M}$$

Para isso podemos escrever a energia potencial como:

$$U = -\frac{M_T\mu G}{r}$$

Então, em coordenadas polares, o Lagrangiano $L = T - U$:

$$L = \frac{1}{2}\mu(\dot{r}^2 + r^2\dot{\theta}^2) - U(|\vec{r}|) \text{ and } \vec{r} = \vec{r}_m - \vec{r}_M, r = |\vec{r}|$$

(b) Para obter a energia vamos começar obtendo as equações de movimento para as coordenadas cíclicas, aqui o ângulo orbital, para obter outras constantes do movimento, então use $E = T + U$:

$$\frac{d}{dt}(\mu r^2 \dot{\theta}) = 0 \rightarrow l = \mu r^2 \dot{\theta}, angular\ momemtum\ conserved$$

$$E = \frac{1}{2}\mu\dot{r}^2 + \frac{l^2}{2\mu r^2} - \frac{\mu M_T G}{r}$$

(c) Relação com a parametrização de uma elipse. Em r_{min} e r_{max} temos $\dot{r} = 0$, então obtenha:

$$E = \frac{l^2}{2\mu r_{min}^2} - \frac{\mu M_T G}{r_{min}} \text{ and } E = \frac{l^2}{2\mu r_{max}^2} - \frac{\mu M_T G}{r_{max}}$$

Da parametrização da elipse temos for r_{min} e r_{max}:

$$\frac{1}{r_{min}} = \frac{1}{a(1-\varepsilon^2)} + \frac{\varepsilon}{a(1-\varepsilon^2)} \implies r_{min} = a(1-\varepsilon)$$

$$\frac{1}{r_{max}} = \frac{1}{a(1-\varepsilon^2)} + \frac{\varepsilon}{a(1-\varepsilon^2)} \implies r_{max} = a(1+\varepsilon)$$

Usando as duas equações para energia nas posições máxima e mínima r, obtemos:

$$\frac{l^2}{2\mu}\left(\frac{1}{r_{max}^2} - \frac{1}{r_{max}^2}\right) - \mu M_T G\left(\frac{1}{r_{min}} - \frac{1}{r_{max}}\right) = 0 \rightarrow l^2 = \mu^2 M_T G a(1-\varepsilon^2)$$

Substituindo a relação l^2 nas duas equações de energia, assim como $r_{min} = a(1-\varepsilon)$ e $r_{max} = a(1+\varepsilon)$, obtemos:

$$E = \frac{-\mu M_T G}{r_{min} + r_{max}} = \frac{-\mu M_T G}{2a}$$

Por isso,

$$a = \frac{-\mu M_T G}{2E} = \frac{mMG}{2|E|} = \frac{\alpha}{2|E|}, where\ a = \mu M_T G = mMG.$$

E substituindo na l^2 relação que reagrupamos na expressão get por excentricidade:

$$\varepsilon = \sqrt{1 + \left(\frac{2El^2}{\mu\alpha^2}\right)}.$$

Exercício 3.17. *Qual é a excentricidade do sistema Terra-Lua? Do sistema Terra-Sol?*

Exemplo 3.18. Uma partícula de massa m...
Uma partícula de massa m se move em um potencial$U = \alpha/r - \beta/r^3$, $\alpha, \beta > 0$.
   a) Para que raio a, r , as órbitas circulares são estáveis? (Expresse a condição em r em termos de α e β.)
   b) Encontre em termos de r, α, β e m a frequência Ω de uma órbita circular e a frequência w de pequenas oscilações em torno de uma órbita circular.

Solução:
(a) $U = \alpha/r - \beta/r^3$, $\alpha, \beta > 0$, e para órbitas: $L = \frac{1}{2}m\left(\dot{r}^2 + r^2\dot{\theta}^2\right) - U$ e $E = \frac{1}{2}m\dot{r}^2 + \frac{M_\theta^2}{2mr^2} + U$, portanto

$$U_{eff} = \frac{M_\theta^2}{2mr^2} - \frac{\alpha}{r} - \frac{\beta}{r^3}.$$

Órbitas circulares para:

$$\frac{U_{eff}}{\partial r} = 0 \quad \rightarrow \quad -\frac{M_\theta^2}{mr^3} + \frac{\alpha}{r^2} + \frac{3\beta}{r^4} = 0$$

Órbitas estáveis para:

$$\frac{\partial^2 U_{eff}}{\partial r^2} = \frac{3M_\theta^2}{mr^4} - \frac{2\alpha}{r^3} - \frac{12\beta}{r^5} > 0.$$

(b) Lembre-se da área varrida, A, relação: $M_\theta = mr^2\dot{\theta} = 2m\frac{dA}{dt}$, então pode escrever:

$$dt = \frac{2m}{M_\theta}dA \Rightarrow T = \frac{2m}{M_\theta}\left(\pi r_c^2\right)$$

$$\alpha r_c^2 - \frac{M_\theta^2}{m}r_c + 3\beta = 0$$

A frequência da órbita circular, Ω, é:

$$\Omega = \frac{2\pi}{T} = \frac{M_\theta}{mr_c^2},$$

e a frequência de pequenas oscilações em torno dessa órbita circular:

$$\omega = \sqrt{\frac{1}{2m}\frac{\partial^2 U_{eff}}{\partial r^2}\bigg|_{r_c}} = \sqrt{\frac{1}{m}\left\{\frac{\alpha}{r^3} - \frac{3\beta}{r^5}\right\}}.$$

Exercício 3.18. *O que acontece quando α e β são selecionados de forma que $\Omega = \omega$?*

Exemplo 3.19. Partícula em um campo de força central.
Uma partícula se move em um campo de força central dado pelo

potencial: $U = -K\dfrac{e^{-r/a}}{r}$, onde K e $a$são constantes positivas. (a) Encontre a relação entre r, l e E para órbitas circulares. (b) Encontre o período de pequenas oscilações (no θplano r) em torno de uma órbita circular.

Solução:

(a) Então, temos $U = -K\dfrac{e^{-r/a}}{r}$e $L = \frac{1}{2}m(\dot{r}^2 + r^2\dot{\theta}^2) - U$. Para a barreira centrífuga temos:

$$\frac{d}{dt}\left(\frac{\partial L}{\partial \dot{\theta}}\right) = 0 \Rightarrow mr^2\dot{\theta} = |L|$$

Então,

$$L = \frac{1}{2}m\dot{r}^2 - \frac{|L|^2}{2mr^2} - U$$

e as equações de movimento são:

$$\frac{d}{dt}(m\dot{r}) - \left\{-\frac{|L|^2}{mr^3} - \frac{\partial U}{\partial r}\right\} = 0$$

Tenha órbitas circulares $r = const$para:

$$\frac{|L|^2}{mr_0^3} = -\frac{\partial U}{\partial r}\bigg|_{r=r_0} \rightarrow \frac{l^2}{mr_0^3} + \frac{E}{r_0} = +\frac{K}{ar_0}e^{-r_0/a} \rightarrow E$$

$$= \frac{l^2}{2mr_0^2} + \frac{K}{a}e^{-r_0/a}$$

(b) Temos $\omega = \sqrt{\dfrac{1}{2m}\dfrac{\partial^2 U_{eff}}{\partial r^2}}$ e $U_{eff} = \dfrac{+l^2}{2mr^2} - \dfrac{Ke^{-r/a}}{r}$, e no equilíbrio de oscilação:

$$\frac{U_{eff}}{\partial r} = \frac{-l^2}{mr^3} + \frac{Ke^{-r/a}}{r^2} + \frac{Ke^{-r/a}}{ar} = 0,$$

por isso,

$$\frac{\partial^2 U_{eff}}{\partial r^2} = \frac{3l^2}{mr^4} - \frac{2Ke^{-r/a}}{r^3} - \frac{Ke^{-r/a}}{ar^2} - \frac{Ke^{-r/a}}{ar^2} - \frac{Ke^{-r/a}}{a^2 r}.$$

De

58

$$\left(\frac{1}{r^2} + \frac{1}{ar}\right) K e^{-r/a} = \frac{l^2}{mr^3} \quad and \quad K e^{-r/a} = \left(\frac{ar}{a+r}\right) \frac{l^2}{mr^2}$$

$$= \frac{a}{a+r} \frac{l^2}{mr}$$

Podemos então nos reagrupar para obter

$$\omega = \sqrt{\frac{l^2}{m^2 r^2} \left\{\frac{a}{a+r}\right\} \left(\frac{1}{r^2} + \frac{1}{ar} - \frac{1}{a^2 r}\right)}.$$

Exercício 3.19. *Suponha que* $\left.\frac{\partial^2 U_{eff}}{\partial r^2}\right|_{r_c}$ *para alguma escolha de* K *e* a, *derivar a fórmula de frequência para a derivada de terceira ordem em potencial, qual é a nova frequência oscilatória?*

Exemplo 3.20. $^{3^a\,Lei}$ *de Kepler a partir das leis de Newton.*

    (a) Mostre directamente a partir das leis de Newton que, para duas estrelas de massa m1 e m2 em órbitas circulares em torno do seu centro de massa, a 3ª Lei de Kepler ^{tem} a forma: $T^2 = \frac{4\pi^2}{G(m_1+m_2)} R^3$, sendo T o período e R a distância entre as estrelas.

    (b) Mostre que a fórmula pode ser reescrita na forma $T^2 = (m_1 + m_2)^{-1} R^3$, com T em anos, R em UA (unidades astronômicas) e m em massas solares. (Se R for o semieixo maior, isso também vale para órbitas elípticas.)

    (c) Mostre que para um objeto pequeno em órbita circular na superfície de um objeto grande, $T = K\rho^{-1/2}$, e encontre a constante K. Qual é o período de uma pedra em órbita na superfície de uma rocha esférica ($\rho = 3g/cm^3$)?

Solução:

(a) Lembre-se: $L = r \times \mu v = const$ e $dA = \frac{1}{2} r \cdot rd\theta$

Então,

$$L = \mu r \times \left(\dot{r}\hat{r} + r\dot{\theta}\hat{\theta}\right) = \mu r^2 \dot{\theta} = 2\mu \frac{dA}{dt} = const$$

$$2\mu dA = Ldt \rightarrow 2\mu(\pi ab) = LT$$

Lembre-se da relação das massas com os eixos maior e menor:

$$a = \frac{G(m_1 + m_2)\mu}{2|E|} \quad b = \frac{L}{\sqrt{2\mu|E|}}$$

Por isso,

$$LT = 2\mu\pi \frac{G(m_1 + m_2)\mu}{2|E|} \frac{L}{\sqrt{2\mu|E|}}$$

$$\rightarrow \quad \frac{4\pi^2}{G(m_1 + m_2)} \left\{ \frac{G(m_1 + m_2)\mu}{2|E|} \right\}^3 = T^2$$

Assim, substituindo a = R (avaliação no semieixo maior):

$$T^2 = \frac{4\pi^2}{G(m_1 + m_2)} R^3.$$

(b) A mudança de unidade é a seguinte:

$$T^2 \left(\frac{365 \times 24 \times 3600\,sec}{1yr} \right)^2$$

$$= \frac{4\pi^2}{G(m_1 + m_2)\left(\frac{2 \times 10^{30} kg}{M_\Theta}\right)} R^3 \left(\frac{1.5 \times 10^8 km}{1 A.U.} \right)^3,$$

então $T^2 = (m_1 + m_2)^{-1} R^3 K$ e $K =$

$$\frac{(1.5 \times 10^8 km)^3 4\pi^2}{6.67 \times 10^{-11} Nm^2/kg^2 (3.15 \times 10^7 sec)^2 (2 \times 10^{30} kg)} \left[\frac{M_\Theta \cdot yr^2}{(A.U.)^3} \right] = 1.0 \left[\frac{M_\Theta \cdot yr^2}{(A.U.)^3} \right].$$

Por isso,

$$T^2 = (m_1 + m_2)^{-1} R^3.$$

(c) $T^2 = (m_1 + m_2)^{-1} R^3 \simeq m_{Large}^{-1} R^3 \simeq \frac{\frac{4}{3}\pi R^3}{m_{Large}} \frac{1}{\frac{4}{3}\pi} = \frac{\rho}{\frac{4}{3}\pi}$, portanto, $T =$

$K\rho^{-1/2}$ onde $K = \frac{1}{2\sqrt{\frac{\pi}{3}}}$ (onde T está em unidades de anos,,, $R = AU'$ se $m =$

$M_\Theta's$. $m_1 \gg m_2$ Para $\rho = 3g/cm^3 = 3 \times 10^3 kg/m^3$, assim:

$$T = \sqrt{\frac{3\pi}{6.67 \times 10^{-11}}} (3 \times 10^3)^{-1/2} sec = 6.86 \times 10^3 sec = 114\,min.$$

Exercício 3.20. Qual é o período de uma pedra em órbita na superfície da Terra ($\rho = 1g/cm^3$) e na superfície de uma estrela de nêutrons ($\rho = 10^{16} g/cm^3$)?

Exemplo 3.21. Sistemas binários.

As massas estelares são encontradas observando sistemas binários. Normalmente não é possível identificar as estrelas, mas o espectro mostra dois desvios Doppler que mudam periodicamente, fornecendo a velocidade da linha de visão de cada estrela. Chame as velocidades V_1 e V_2. Mostre que se a órbita estiver inclinada de um ângulo θ em relação à linha de visão:

$$R = (V_1 + V_2)/\Omega \sin \theta \text{ e } M_2/M_1 = V_1/V_2 \text{ e } \frac{m_2^3}{(m_1+m_2)^2} \sin^3 \theta = (a_1 \sin \theta)^3/T^2.$$

Comece com : $V_1 = \mho_1 \sin \theta$ and $V_2 = \mho_2 \sin \theta$, onde $\mho_1 = r_1 \Omega$ and $\mho_2 = r_2 \Omega$. Let $R = r_1 + r_2$, então:

$$V_1 + V_2 = (\mho_1 + \mho_2) \sin \theta = R\Omega \sin \theta \rightarrow R = (V_1 + V_2)/\Omega \sin \theta$$

Com a origem no centro de massa: $M_1 r_1 + M_2 r_2 = 0$ e $M_1 \mho_1 + M_2 \mho_2 = 0$, assim: $|M_1 V_1 / \sin \theta| = |M_2 V_2 / \sin \theta|$

e $\frac{M_2}{M_1} = \frac{V_1}{V_2}$. Para obter a última relação, lembre-se disso no semieixo maior (para R):

$$T^2 = (m_1 + m_2)^{-1} R^3,$$

por isso:

$$T^2 = (m_1 + m_2)^{-1} \left\{ \frac{(V_1 + V_2)}{\Omega \sin \theta} \right\}^3 = (m_1 + m_2)^{-1} \left\{ \frac{\left(1 + \frac{m_1}{m_2}\right) V_1}{\Omega \sin \theta} \right\}^3$$

$$= (m_1 + m_2)^{-1} \left(1 + \frac{m_1}{m_2}\right)^3 a_1^3$$

De onde obtemos:

$$\frac{m_2^3}{(m_1 + m_2)^2} \sin^3 \theta = \frac{(a_1 \sin \theta)^3}{T^2}.$$

Exercício 3.21. *Binário com estrela de nêutrons.*
Considere um binário com uma estrela de nêutrons. O deslocamento Doppler observado da estrela de nêutrons tem magnitude $\frac{\Delta \lambda}{\lambda} = 2 \times 10^{-6}$ e período de 4 dias. Se a massa da estrela de nêutrons for menor que 3 M_Θ, qual é a massa máxima de sua companheira?

Exemplo 3.22. *Movimento dentro de um parabolóide de revolução.*
Uma partícula de massa m é obrigada a se mover sob a ação da gravidade sem atrito no interior de um parabolóide de revolução cujo eixo é vertical. Encontre o problema unidimensional equivalente ao seu movimento. Qual é a condição da velocidade inicial das partículas para produzir movimento

circular? Encontre o período de pequenas oscilações em torno deste movimento circular.

Vamos adotar coordenadas cilíndricas: $x = \rho \sin \theta$, $y = \rho \cos \theta$, nesse caso temos coordenadas:
$z = \frac{a}{2}\rho^2$, $\quad \rho^2 = x^2 + y^2$, $\quad y = x^2$, e potencial $U = mgz$. Assim, o Lagrangiano é:

$$L = \frac{1}{2}m(\dot{x}^2 + \dot{y}^2 + \dot{z}^2) - mg\frac{a}{2}\rho^2,$$

onde

$$\dot{z} = ap\dot{\rho}, \quad \dot{x} = \dot{\rho}\sin\theta + \rho\cos\theta\,\dot{\theta}, \quad \dot{y} = \dot{\rho}\cos\theta + \rho\sin\theta\,\dot{\theta}.$$

Por isso,

$$L = \frac{1}{2}m\left(\dot{\rho}^2 + (ap\dot{\rho})^2 + \left(\rho\dot{\theta}\right)^2\right) - mg\frac{a}{2}\rho^2$$

Usando a equação de Euler-Lagrange para θ:
$$\frac{d}{dt}\left(\frac{\partial L}{\partial \dot{\theta}}\right) - \frac{\partial L}{\partial \theta} = 0 \quad gives \quad m\rho^2\theta = M_\theta.$$

Por isso,

$$L = \frac{1}{2}m(\dot{\rho}^2 + (ap\dot{\rho})^2) + \frac{1}{2}m\left(\rho\dot{\theta}\right)^2 - mg\frac{a}{2}\rho^2$$

Usando a equação de Euler-Lagrange, ρ obtemos:

$$m\ddot{\rho} + \frac{d}{dt}(m(a\rho)^2\dot{\rho}) - m(a\dot{\rho})^2\rho - m\rho\dot{\theta}^2 + mga\rho = 0$$

$$m\ddot{\rho}(1 + a^2\rho^2) + ma^2\rho\dot{\rho}^2 - \frac{M_\theta^2}{m\rho^3} + mga\rho = 0$$

Movimento circular $\dot{\rho} = 0$:

$$\left(\frac{M_\theta}{m\rho}\right)^2 = ga\rho^2 \quad and \quad M_o = m\rho v.$$

Por isso

$$v = \rho\sqrt{ga} = \sqrt{2gz}$$

Vamos agora considerar pequenas oscilações para

$$m\ddot{\rho}(1 + a^2\rho^2) + ma^2\rho\dot{\rho}^2 - \frac{M_\theta^2}{m\rho^3} + mga\rho = 0$$

Deixe $\rho = \rho_o + \eta$, então, reter os termos de 1ª ordem em η:

$$(1 + a^2\rho_o^2)m\ddot{\eta} - \frac{M_\theta^2}{m\rho_o^3}\left(1 - \frac{3\eta}{\rho_o}\right) + mga(\rho_o + \eta) = 0$$

62

Por isso,

$$\ddot{\eta} + \frac{4ga\eta}{(1 + a^2\rho_o^2)} = 0 \quad \Rightarrow \quad \omega = \sqrt{\frac{4ga}{(1 + a^2\rho_o^2)}} \quad \Rightarrow \quad T$$

$$= \pi \sqrt{\frac{(1 + a^2\rho_o^2)}{ga}}.$$

Exercício 3.22. Hora do outono.

Duas partículas movem-se uma em torno da outra em órbitas circulares sob a influência de forças gravitacionais, com período T. Seu movimento é interrompido repentinamente e elas são liberadas e podem cair uma na outra. Mostre que eles colidem no tempo $t/4\sqrt{2}$.

Exemplo 3.23. Força central atrativa.

(a) Mostre que se uma partícula descreve uma órbita circular sob a influência de uma força central atrativa direcionada a um ponto do círculo, então a força varia como o inverso da quinta potência da distância.
(b) Mostre que para a órbita descrita a energia total da partícula é zero.
(c) Encontre o período do movimento.
(d) Encontre $\dot{x}$, $\dot{y}$, e v em função do ângulo ao redor do círculo e mostre que todas as três quantidades são infinitas quando a partícula passa pelo centro de força.

Solução

(a) Comece com a posição dada por $r - 2a\sin\theta$ for $0 \le \theta \le 180°$. E temos Lagrangiano:

$$L = \frac{1}{2}m(\dot{r}^2 + r^2\dot{\theta}^2) - U(r) \quad \text{with} \quad \dot{r} = 2a\cos\theta\,\dot{\theta}.$$

Então,

$$\frac{d}{dt}\left(\frac{\partial L}{\partial \dot{\theta}}\right) - \frac{\partial L}{\partial \theta} = 0 \Rightarrow M_\theta = mr^2\dot{\theta} = \text{const. of motion}$$

Use $r^2 + r^2\dot{\theta}^2 = 4_a^2\cos^2\theta\,\dot{\theta}^2 + 4_a^2\sin^2\theta\,\dot{\theta}^2 = 4_a^2\dot{\theta}^2$ para a "restrição" em r para identificar a respectiva força. Da mesma forma, obtemos $E = 2ma^2\dot{\theta}^2 + U(r)$= integral do movimento, tão constante:

$$E = 2ma^2\frac{M_\theta^2}{(mr^2)^2} + U(r) = \frac{2a^2M_\theta^2}{mr^4} + U(r) = \text{const}$$

Por isso,

$$\frac{dE}{dr} = -\frac{8a^2 M_\theta^2}{mr^5} + \frac{dU}{dr} = 0$$

indica que a força (atrativa) é:

$$F(r) = \frac{8a^2 M_\theta^2}{mr^5}.$$

(b) $\qquad E = \frac{2a^2 M_\theta^2}{mr^4} - \int_\infty^r -\frac{8a^2 M_\theta^2}{mr^5} = 0$

(c) $\qquad T = ?$ $\quad M_\theta = mr^2\dot\theta = m(4a^2)\sin^2\theta \frac{d\theta}{dt}$

$$dt = m(4a^2)\frac{\sin^2\theta}{M_\theta}d\theta$$

$$T = \frac{1}{M_\theta}\int_0^\pi (4a^2)\, m \sin^2\theta\, d\theta = \frac{2\pi m a^2}{M_\theta}$$

Alternativamente:

$$M_\theta = mr^2\dot\theta = mr\cdot r\frac{d\theta}{dt} = m2\frac{dA}{dt} \quad \rightarrow \quad dt = \frac{2mdA}{M_\theta} \quad \rightarrow \quad T = \frac{2\pi m a^2}{M_\theta}$$

(d) $\qquad x = r\cos\theta = 2a\sin\theta\cos\theta = a\sin 2\theta \qquad \dot x = 2a(\cos^2\theta - \sin^2\theta)\dot\theta$

$\qquad y = r\sin\theta = 2a\sin^2\theta \qquad\qquad\qquad \dot y = 4a\sin\theta\cos\theta\,\dot\theta$

Então,

$$\dot x = (2a)(1 - 2\sin^2\theta)\dot\theta = 2a\left(1 - \frac{1}{2}\left(\frac{r}{a}\right)^2\right)\frac{M_\theta}{mr^2}; \qquad \dot y$$

$$= 2r\sqrt{1 - \left(\frac{r}{a}\right)^2}\,\frac{M_\theta}{mr^2}$$

e

$$v = \sqrt{4a^2\{\cos^4\theta - 2\cos^2\theta\sin^2\theta + \sin^4\theta\} + 16a^2\sin^2\theta\cos^2\theta}\cdot\dot\theta$$
$$= 2a\dot\theta\sqrt{\cos^4\theta + \sin^4\theta}.$$

Exercício 3.23. Partícula em potencial harmônico central.

Uma partícula de massa m se move em potencial harmônico central $V(r) = (1/2)kr^2$ com uma constante elástica k positiva. (a) Use o potencial efetivo para mostrar que todas as órbitas estão ligadas e que E_{min} deve exceder $\sqrt{kl^2/m}$. (b) Verifique se a órbita é uma elipse fechada com a origem no centro. Se a relação $E/E_{min} = \cosh\xi$ define a

64

quantidade ξ, mostre os parâmetros orbitais para a, b e excentricidade. Discuta o caso limite $E \to E_{min}$ e $E \gg E_{min}$. (c) Mostre que o período é independente de E e l.

3.8 Pequenas oscilações sobre equilíbrios estáveis

Até agora consideramos a mecânica orbital básica e obtivemos o resultado orbital clássico de uma elipse (com o círculo como caso especial). Mas quão estável é esse resultado idealizado para sistemas mais realistas, onde pode haver interação externa ocasional que cutuca as coisas? Quão estáveis são estas soluções na "realidade"? Acontece que esta é uma questão que tem a ver com pequenas oscilações (a serem descritas em detalhes nesta seção) e de estabilidade geral (a ser descrita no Capítulo 6, onde a dinâmica é descrita no espaço de fase, e no formalismo aí descrito o critérios de estabilidade podem ser determinados mais facilmente). Observe que ampliar a classe de soluções para permitir pequenas perturbações é o primeiro passo para se ter uma solução de mecânica geral, mas até onde isso pode ser levado? A resposta, também a seguir em seção posterior, depende da "fronteira do caos", que ela atinge de forma distinta, dando origem a constantes universais, inclusive C_∞ com sua possivelmente relação especial com alfa (detalhes em [45]) .

Então vamos considerar uma pequena oscilação no caso da órbita circular. No potencial estamos numa situação em que já estamos no mínimo do potencial (inalterável ao longo do tempo). Se alterarmos esta configuração, veremos que experimentaremos um ambiente potencial dominado pelo potencial na vizinhança do equilíbrio, e uma vez que está no mínimo (exigido para o equilíbrio nos sistemas em geral, então esta discussão é generalizada para aqueles casos como bem) então não há termo de primeira ordem, apenas o segundo para a próxima ordem superior:

$$U(r) - U(r_{min}) \cong \frac{1}{2}k(r - r_{min})^2 \dots$$

mais termos de ordem superior.

(3-39)

Se agora nos concentrarmos no pequeno deslocamento $x = r - r_{min}$ e eliminarmos o $U(r_{min})$ termo constante, teremos o clássico oscilador de mola Lagrangiano na variável x:

$$L = \frac{1}{2}m\dot{x}^2 - \frac{1}{2}kx^2$$

(3-40)

Para o qual as equações de Euler-Lagrange fornecem a equação de movimento de segunda ordem:

$$m\ddot{x} + kx = 0 \quad \rightarrow \quad \ddot{x} + \omega^2 x = 0, \quad where \; \omega^2 = \frac{k}{m}.$$

(3-41)

Como a convenção é falar de frequências positivas neste contexto, tire a raiz positiva: $\omega = \sqrt{k/m}$. A solução geral para a equação diferencial é então: $x(t) = a \, \cos(\omega t) + b \sin(\omega t)$. Assim, a mola clássica 1-D tem duas oscilações independentes possíveis. As condições de contorno geralmente se reduzem a um grau de liberdade de oscilação independente. Tal como para o problema da órbita circular com pequena oscilação, onde o momento angular orbital é modificado pela pequena oscilação (normalmente), onde a seleção da condição de contorno é para oscilação de mola que se traduz em uma propagação de onda em torno da órbita circular de equilíbrio na mesma orientação que o momento angular do sistema, dando um momento angular líquido do sistema que é maior, ou o oposto, com momento angular líquido menor. Suponha que isso selecione uma solução com apenas uma das oscilações consistentes, escolhendo por conveniência $x(t) = a \, \cos(\omega t)$, temos então:

$$E = \frac{1}{2} m \omega^2 a^2 \propto (amplitude)^2.$$

(3-42)

Portanto, a frequência do sistema não depende da amplitude, mas a energia do sistema é igual à amplitude ao quadrado. Observe que a equação de movimento da oscilação da mola 1-D pode ser reescrita como:

$$\frac{d^2 x}{dt^2} + \omega^2 \frac{d^2 x}{dX^2} = 0,$$

(3-43)

onde as duas classes de solução agora são capturadas no formato:

$$x(t, X) = a \, \cos(\omega t - X) + b \cos(\omega t + X).$$

(3-44)

Intimamente relacionada a isso está a equação de onda 1-D (diferencial parcial) para vibrações em cordas $y(t, X)$:

$$\frac{\partial^2 y}{\partial t^2} - \omega^2 \frac{\partial^2 y}{\partial X^2} = 0,$$

onde as duas classes de solução independentes são agora capturadas na forma (D'Alembert [7]):

$$y(t, X) = f(\omega t - X) + g(\omega t + X).$$

Tanto para o oscilador 1-D quanto para a vibração das cordas 1-D, as condições de contorno impactam a avaliação dos graus de liberdade funcionais disponíveis.

3.8.1 Sistemas Acionados

Agora que entendemos as oscilações "naturais" do sistema, e se exercermos repetidamente uma força sobre o sistema (ainda permanecendo dentro da aproximação de pequenas oscilações)? Permanecendo no regime de pequenas oscilações devemos ter um potencial suficientemente fraco e, sendo este o caso, podemos expandi-lo para a ordem mais baixa no deslocamento do sistema do seu equilíbrio. Assim, além da força restauradora da mola a partir da energia potencial, $\frac{1}{2}kx^2$ temos agora

$$U_{external}(x,t) \cong U_{ext}(0,t) + x[\partial U_{ext}/\partial x]_{x=0}$$

$$(3\text{-}45)$$

Eliminando o termo sem dependência x e força de escrita, $F(t) = -[\partial U_{ext}/\partial x]_{x=0}$ obtemos então o Lagrangiano para o oscilador acionado:

$$L = \frac{1}{2}m\dot{x}^2 - \frac{1}{2}kx^2 + xF(t).$$

$$(3\text{-}46)$$

Isso dá origem à equação diferencial:

$$\ddot{x} + \omega^2 x = \frac{F(t)}{m},$$

$$(3\text{-}47)$$

cuja solução geral pode ser obtida da maneira usual de equações diferenciais não homogêneas, construindo a partir das soluções da equação diferencial homogênea. Neste caso, suponha que isso seja escrito como solução geral $x(t) = x_{hom}(t) + x_{inhom}(t)$, onde $x_{hom}(t) = a\cos(\omega t + \alpha)$, como antes, é $\{a, \alpha\}$ determinado pelas condições de contorno. Para calcular a $x_{inhom}(t)$ parte, vamos considerar forças externas que são impulsionadores periódicos (a soma delas pode então, pela completude da transformada de Fourier, modelar qualquer força externa variável no tempo):

$$F(t) = f\cos(\gamma t + \beta).$$

$$(3\text{-}48)$$

Se adivinharmos uma solução $x_{inhom}(t) = b\cos(\gamma t + \beta)$, descobrimos que ela funciona $b = f/m(\omega^2 - \gamma^2)$, portanto, temos para a nossa solução geral:

$$x(t) = a\cos(\omega t + \alpha) + \left[\frac{f}{m(\omega^2 - \gamma^2)}\right]\cos(\gamma t + \beta).$$

$$(3-49)$$

Observe que esta solução consiste em uma parte oscilando na frequência natural do sistema e uma parte oscilando na frequência propulsora da força. Observe também que algo especial acontece se a frequência de acionamento corresponder à frequência natural do sistema. Este é o fenômeno da ressonância.

Para examinar o que acontece na ressonância, queremos ter uma forma de calcular o limite $\gamma \to \omega$. Para isso precisamos que o segundo termo esteja numa forma compatível com a regra de L'Hopital. Simplesmente quebrando um pedaço do primeiro termo e mudando seu termo de fase conforme necessário (tudo válido dentro da aproximação de pequena oscilação de primeira ordem), podemos simplesmente reescrever:

$$x(t) = a'\cos(\omega t + \alpha) + \left[\frac{f}{m(\omega^2 - \gamma^2)}\right][\cos(\gamma t + \beta) - \cos(\omega t + \beta)],$$

$$(3-50)$$

e obtemos:

$$\lim_{\gamma \to \omega} x(t) = a'\cos(\omega t + \alpha) + \left[\frac{ft}{2m\omega}\right][\sin(\omega t + \beta)].$$

$$(3-51)$$

Como pode ser visto, a familiar instabilidade na ressonância aparece no segundo termo, que cresce linearmente no tempo (logo violando as suposições de pequenas oscilações). Os sistemas muitas vezes quebram quando acionados em ressonância porque são capazes de absorver com eficiência a energia do acionador, suficiente para não apenas violar as pequenas suposições de oscilação (e receptividade para maior absorção de energia do acionador), mas também suficiente para quebrar uma restrição do sistema. Nota: é assim que um carro estacionado pode ser deslocado por um pequeno grupo de pessoas empurrando periodicamente o carro ("saltando" sem "levantar") se a suspensão for acionada em ressonância e empurrões laterais feitos quando estiver em um ponto alto de ressalto da suspensão .

Consideremos agora sistemas com mais de um grau de liberdade. Geralmente os termos de ordem inferior na expressão potencial nos deslocamentos envolverão termos cruzados. Mesmo assim, geralmente as coordenadas podem ser procuradas para desacoplar em um potencial de ordem baixa sem termos cruzados (conhecidos como "coordenadas normais"), e o sistema com N graus de liberdade desacopla-se assim em N oscilações 1-D como já examinado.

Seguindo a notação de [27], vamos considerar U como uma função de múltiplas coordenadas. Estamos interessados em expansões deste potencial com pequenos deslocamentos do seu mínimo (desde que assumamos equilíbrio com pequena oscilação). Usando a liberdade de mudar a escala de energia, escolhemos o potencial mínimo como zero e temos para potencial até termos quadráticos (sem termos lineares desde o mínimo):

$$U = \frac{1}{2} \sum_{i,k} K_{ik} x_i x_k,$$

onde os x são os deslocamentos coordenados do mínimo do potencial. Da mesma forma, o termo cinético em coordenadas generalizadas ainda será quadrático nas velocidades, mas o coeficiente geralmente terá dependência de coordenadas:

$$T = \frac{1}{2} \sum_{i,k} m(x_i, x_k) \dot{x}_i \dot{x}_k \cong \frac{1}{2} \sum_{i,k} m_{ik} \dot{x}_i \dot{x}_k,$$

onde a última aproximação, com matriz de inércia constante, m_{ik} é obtida quando se toma o termo de ordem mais baixa na função de inércia generalizada $\sum_{i,k} m(x_i, x_k)$ (consistente com os cenários de pequeno deslocamento ou pequena oscilação). O Lagrangiano é assim:

$$L = \frac{1}{2} \sum_{i,k} (m_{ik} \dot{x}_i \dot{x}_k - K_{ik} x_i x_k),$$

e as equações de Euler-Lagrange resultantes:

$$\sum_k (m_{ik} \ddot{x}_k + K_{ik} x_k) = 0.$$

Considere como possível solução deslocamentos nas coordenadas generalizadas com magnitudes diferentes, mas iguais em frequência: $x_k = A_k \exp i\omega t$. Substituindo, devemos agora resolver:

$$\sum_k (-\omega^2 m_{ik} + K_{ik}) A_k = 0 \quad \rightarrow \quad det|-\omega^2 m_{ik} + K_{ik}| = 0,$$

Assim, igualamos o determinante a zero, resultando em uma equação característica de grau "N" (o número de coordenadas generalizadas). As soluções $\{\omega_\alpha\}$ são as frequências características do sistema. Isto sugere uma solução geral para cada deslocamento de coordenada generalizado consistindo em uma soma de todas as frequências características (permanecendo consistente com a notação de [27]):

$$x_k = \sum_\alpha \Delta_{k\alpha}\theta_\alpha \; ; \; \theta_\alpha = \mathrm{Re}[C_\alpha \exp i\omega_\alpha t],$$

(3-52)

onde C_α estão constantes complexas arbitrárias e os $\Delta_{k\alpha}$ são os menores do determinante associado a cada uma das frequências características ω_α (assumindo que todas ω_α sejam diferentes). Assim, a variação temporal de cada coordenada do sistema é uma superposição de N osciladores periódicos simples (com amplitudes e fases arbitrárias, mas N frequências definidas). Para simplificar, vamos continuar assumindo que todos ω_α são diferentes e simplesmente substitutos $x_k = \sum_\alpha \Delta_{k\alpha}\theta_\alpha$, a partir dos quais obtemos N equações desacopladas após substituição no Lagrangiano (por exemplo, usando as frequências características, diagonalizamos simultaneamente os termos cinéticos e potenciais, além de um fator inercial I_α para cada contribuição de frequência):

$$L = \frac{1}{2}\sum_\alpha I_\alpha(\dot{\theta_\alpha}^2 - \omega_\alpha^2\theta_\alpha^2),$$

(3-53)

o que requer o reescalonamento de coordenadas para chegar à convenção para coordenadas normais de que seu termo cinético tem um coeficiente de 1/2. Assim $\theta_\alpha \to \theta_\alpha/\sqrt{I_\alpha}$, e se a força estiver presente, o Lagrangiano revisado torna-se:

$$L = \frac{1}{2}\sum_\alpha(\dot{\theta_\alpha}^2 - \omega_\alpha^2\theta_\alpha^2) + \sum_\alpha\sum_k \frac{F_k(t)}{\sqrt{I_\alpha}}\Delta_{k\alpha}\theta_\alpha.$$

(3-54)

Assim, o uso de coordenadas normais possibilita a redução de uma oscilação forçada em um sistema com mais de um grau de liberdade a uma série de problemas de osciladores forçados unidimensionais.

3.8.2 Exemplos de pequenas oscilações multimodais e modais bloqueados

Exemplo 3.24. Pêndulo suspenso na borda de um disco cilíndrico.
Um pêndulo simples está suspenso na borda de um disco cilíndrico, conforme mostrado na Figura 3.9. O pêndulo tem comprimento l e massa m. O disco tem raio $r = l/2$, massa $M = 2m$, e pode girar livremente em torno de um eixo que passa por seu centro. Encontre os modos e frequências normais na aproximação de pequena oscilação.

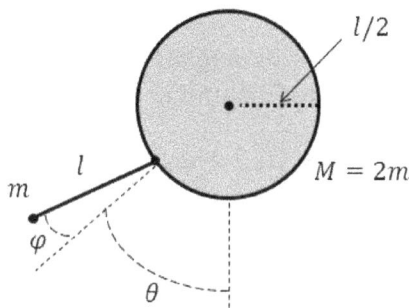

Figura 3.9.

Para obter o Lagrangiano precisamos primeiro do momento de inércia de um disco sólido:

$$I = \int_0^r \rho r^2 (2\pi r) dr = 2\pi\rho \frac{r^4}{4}, \qquad where \ \rho(\pi r^2) = M,$$

por isso,

$$I = \frac{1}{2} Mr^2 = \frac{1}{2}(2m)(\frac{l}{2})^2 = \frac{1}{4} ml^2.$$

Para a coordenada angular da rotação do disco temos θ, com frequência angular $\omega = \dot{\theta}$. Vamos agora considerar as coordenadas do pêndulo:

$$y = \frac{l}{2}\cos\theta + l\cos(\theta + \varphi) \quad and \quad x = \frac{l}{2}\sin\theta + l\sin(\theta + \varphi)$$

com derivada de tempo:

$$\dot{y} = -\left\{\frac{l}{2}\sin\theta\dot{\theta} + l\sin(\theta + \varphi)(\dot{\theta} + \dot{\varphi})\right\} \quad and \quad \dot{x}$$
$$= \left\{\frac{l}{2}\cos\theta\dot{\theta} + l\cos(\theta + \varphi)(\dot{\theta} + \dot{\varphi})\right\}.$$

Os termos cinéticos são assim:

$$T = \frac{1}{2}I\omega^2 + \frac{1}{2}m(\dot{x}^2 + \dot{y}^2)$$

$$= \frac{1}{2}\left(\frac{1}{4}ml^2\right)\dot{\theta}^2$$

$$+ \frac{1}{2}m\left\{\left(\frac{l}{2}\dot{\theta}\right)^2 + [l(\dot{\theta} + \dot{\varphi})]^2 + l^2\dot{\theta}(\dot{\theta} + \dot{\varphi})cos\varphi\right\}$$

O termo potencial é:

$$U = -mgy = -mgl\left(\frac{1}{2}cos\theta + cos(\theta + \varphi)\right).$$

Juntando tudo isso para obter o Lagrangiano e mudando para a aproximação de pequeno ângulo (e eliminando constantes):

$$L = \frac{1}{8}ml^2\dot{\theta}^2 + \frac{1}{2}m\left\{\left(\frac{l}{2}\dot{\theta}\right)^2 + [l(\dot{\theta} + \dot{\varphi})]^2\right\} + mgl(\frac{1}{2}\left(-\frac{1}{2}\theta^2\right)$$

$$- \frac{1}{2}(\theta - \varphi)^2$$

$$= \frac{5}{4}ml^2\dot{\theta}^2 + \frac{3}{2}ml^2\dot{\theta}\dot{\varphi} + \frac{1}{2}ml^2\dot{\varphi}^2 - \frac{3}{4}mgl\theta^2 - mgl\theta\varphi - \frac{1}{2}mgl\varphi^2$$

Usando a relação EL, as equações de movimento são então:

$$\frac{5}{2}ml^2\ddot{\theta} + \frac{3}{2}ml^2\ddot{\varphi} + \frac{3}{2}mgl\theta + mgl\varphi = 0$$

$$ml^2\ddot{\varphi} + \frac{3}{2}ml^2\ddot{\theta} + mgl\varphi + mgl\theta = 0$$

$$\begin{vmatrix} \left(3\left(\frac{g}{l}\right) - 5\omega^2\right) & \left(2\left(\frac{g}{l}\right) - 3\omega^2\right) \\ \left(2\left(\frac{g}{l}\right) - 3\omega^2\right) & \left(2\left(\frac{g}{l}\right) - 2\omega^2\right) \end{vmatrix} = 0$$

$$\omega^2 = \frac{4\left(\frac{g}{l}\right) \pm \sqrt{\left(4\left(\frac{g}{l}\right)\right)^2 - 4\left(2\left(\frac{g}{l}\right)^2\right)}}{2} = \left(\frac{g}{l}\right)\{2 \pm \sqrt{2}\}$$

e agora podemos escrever para $\omega^2 = \left(\frac{g}{l}\right)(2 + \sqrt{2})$:

$$(v - \omega^2 m)\rho^{(1)} = \begin{pmatrix} \{3 - 5(2 + \sqrt{2})\}\left(\frac{g}{l}\right) & \{2 - 3(2 + \sqrt{2})\}\left(\frac{g}{l}\right) \\ \{2 - 3(2 + \sqrt{2})\}\left(\frac{g}{l}\right) & \{2 - 2(2 + \sqrt{2})\}\left(\frac{g}{l}\right) \end{pmatrix}\begin{pmatrix} \theta \\ \varphi \end{pmatrix}$$

$$= 0$$

$$\left(-7 - 5\sqrt{2}\right)\theta + \left(-4 - 3\sqrt{2}\right)\theta = 0$$
$$\left(-4 - 3\sqrt{2}\right)\theta + \left(-2 - 2\sqrt{2}\right)\theta = 0$$

$$\theta = -\frac{\left(4 + 3\sqrt{2}\right)\varphi}{\left(7 + 5\sqrt{2}\right)} \simeq -\frac{4.1}{7}\varphi$$

Por isso:

$$\rho^{(1)} \simeq c\begin{pmatrix} 1 \\ -7/4 \end{pmatrix} \quad for \quad \omega^2 = \left(\frac{g}{l}\right)(2 + \sqrt{2})$$

Da mesma forma, para $\omega^2 = \left(\frac{g}{l}\right)(2 - \sqrt{2})$

$$(v - \omega^2 m)\rho^{(2)} = \begin{pmatrix} \{3 - 5(2 - \sqrt{2})\}\left(\frac{g}{l}\right) & \{2 - 3(2 - \sqrt{2})\}\left(\frac{g}{l}\right) \\ \{2 - 3(2 - \sqrt{2})\}\left(\frac{g}{l}\right) & \{2 - 2(2 - \sqrt{2})\}\left(\frac{g}{l}\right) \end{pmatrix}\begin{pmatrix} \theta \\ \varphi \end{pmatrix}$$

$$= 0$$

$$\theta = \frac{\left(-4 - 3\sqrt{2}\right)\varphi}{\left(-7 - 5\sqrt{2}\right)} \simeq 4\varphi$$

$$\rho^{(2)} \simeq c\begin{pmatrix} 1 \\ 1/4 \end{pmatrix} \quad for \quad \omega^2 = \left(\frac{g}{l}\right)(2 - \sqrt{2})$$

Vamos agora normalizar os vetores:

$$M = m\begin{pmatrix} \dfrac{5}{2} & \dfrac{3}{2} \\ \dfrac{3}{2} & 1 \end{pmatrix}$$

$$mc^2 \begin{pmatrix} 1 & \frac{-7}{4} \end{pmatrix} \begin{pmatrix} \frac{5}{2} & \frac{3}{2} \\ \frac{3}{2} & 1 \end{pmatrix} \begin{pmatrix} 1 \\ -\frac{7}{4} \end{pmatrix} = mc^2 \begin{pmatrix} 1 & \frac{-7}{4} \end{pmatrix} \begin{pmatrix} -\frac{1}{8} \\ -\frac{1}{4} \end{pmatrix}$$

$$= mc^2 \left(-\frac{1}{8} + \frac{7}{16} \right) = mc^2 \left(\frac{5}{16} \right)$$

$$c \simeq \frac{4}{\sqrt{5m}}$$

$$\vec{\rho}^{(1)} = \frac{4}{\sqrt{5m}} \begin{pmatrix} 1 \\ -7/4 \end{pmatrix}$$

Da mesma forma, obtemos para o outro modo:

$$c \simeq \frac{4}{\sqrt{53m}}$$

$$\vec{\rho}^{(2)} = \frac{4}{\sqrt{53m}} \begin{pmatrix} 1 \\ 1/4 \end{pmatrix}$$

Assim, os modos normais se combinam para dar posição por:

$$\vec{x} = \frac{4}{\sqrt{5m}} \begin{pmatrix} 1 \\ -7/4 \end{pmatrix} \left\{ c_1 \cos \left(\sqrt{(2+\sqrt{2}) \left(\frac{g}{l} \right)} \, t \right) \right.$$
$$\left. + d_1 \sin \left(\sqrt{(2+\sqrt{2}) \left(\frac{g}{l} \right)} \right) t \right\}$$

$$+ \frac{4}{\sqrt{53m}} \begin{pmatrix} 1 \\ 1/4 \end{pmatrix} \left\{ c_2 \cos \left(\sqrt{(2-\sqrt{2}) \left(\frac{g}{l} \right)} \, t \right) \right.$$
$$\left. + d_2 \sin \left(\sqrt{(2-\sqrt{2}) \left(\frac{g}{l} \right)} \right) t \right\}$$

Exercício 3.24. Em vez de um disco sólido, tenha um aro (mesma massa). Repita a análise.

Exemplo 3.25. Duas pequenas contas em um fio circular.
Para o próximo exemplo, considere duas pequenas contas de massa m e carga e que se movem sem atrito em um fio circular de raio a. Em $t = 0$, as contas são diametralmente opostas umas às outras. Se a conta 2 estiver inicialmente em repouso e a conta 1 inicialmente tiver velocidade:

$$v \ll \sqrt{\left(\frac{e^2}{ma} \right)},$$

para pequenas oscilações, encontre a posição do cordão 1 no tempo t.

Primeiro, vamos escrever o Lagrangiano onde as coordenadas são simplesmente a posição angular das contas:

$$L = \frac{1}{2}m\left(a^2\dot{\theta}_1^{\ 2} + a^2\dot{\theta}_2^{\ 2}\right) - U(r).$$

O potencial é devido à força de Coulomb, então

$$F = \frac{-e^2}{r^2} \quad \Rightarrow \quad U = \frac{e^2}{r}.$$

Agora, calcule a distância r entre as cargas. Comece definindo a separação angular entre os cordões: $\alpha = \theta_2 - \theta_1$ e considerando o alinhamento do eixo tal que o cordão um esteja na parte inferior do fio e na origem e o cordão dois tenha

$$x = a\sin\alpha \quad and \quad y = a(1 - \cos\alpha) \quad and \quad r = a\sqrt{2(1 - \cos\alpha)}$$
$$= 2a\sin\frac{\alpha}{2}.$$

Podemos agora escrever o Lagrangiano como:

$$L = \frac{1}{2}ma^2\left(\dot{\theta}_1^{\ 2} + \dot{\theta}_2^{\ 2}\right) - \frac{e^2}{2a\sin\frac{\alpha}{2}}$$

$$= \frac{1}{2}ma^2\left(\dot{\alpha}^2 + 2\dot{\theta}_1\dot{\alpha} + 2\dot{\theta}_1^{\ 2}\right) - \frac{e^2}{2a\sin\frac{\alpha}{2}}$$

Para pequenas oscilações queremos $\alpha = \pi + \eta$, onde η é pequeno (zero no potencial mínimo), e como temos $\sin\left(\frac{\pi}{2} + \frac{\eta}{2}\right) = \cos\left(\frac{\eta}{2}\right)$ obtemos:

$$L = \frac{1}{2}ma^2\left(\dot{\eta}^2 + 2\dot{\theta}_1\dot{\eta} + 2\dot{\theta}_1^{\ 2}\right) - \frac{e^2}{2a\sin\frac{2}{\eta}}$$

As equações de movimento seguem então da relação EL,, $\frac{d}{dt}\left(\frac{\partial L}{\partial \dot{q}}\right) - \frac{\partial L}{\partial q} = 0$ para dar:

$$\frac{1}{2}ma^2\left(2\ddot{\eta} + 4\ddot{\theta}_1\right) = 0 \Rightarrow \ddot{\theta}_1 = -\frac{1}{2}\ddot{\eta}$$

$$\frac{1}{2}ma^2\left(2\ddot{\eta} + 2\ddot{\theta}_1\right) + \frac{e^2}{2a}\left(\frac{-\left(-\sin\left(\frac{\eta}{2}\right)\frac{1}{2}\right)}{\cos^2\left(\frac{\eta}{2}\right)}\right) = 0$$

E aproximando para pequeno η:

$$\ddot{\eta} + \frac{e^2}{2ma^3}\left(\frac{\eta}{2}\right) = 0,$$

e a frequência de pequenas oscilações para o sistema é:

$$\omega^2 = \frac{e^2}{4ma^3}.$$

No tempo t=0 temos $\alpha = \pi \Rightarrow \eta = 0$. Escrevendo a solução geral para a frequência de oscilação dada:

$$\eta = B\sin(\omega t).$$

Agora, $t = 0$ temos $v_2 = v$, $v_1 = 0$, então:

$$v_2 = a\dot{\theta}_2 = v, \quad \text{and} \quad \dot{\eta} = \dot{\alpha} = \dot{\theta}_2 - \dot{\theta}_1 = \dot{\theta}_2 = \frac{v}{a} \quad at\ t = 0$$

$$\dot{\eta} = B\omega\cos(\omega t)\Big|_{t=0} = \left(\frac{v}{a}\right) \quad \rightarrow \quad B = \frac{v}{a\omega}$$

Assim, $\eta = \frac{v}{a\omega}\sin(\omega t)$, e podemos escrever

$$\ddot{\theta}_1 = -\frac{1}{2}\ddot{\eta} \quad \rightarrow \quad \frac{d}{dt}\left(\dot{\theta}_1 + \frac{1}{2}\dot{\eta}\right) = 0 \quad \rightarrow \quad \dot{\theta}_1 + \frac{1}{2}\dot{\eta} = \frac{v}{2a}$$

e

$$\dot{\theta}_1 = \frac{v}{2a} - \frac{1}{2}\dot{\eta} \quad \rightarrow \quad \theta_1 = \frac{v}{2a}t - \frac{v}{2a\omega}\sin(\omega t) + \theta_0$$

onde θ_0 é o ângulo inicial para θ_1. Por isso,

$$\theta_1 = \frac{v}{2a}\left\{t - \frac{\sin(\omega t)}{\omega}\right\} + \theta_0, \quad \omega = \sqrt{\frac{e^2}{4ma^3}}$$

Exercício 3.25. Deixe as duas contas em repouso, posicionadas a 175 graus uma da outra e solte. Para pequenas oscilações, encontre as posições das contas no tempo t.

Exemplo 3.26. Pêndulo dentro do arco rolante.

Considere agora um aro cilíndrico fino de raio R e massa M que rola sem escorregar sobre uma superfície horizontal áspera (Fig. 3.10). Um pêndulo físico de massa m é montado no eixo do cilindro por meio de um arranjo de raios de massa desprezível convergindo na origem e fornecendo um suporte de pêndulo que pode girar livremente em torno do eixo cilíndrico. O centro de massa do pêndulo está a uma distância h do eixo cilíndrico e seu raio de giração é k. Para pequenas oscilações em torno da posição de equilíbrio obtenha o período de oscilação em termos das variáveis acima mencionadas.

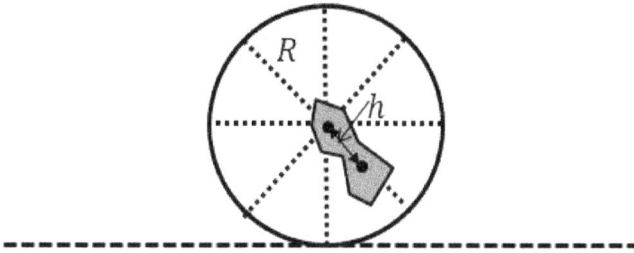

Figura 3.10.

A energia cinética do aro é:

$$T_h = \frac{1}{2}I_h\omega_h{}^2 + \frac{1}{2}Mv_h{}^2, \quad where \quad I_h = MR^2 \quad and \quad \omega_h = \dot{\theta}, \quad v_h = R\dot{\theta}$$

A energia cinética do pêndulo é:

$$T_p = \frac{1}{2}I_{\rho(cm)}\omega_\rho{}^2 + \frac{1}{2}mv_\rho{}^2$$

O momento de inércia do pêndulo é dado pelo teorema dos eixos paralelos:

$$I = I_{cm} + mh^2 \quad \rightarrow \quad I_{p(cm)} = mk^2 - mh^2$$

Escrevendo a posição do pêndulo em coordenadas cartesianas:
$$x = h sin\varphi \quad and \quad y = -h cos\varphi,$$
com derivadas de tempo:
$$\dot{x} = h cos\varphi\dot{\varphi} \quad and \quad \dot{y} = h sin\varphi\dot{\varphi}.$$
Para as velocidades podemos então escrever:
$$\omega_p = \dot{\varphi} \quad and \quad v_T = |\vec{v}_h + \vec{v}_p| = \sqrt{(v_h + h\dot{\varphi}cos\varphi)^2 + (h\dot{\varphi}sin\varphi)^2}$$

A velocidade total do centro de massa do pêndulo é, portanto,
$$v_T{}^2 = v_h{}^2 + (h\dot{\varphi})^2 + 2v_h(h\dot{\varphi})cos\varphi$$

e a energia potencial do pêndulo é:
$$U = -mgh cos\varphi.$$
Agora podemos escrever o Lagrangiano:

$$L = \frac{1}{2} MR^2 \dot{\theta}^2 + \frac{1}{2} M(R\dot{\theta})^2 + \frac{1}{2}(mk^2 - mh^2)\dot{\varphi}^2$$
$$+ \frac{1}{2} m\{v_h{}^2 - (h\dot{\varphi})^2 + 2v_h(h\dot{\varphi})\cos\varphi\} + mgh\cos\varphi$$

e agora mudando para o formalismo de pequena oscilação (descartando termos de 3ª ordem e superiores):

$$L = MR^2\dot{\theta}^2 + \frac{1}{2}(mk^2 - mh^2)\dot{\varphi}^2 + \frac{1}{2}m\{(R\dot{\theta})^2 + (h\dot{\varphi})^2 + 2(R\dot{\theta})(h\dot{\varphi})\}$$
$$- \frac{1}{2}mgh\varphi^2$$
$$= \left(MR^2 + \frac{1}{2}mR^2\right)\dot{\theta}^2 + \frac{1}{2}mk^2\dot{\varphi}^2 + mRh\dot{\theta}\dot{\varphi} - \frac{1}{2}mgh\varphi^2$$

Agora podemos obter as equações de movimento usando as equações EL:

$$\theta \text{ equation:} \quad 2\left(MR^2 + \frac{1}{2}mR^2\right)\ddot{\theta} + mRh\ddot{\varphi} = 0$$
$$\implies \frac{d}{dt}\{(2M + m)R^2\dot{\theta} + mhR\dot{\varphi}\} = 0$$

Assim obtemos $\ddot{\theta} = -\frac{mRh\ddot{\varphi}}{(2M+m)R^2}$, que usamos na outra equação:

$$\varphi \text{ equation:} \quad mk^2\ddot{\varphi} + mhR\ddot{\theta} + mgh\varphi = 0$$

reescrevendo após substituição:

$$\left\{mk^2 - \frac{m^2 h^2}{(2M + m)}\right\}\ddot{\varphi} + mgh\varphi = 0$$

$$\omega^2 = \frac{mgh}{mk^2 - \dfrac{m^2 h^2}{(2M + m)}} \quad \rightarrow \quad \omega = \sqrt{\frac{g}{h}\left\{\left(\frac{k}{h}\right)^2 - \frac{m}{(2M + m)}\right\}^{-1}}$$

E à medida que $M \to \infty$ arco se torna ignorável e a frequência se torna

$\omega = \sqrt{\frac{gh}{k^2}}$ a esperada. Para o período obtemos então:

$$T = \frac{2\pi}{\omega} = 2\pi\sqrt{\frac{k^2}{gh}}\sqrt{1 - \left(\frac{h}{k}\right)^2 \frac{m}{(2M + m)}}.$$

Observe como não há dependência de R na solução.

Exercício 3.26. Substitua o bastidor por um disco sólido. (Ignore os efeitos da espessura.)

Exemplo 3.27. Uma partícula em um potencial $V(\vec{r}) = V_0 \log r$.
Uma partícula de massa m move-se num potencial $V(\vec{r}) = V_0 \log r$. Seja Ω a frequência de uma órbita circular em r = R, e seja ω a frequência de pequenas oscilações radiais em torno dessa órbita circular. Encontrar ω/Ω.

Começando com o Lagrangiano em coordenadas polares:

$$L = \frac{1}{2}m(\dot{r}^2 + r^2\dot{\theta}^2) - V(\vec{r}) = \frac{1}{2}m(\dot{r}^2 + r^2\dot{\theta}^2) - V_0 \log r$$

Das equações EL para a θ coordenada obtemos:

$$\frac{d}{dt}(mr^2\dot{\theta}) = 0 \rightarrow \quad mr^2\dot{\theta} = l.$$

Para a coordenada r obtemos:

$$m\ddot{r} - mr\dot{\theta}^2 + \frac{v_0}{r} = 0 \rightarrow \quad \ddot{r} - \frac{l^2}{m^2r^3} + \frac{v_0}{m}\frac{1}{r} = 0$$

Para órbitas circulares , $r = R$ obtemos $R^2 = \frac{l^2}{mv_0}$, ou:

$$R = \frac{l}{\sqrt{mv_0}}.$$

O período da órbita circular é dado pela integração $mr^2\dot{\theta} = l$ para $mr^2(\frac{2\pi}{T}) = l$ superar um ciclo. Assim, o período é $T = mr^2(\frac{2\pi}{l})$.
Relacionando o período com a frequência, temos:

$$\Omega = \frac{l}{mR^2} = \frac{v_0}{l}$$

Agora vamos considerar pequenas oscilações radiais:

$$r = R + \eta \rightarrow \ddot{\eta} - \frac{l^2}{m^2(R+\eta)^3} + \frac{v_0}{m}\frac{1}{(R+\eta)} = 0$$

o que simplifica para o pequeno η ser:

$$\ddot{\eta} + \eta\left(\frac{v_0^2}{l^2}\right)2 = 0 \implies \omega = \frac{v_0}{l}\sqrt{2}.$$

Assim, a razão das frequências é:

$$\frac{\omega}{\Omega} = \sqrt{2}.$$

Exercício 3.27. Tente como no Ex. 3,27, mas com $V(\vec{r}) = -V_0/r$

Exemplo 3.28. Aro sem massa com pêndulo.

Um arco sem massa e de raio 2l rola sem escorregar sobre um piso plano
(Figura 3.11). Presa ao laço está uma haste de comprimento 2l e massa m
que pode oscilar livremente no plano do arco. Encontre a frequência do
modo oscilatório para pequenas oscilações em torno da posição de
equilíbrio mostrada.

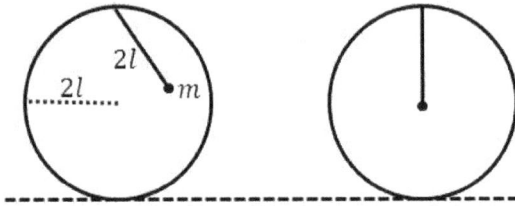

Figura 3.11.

Vamos usar o ângulo θ para especificar o deslocamento da posição de
equilíbrio para o ponto de apoio, então $\omega_1 = \dot{\theta}$ a condição de
antiderrapante relaciona isso à velocidade horizontal do aro: $v_h = 2l\omega_1\dot{\theta}$.

O momento de inércia da barra é:
$$I = \frac{1}{3}mR^2 = \frac{1}{3}(m)(2l)^2 = \frac{4}{3}ml^2$$

Vamos agora expressar a posição do ponto de apoio da haste em
coordenadas cartesianas:
$$x_s = (2l)\sin\theta \quad and \quad y_s = 2l + (2l)\cos\theta,$$
para os quais as derivadas de tempo coordenadas são:
$$\dot{x}_s = 2l\cos\theta\dot{\theta} \quad and \quad \dot{y}_s = -2l\sin\theta\dot{\theta}.$$

Vamos agora expressar a posição do centro de massa da haste, respectivo
ao ponto de apoio, pelo ângulo φ:
$$x = (l)\sin\varphi \quad and \quad y = -(l)\cos\varphi,$$
para os quais as derivadas de tempo coordenadas são:
$$\dot{x} = l\cos\theta\dot{\varphi} \quad and \quad \dot{y} = -l\sin\varphi\dot{\varphi}.$$

Agora podemos escrever a energia cinética:
$$v = |\vec{v_s} + \vec{v_{cm}}| = \sqrt{((v_s)_x + \dot{x})^2 + \left((v_s)_y + \dot{y}\right)^2}$$
após substituições:

$$v^2 = (v_h + (2l)\omega_1 cos\theta)^2 + 2(v_h + (2l)\omega_1 cos\theta)\dot{x} + \dot{x}^2$$
$$+ (-(2l)\omega_1 sin\theta)^2 - 2((2l)\omega_1 sin\theta)\dot{y} + \dot{y}^2$$
$$v^2 = 2[(2l)\omega_1]^2 + 2[(2l)\omega_1]cos\theta + 2(2l)\omega_1(1 + cos\theta)\dot{x}$$
$$- 2(2l)\omega_1 sin\theta\dot{y} + (l\dot{\varphi})^2$$

Por isso,

$$T = \frac{1}{2}I\omega^2 + \frac{1}{2}mV^2$$
$$T = \frac{1}{2}\left(\frac{4}{3}ml^2\right)\dot{\varphi}^2$$
$$+ \frac{1}{2}m\left\{2(2l\dot{\theta})^2(1 + cos\theta) + 2(2l\dot{\theta})(1 + cos\theta)\dot{x}\right.$$
$$\left. - 2(2l\dot{\theta})sin\theta\dot{y} + (l\dot{\varphi})^2\right\}$$

A energia potencial é dada por:
$$U = -mgy_{cm} = -mg(y_s + y) = -mg\{2l + 2lcos\theta - lcos\varphi\}$$
Juntando isso para obter o Lagrangiano e assumindo ângulos pequenos:
$$L = T - U = \frac{2}{3}ml^2\dot{\varphi}^2 + 2m(2l\dot{\theta})^2 + 2m(2l\dot{\theta})(l\dot{\varphi}) + (l\dot{\varphi})^2 - mgl\theta^2$$
$$+ mgl\left(\frac{\varphi^2}{2}\right)$$

Agora podemos calcular as equações de movimento:
$$\theta: \quad 4m(2l)^2\ddot{\theta} + m(2l)^2\ddot{\varphi} + 2mgl\theta = 0$$
$$\varphi: \quad \frac{1}{3}m(2l)^2\ddot{\varphi} + m(2l)^2\ddot{\theta} - mgl\varphi = 0$$

Após simplificação:
$$\theta: \quad 4\ddot{\theta} + \ddot{\varphi} + \frac{g}{2l}\theta = 0$$
$$\emptyset: \quad \frac{1}{3}\ddot{\varphi} + \ddot{\theta} - \frac{g}{4l}\varphi = 0$$

Resolvendo para obter as frequências do modo normal:
$$\begin{vmatrix} \dfrac{g}{2l} & -\omega^2 \\ -\omega^2 & \dfrac{g}{4l} - \dfrac{1}{3}\omega^2 \end{vmatrix} = 0 \quad \rightarrow \quad \omega^2 = \left(\frac{g}{2l}\right)\left\{\frac{-5 \pm \sqrt{25 + 6}}{2}\right\}$$

e para o modo oscilatório tiramos a $\omega^2 > 0$ raiz:
$$\omega^2_{osc} = \left(\frac{g}{2l}\right)\left(\frac{\sqrt{31} - 5}{2}\right).$$

Exercício 3.28. Tente como no Ex. 3.28, mas com aro de massa M.

Exemplo 3.29. Problema com bolas e molas.

Considere três bolas B, C, D, que estão conectadas em uma linha BCD por duas molas. Considere todo o movimento ao longo do eixo x. Considere uma bola A vindo da esquerda em rota de colisão com a bola B. Considere todas as quatro massas da bola como m. Considere as duas constantes da mola como k. O agrupamento inicial de três bolas está em repouso, enquanto a bola A que se aproxima está com velocidade v. Deixe a colisão ocorrer no tempo = 0 e suponha que o tempo de colisão seja curto em comparação com $\sqrt{(m/k)}$. Encontre a posição da bola D em função do tempo.

O Lagrangiano para o sistema BCD é simplesmente:

$$L = \frac{1}{2}m\left(\dot{x}_B{}^2 + \dot{x}_C{}^2 + \dot{x}_D{}^2\right)$$
$$- \frac{1}{2}k([x_C - x_B]^2 + [x_D - x_C]^2)$$

$$\tilde{v} = k\begin{vmatrix} 1 & -1 & 0 \\ -1 & 2 & -1 \\ 0 & -1 & 1 \end{vmatrix} \text{ and } \tilde{m} = m\begin{vmatrix} 1 & 0 & 0 \\ 0 & 1 & 0 \\ 0 & 0 & 1 \end{vmatrix} \text{ and } |\tilde{v} - \omega^2\tilde{m}| = 0$$

Então dê o determinante:

$$\begin{vmatrix} k - \omega^2 m & -k & 0 \\ -k & 2k - \omega^2 m & -k \\ 0 & -k & k - \omega^2 m \end{vmatrix} = 0$$

por isso

$$m\omega^2(k - \omega^2 m)(3k - \omega^2 m) = 0$$

E as frequências são: $\omega = 0$; $\omega = \sqrt{k/m}$; e $\omega = \sqrt{3k/m}$, onde $\omega = 0$ corresponde à tradução. Para modo $\omega_1 = 0$:

$$(\tilde{v} - \omega^2\tilde{m})\rho^{(1)} = \begin{pmatrix} 1 & -1 & 0 \\ -1 & 2 & -1 \\ 0 & -1 & 1 \end{pmatrix}\begin{pmatrix} x_B \\ x_C \\ x_D \end{pmatrix} = 0 \quad \rightarrow \quad \rho^{(1)} = c\begin{pmatrix} 1 \\ 1 \\ 1 \end{pmatrix}$$

Agora para obter a normalização:

$$\rho^{(1)}m\rho^{(1)} = mc^2(1 \quad 1 \quad 1)\begin{pmatrix} 1 & \square & \square \\ \square & 1 & \square \\ \square & \square & 1 \end{pmatrix}\begin{pmatrix} 1 \\ 1 \\ 1 \end{pmatrix} = c^2(3)m = 1$$

Por isso

$$\rho^{(1)} = \frac{1}{\sqrt{3m}}\begin{pmatrix} 1 \\ 1 \\ 1 \end{pmatrix}$$

Para modo $\omega_2 = \sqrt{\frac{k}{m}}$:

$$\begin{pmatrix} 0 & -k & 0 \\ -k & k & -k \\ 0 & -k & 0 \end{pmatrix}\begin{pmatrix} x_B \\ x_C \\ x_D \end{pmatrix} = 0 \quad \rightarrow \quad \rho^{(2)} = c\begin{pmatrix} 1 \\ 0 \\ -1 \end{pmatrix} \quad \rightarrow \quad \rho^{(2)}$$

$$= \frac{1}{\sqrt{2m}}\begin{pmatrix} 1 \\ 0 \\ -1 \end{pmatrix}$$

E para o modo $\omega_3 = \sqrt{\frac{3k}{m}}$:

$$\begin{pmatrix} -2k & -k & 0 \\ -k & k & -k \\ 0 & -k & -2k \end{pmatrix}\begin{pmatrix} x_B \\ x_C \\ x_D \end{pmatrix} = 0 \quad \rightarrow \quad \rho^{(3)} = c\begin{pmatrix} 1 \\ -2 \\ 1 \end{pmatrix} \quad \rightarrow \quad \rho^{(2)}$$

$$= \frac{1}{\sqrt{6m}}\begin{pmatrix} 1 \\ -2 \\ 1 \end{pmatrix}$$

A forma geral da solução com estes três modos é:
$$\vec{x}(t) = \vec{\rho}^{(1)}(c_1 + d_1 t) + \vec{\rho}^{(2)}(c_2 \cos \omega_2 t + d_2 \sin \omega_2 t)$$
$$+ \vec{\rho}^{(3)}(c_3 \cos \omega_3 t + d_3 \sin \omega_3 t)$$

$$\vec{x}(0) = \begin{pmatrix} 0 \\ 0 \\ 0 \end{pmatrix} \quad \Longrightarrow \quad c_1 = 0, c_2 = 0, c_3 = 0$$

Para as velocidades com as quais começamos
$$\dot{\vec{x}}(0) = \begin{pmatrix} v \\ 0 \\ 0 \end{pmatrix} = \vec{v}$$

Então,

$$\dot{\vec{x}}(0)\widetilde{m}\rho^{(1)} = d_1 = (v\ 0\ 0)\frac{m}{\sqrt{3m}}\begin{pmatrix} 1 \\ 1 \\ 1 \end{pmatrix} = \frac{mv}{\sqrt{3m}} \quad \rightarrow \quad d_1 = \frac{mv}{\sqrt{3m}}$$

$$\dot{\vec{x}}(0)\widetilde{m}\rho^{(2)} = \omega_2 d_2 = (v\ 0\ 0)\frac{m}{\sqrt{2m}}\begin{pmatrix} 1 \\ 0 \\ -1 \end{pmatrix} = \frac{mv}{\sqrt{2m}} \rightarrow d_2 = \frac{mv}{\sqrt{2k}}$$

$$\dot{\vec{x}}(0)\widetilde{m}\rho^{(3)} = \omega_3 d_3 = (v\ 0\ 0)\frac{m}{\sqrt{6m}}\begin{pmatrix} 1 \\ -2 \\ 1 \end{pmatrix} = \frac{mv}{\sqrt{6m}} \rightarrow d_3 = \frac{mv}{3\sqrt{2k}}$$

Por isso,

$$\vec{x}(t) = \frac{v}{3}\begin{pmatrix} 1 \\ 1 \\ 1 \end{pmatrix}t + \frac{v}{2\omega_2}\begin{pmatrix} 1 \\ 0 \\ -1 \end{pmatrix}sin\omega_2 t + \frac{v}{6\omega_2}\begin{pmatrix} 1 \\ -2 \\ 1 \end{pmatrix}sin\omega_3 t$$

Para a bola D especificamente:

$$x_D(t) = \frac{v}{3}t - \frac{v}{2\omega_2}sin\omega_2 t + \frac{v}{6\omega_2}sin\omega_3 t.$$

Exercício 3.29. Tente como no Ex. 3.29, mas com a bola C tendo massa 2m, e não m.

Exemplo 3.30. Hastes com molas torcionais.
Duas hastes finas e uniformes, cada uma de massa m e comprimento l, são conectadas por uma mola de torção e uma delas tem a outra extremidade presa por uma mola de torção a um ponto fixo. As molas de torção têm torque = k θ. A extremidade livre da barra externa é empurrada por uma força F. (a) Quais são as equações de Euler-Lagrange; (b) Na aproximação de pequena oscilação, quais são as frequências?

Solução
(a) A energia potencial das molas de torção é:

$$U = \frac{1}{2}k\left[\theta_1{}^2 + (\theta_2 - \theta_1)^2\right]$$

Observe que o momento de inércia para as duas hastes deve ser tratado de forma diferente, pois uma haste tem uma extremidade fixa, portanto sofrerá rotações em torno desse ponto fixo, para o qual o momento de inércia relevante é

$$I_1 = \frac{1}{3}ml^2,$$

enquanto a outra haste não está fixa, consideraremos seu movimento em seu referencial do centro de massa, onde o momento de inércia relevante é em relação ao centro:

$$I_2 = \frac{1}{12}ml^2.$$

Agora podemos escrever o Lagrangiano:

$$L = \frac{1}{2}I_1\omega_1{}^2 + \frac{1}{2}I_2\omega_2{}^2 + \frac{1}{2}M_2 v_2{}^2 - U.$$

Agora, para obter a velocidade do centro de massa da haste com extremidades livres:

$$x = l\left(sin\theta_1 + \frac{1}{2}sin\theta_2\right) \quad and \quad y = l\left(cos\theta_1 + \frac{1}{2}cos\theta_2\right),$$

e as velocidades são:

$$\dot{x} = l\left(cos\theta_1\dot{\theta}_1 + \frac{1}{2}cos\theta_2\dot{\theta}_2\right) \quad and \quad \dot{y} = -l\left(sin\theta_1\dot{\theta}_1 + \frac{1}{2}sin\theta_2\dot{\theta}_2\right)$$

Assim, as velocidades são:

$$v_2{}^2 = (l\dot{\theta}_1)^2 + \left(\frac{l}{2}\dot{\theta}_2\right)^2 + l^2\dot{\theta}_1\dot{\theta}_2\{cos\theta_1 cos\theta_2 + sin\theta_1 sin\theta_2\}$$

e de acordo com a escolha dos ângulos:

$$\omega_1 = \dot{\theta}_1 \quad and \quad \omega_2 = -\dot{\theta}_2$$

O Lagrangiano é assim:

$$L = \frac{1}{2}\left(\frac{1}{3}ml^2\right)\dot{\theta}_1{}^2 + \frac{1}{2}\left(\frac{1}{12}ml^2\right)\dot{\theta}_2{}^2$$
$$+ \frac{1}{2}m\left\{(l\dot{\theta}_1)^2 + (\frac{l}{2}\dot{\theta}_2)^2 + l^2\dot{\theta}_1\dot{\theta}_2\cos(\theta_2 - \theta_1))\right\} - U$$

Para as quais as equações de movimento são:

$$\theta_1 : \left(ml^2 + \frac{ml^2}{3}\right)\ddot{\theta}_1 + \frac{d}{dt}\left\{\frac{1}{2}ml^2\dot{\theta}_2 cos(\theta_2 - \theta_1)\right\}$$
$$- \frac{1}{2}ml^2\dot{\theta}_1\dot{\theta}_2 \sin(\theta_2 - \theta_1)) + \{k\theta_1 + k(\theta_2 - \theta_1)(-1)\}$$
$$= F_1$$
$$\frac{4ml^2}{3}\ddot{\theta}_1 + \frac{ml^2}{2}\left\{\ddot{\theta}_2 cos(\theta_2 - \theta_1)\right.$$
$$\left. - (\dot{\theta}_2)^2 sin(\theta_2 - \theta_1)\right\} + k\{2\theta_1 - \theta_2\} = F_1$$

e

$$\theta_2 : \frac{ml^2}{3}\ddot{\theta}_2 + \frac{ml^2}{2}\left\{\ddot{\theta}_1 cos(\theta_2 - \theta_1) + (\dot{\theta}_1)^2 sin(\theta_2 - \theta_1)\right\} + k(\theta_2 - \theta_1)$$
$$= F_2$$

onde

$$F_{\theta_2} = F_y\frac{\partial y}{\partial \theta_1} = (-F)(-lsin\theta_2) = Flsin\theta_2 \quad and \quad F_{\theta_1} = (-F)\frac{\partial y}{\partial \theta_1}$$
$$= Flsin\theta_1$$

Por isso,

$$\theta_1 : \frac{4}{3}ml^2\ddot{\theta}_1 + \frac{ml^2}{2}\left\{\ddot{\theta}_2 cos(\theta_2 - \theta_1) - \dot{\theta}_2{}^2 sin(\theta_2 - \theta_1)\right\} + k\{2\theta_1 - \theta_2\}$$
$$= Flsin\theta_1$$

e

$$\theta_2 : \frac{1}{3}ml^2\ddot{\theta}_2 + \frac{ml^2}{2}\left\{\ddot{\theta}_1 cos(\theta_2 - \theta_1) - \dot{\theta}_1{}^2 sin(\theta_2 - \theta_1)\right\} + k\{\theta_2 - \theta_1\}$$
$$= Flsin\theta_2$$

(b) Agora mudando para pequenas oscilações:

$$\frac{4}{3}ml^2\ddot{\theta}_1 + \frac{ml^2}{2}\{\ddot{\theta}_2\} + k\{2\theta_2 - \theta_1\} - Fl\theta_1 = 0$$

e

$$\frac{1}{3}ml^2\ddot{\theta}_2 + \frac{ml^2}{2}\{\ddot{\theta}_1\} + k\{\theta_2 - \theta_1\} - Fl\theta_2 = 0$$

Agora, para obter as frequências do modo normal avaliando o determinante:

$$\begin{vmatrix} -[2k + Fl] - \dfrac{4}{3}ml^2\omega^2 & -k - \dfrac{1}{2}ml^2\omega^2 \\[2mm] -k - \dfrac{1}{2}ml^2\omega^2 & -[-k + Fl] - \dfrac{1}{3}ml^2\omega^2 \end{vmatrix} = 0$$

$$\left([-2k + Fl] + \frac{4}{3}ml^2\omega^2\right)\left([-k + Fl] + \frac{1}{3}ml^2\omega^2\right) - \left(-k - \frac{1}{2}ml^2\omega^2\right)$$
$$= 0$$

Quando $Fl \gg k$:

$$\left(Fl + \frac{4}{3}ml^2\omega^2\right)\left(Fl + \frac{1}{3}ml^2\omega^2\right) \cong 0 \;\rightarrow\; \omega_1{}^2 = -\frac{3F}{4ml} \quad and \quad \omega_2{}^2$$
$$= -\frac{3F}{ml}$$

Quando $Fl \ll k$:

$$\left(-2k + \frac{4}{3}ml^2\omega^2\right)\left(-k + \frac{1}{3}ml^2\omega^2\right) - (k + \frac{1}{2}ml^2\omega^2)^2 = 0$$

onde as frequências são:

$$\omega^2 = \frac{3kml^2 \pm \sqrt{9 - \dfrac{28}{36}(kml^2)}}{2 * \dfrac{7}{36}(ml^2)^2} \qquad (both\ positive).$$

Exercício 3.30. Tente como no Ex. 3h30, mas com final fixo agora gratuito.

3.8.3 Amortecimento
Agora que cobrimos oscilações livres e forçadas, o próximo efeito fenomenológico chave é o amortecimento (atrito), e isso finalmente nos dá um termo derivado do tempo de primeira ordem nas equações de movimento, por exemplo, agora temos uma força de atrito oposta linear em velocidade ($F = -\alpha\dot{x}$):

$$m\ddot{x} + kx = -\alpha\dot{x} \;\rightarrow\; \ddot{x} + 2\lambda\dot{x} + \omega^2 x = 0, where\ \omega^2 = \frac{k}{m}\ and\ 2\lambda$$
$$= \frac{\alpha}{m}.$$

Para resolver, experimente a forma $x = \exp(rt)$ que possui raízes da equação característica: $r_{1,2} = -\lambda \pm \sqrt{\lambda^2 - \omega^2}$. Assim, $x(t) = c_1 \exp(r_1 t) + c_2 \exp(r_2 t)$ na solução geral e temos os seguintes casos:

Caso $< \omega$: oscilações amortecidas exponencialmente
$$x(t) = a \exp(-\lambda t) \cos(\omega' t + \alpha), \qquad \omega' = \sqrt{\omega^2 - \lambda^2}.$$
Observe que há uma diminuição na frequência, pois o atrito retarda o movimento.

Caso $= \omega$: amortecido exponencialmente sem oscilação
$$x(t) = (c_1 + c_2 t) \exp(-\lambda t).$$
Caso $> \omega$: Amortecimento aperiódico
$$x(t) = c_1 \exp(r_1 t) + c_2 \exp(r_2 t), with \; r_{1,2} \; roots \; real \; and \; negative.$$

3.8.4 Primeiro encontro com a função Dissipativa
Considere o atrito no caso multidimensional com N>1 graus de liberdade $F_i = -\sum_k \alpha_{ik} \dot{x}_k$. Para evitar instabilidade rotacional ou outras patologias da mecânica estatística, precisamos α_{ik} ser simétricos, assim podemos introduzir uma função de dissipação $\mathcal{F}$:
$$\mathcal{F} = \frac{1}{2} \sum_{i,k} \alpha_{ik} \dot{x}_i \dot{x}_k, \qquad F_i = -\frac{\partial \mathcal{F}}{\partial x_i}$$

(3-55)

Consideremos a taxa de dissipação de energia no sistema:
$$\frac{dE}{dt} = \frac{d}{dt}\left(\sum_i \dot{x}_i \frac{\partial L}{\partial \dot{x}_i} - L \right) = -\sum_i \dot{x}_i \frac{\partial \mathcal{F}}{\partial \dot{x}_i} = -2\mathcal{F}.$$

(3-56)

Assim, $\mathcal{F}$ é proporcional à taxa de dissipação de energia como o próprio nome sugere.

3.8.5 Oscilações forçadas sob atrito
Nesta seção, combinamos a força de atrito e a força motriz. A forma geral da equação diferencial que descreve a oscilação forçada com amortecimento (forma complexa) é:
$$\ddot{x} + 2\lambda \dot{x} + \omega^2 x = \left(\frac{F}{m}\right) \exp i\gamma t.$$

(3-57)

Tente $x(t) = B \exp(i\gamma t)$ a solução específica, então a equação característica nos dá:

$$B = \frac{F}{m(\omega^2 - \gamma^2 + 2i\lambda\gamma)} = b\exp(i\delta),$$

$$(3\text{-}58)$$

onde

$$b = \frac{F}{m\sqrt{(\omega^2 - \gamma^2)^2 + (2\lambda\gamma)^2}}, \qquad \tan\delta = \frac{(2\lambda\gamma)}{(\omega^2 - \gamma^2)}.$$

$$(3\text{-}59)$$

Adicionando a solução particular à solução geral da equação homogênea (e considerando a $\omega > \lambda$ definição a seguir), e tomando a parte real como nossa solução, temos:

$$x(t) = a\exp(-\lambda t)\cos(\omega t + \alpha) + b\cos(\gamma t + \delta),$$

$$(3\text{-}60)$$

e depois de tempo suficiente, há apenas $x(t) \cong b\cos(\gamma t + \delta)$.

Perto da ressonância $\gamma = \omega + \epsilon$, suponha também que $\lambda \ll \omega$, então

$$b = \frac{F}{2m\omega\sqrt{\epsilon^2 + \lambda^2}}, \qquad \tan\delta = \frac{\lambda}{\epsilon}.$$

$$(3\text{-}61)$$

A diferença de fase δ entre a oscilação e a força externa é sempre negativa. Longe da ressonância $\gamma < \omega$: $\delta \to 0$; e $\gamma > \omega$: $\delta \to -\pi$. ao passar pela ressonância $\gamma = \omega$: $\delta \to -\frac{1}{2}\pi$. Na ausência de atrito, a fase da oscilação forçada muda descontinuamente π em $\gamma = \omega$; quando o atrito é adicionado, a descontinuidade se suaviza.

Uma vez alcançado o movimento em estado estacionário, $x(t) \cong b\cos(\gamma t + \delta)$ a energia absorvida da força externa corresponde à dissipada no atrito. Temos a taxa de dissipação devido ao atrito anteriormente como $-2\mathcal{F}$, onde $\mathcal{F} = \frac{1}{2}\alpha\dot{x}^2 = \lambda mb^2\gamma^2\sin^2(\gamma t + \delta)$, com média de tempo $2\bar{\mathcal{F}} = \lambda mb^2\gamma^2$:. Assim, a energia absorvida por unidade de tempo é $\lambda mb^2\gamma^2$. Agora, se quisermos a integral da energia absorvida em todas as frequências de acionamento, a absorção será dominada pelas frequências próximas à ressonância, para as quais a integral se aproxima de $\pi F^2/4m$.

Observe que nesta análise estamos considerando a mola ou o pêndulo apenas com uma força restauradora linear. Para o pêndulo na aproximação de pequeno ângulo, entretanto, esse é o caso, onde o termo força devido à gravidade é $-mg\sin(\theta) \cong -mg\theta$. Quando retornarmos ao oscilador acionado amortecido sem essa aproximação mais tarde, veremos que o movimento caótico se torna onipresente entre os possíveis movimentos provocados.

Antes de passarmos do tópico de dissipação, e para ter uma ideia da representação do diagrama de fases usado na abordagem hamiltoniana a ser discutida a seguir, vamos considerar o sistema:

$$m\ddot{x} + \gamma\dot{x} + \frac{dU}{dx} = 0,$$

(3-62)

quando o potencial é um poço duplo. Na Figura 3.12 é mostrado um esboço do potencial, do diagrama de fases do sistema quando $\gamma = 0$(sem dissipação) e do diagrama de fases do sistema quando $\gamma \neq 0$. Para o sistema com dissipação, vemos que existe uma espiral em decomposição que seleciona um poço para localizar quando a energia se dissipa até o nível da separatriz.

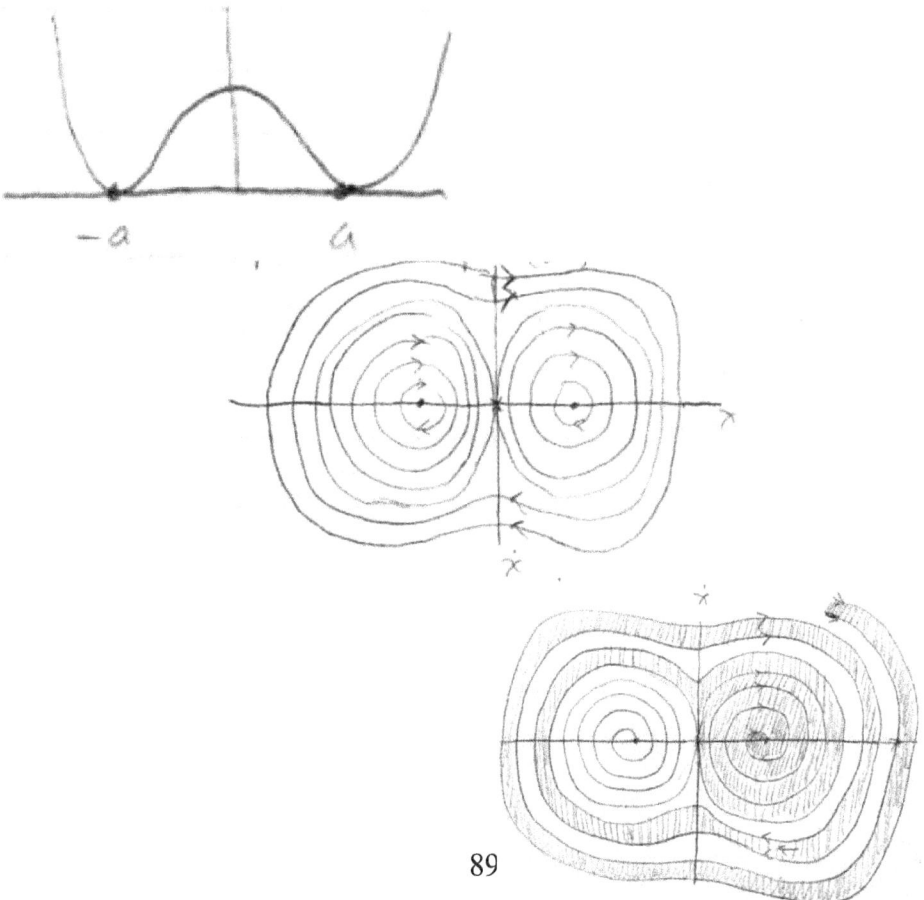

89

Figura 3.12. Esquerda: um esboço de um potencial de poço duplo; Meio: Esboço do diagrama de fases sem dissipação; Diagrama de fases com dissipação (e eventual assentamento no poço direito).

3.8.6 Ressonância paramétrica

Em vez de uma força externa, vamos agora considerar modulações dos próprios parâmetros do sistema (o sistema não está fechado). Para uma força externa que conduz o sistema em ressonância, encontramos um crescimento linear ao longo do tempo no deslocamento do sistema em relação ao equilíbrio. Para ressonância paramétrica, veremos que esse crescimento na ressonância é *exponencial* , onde o crescimento é multiplicativo, mas isso também significa que esse fenômeno de crescimento de ressonância não ocorre se o deslocamento (ou sistema) estiver em equilíbrio para começar (porque multiplicar o crescimento por zero). Um exemplo a ter em mente é o swing familiar. Uma vez colocado em movimento (com início diferente de zero), o movimento de oscilação é sustentado pelo tempo apropriado (correspondência de ressonância) do movimento de oscilação com o ciclo de oscilação, uma ressonância paramétrica. Para capturar o fenômeno, vamos considerar um sistema de mola 1-D com massa e constante de mola k:

$$\frac{d}{dt}(m\dot{x}) + kx = 0.$$

(3-63)

Vamos redimensionar o tempo para permitir que o suposto m(t) dependente do tempo seja separado:

$$d\tau = \frac{dt}{m(t)} \rightarrow \frac{d^2x}{d\tau^2} + mkx = 0.$$

Assim, sem perda de generalidade (wlog), podemos considerar o problema na forma

$$\frac{d^2x}{dt^2} + \omega^2(t)x = 0,$$

(3-64)

que poderíamos ter chegado desde o início, permitindo m = constante, mas chegando a uma forma com frequência do sistema dependente do tempo $\omega(t)$.

90

Considere o caso em que $\omega(t)$é periódico com frequência γe período $T = 2\pi/\gamma$. Se $\omega(t) = \omega(t + T)$, então a solução geral é invariante $t \to t + T$. Por sua vez, isso significa que as duas soluções independentes para deslocamentos, $x_1(t)$e $x_2(t)$também devem ser invariantes a $t \to t + T$, como pode ser visto pela substituição na equação diferencial de segunda ordem acima, além de um fator constante não dependente do tempo, portanto, as soluções gerais devem satisfazer:

$$x_1(t + T) = c_1 x_1(t) \ and \ x_2(t + T) = c_2 x_2(t).$$

A solução mais geral é então:

$$x_1(t) = (c_1)^{t/T} P_1(t; T) \ and \ x_2(t) = (c_2)^{t/T} P_2(t; T),$$

(3-65)

onde $P_1(t; T)$e $P_2(t; T)$são funções puramente periódicas com período T. Acontece, porém, que as constantes c_1e c_2(que são exponenciadas) nas soluções, possuem uma relação que obriga uma delas a ser sempre o inverso da outra, portanto sempre haverá ser um termo de crescimento exponencial. Considerar:

$$x_2(\ddot{x}_1 + \omega^2(t)x_1) = 0 \ and \ x_1(\ddot{x}_2 + \omega^2(t)x_2) = 0 \to \frac{d}{dt}(\dot{x}_1 x_2 - x_1 \dot{x}_2)$$
$$= 0$$

Se $\dot{x}_1 x_2 - x_1 \dot{x}_2 = constant$, então com $t \to t + T$o fator geral extra $c_1 c_2$desse resultado deve ser igual a um, ou seja, um cé o inverso do outro. Isso é chamado de ressonância paramétrica, mas observe que isso acontece para qualquer frequência de acionamento paramétrica – na prática, o domínio acessível para esse tipo de ressonância é mais restrito, conforme relata a derivação a seguir. (Nota: as condições de contorno podem ser tais que as funções puramente periódicas sejam simplesmente zero, um caso especial em que o crescimento exponencial não ocorre porque, para começar, é zero.)

Como a ressonância paramétrica é um fenômeno genérico na modulação de um parâmetro do sistema, existe uma frequência ideal para fazer isso? A resposta é sim, e é simplesmente o dobro da frequência de ressonância natural do sistema. Em aplicações do mundo real com arrasto, essa frequência de acionamento otimizada muitas vezes ainda pode operar em ressonância paramétrica (crescimento exponencial). Para mostrar a ressonância especializada no caso sem arrasto, comece com o parâmetro de frequência dividido em termo ressonante independente do tempo ω_0^2e termo multiplicador de deslocamento dependente do tempo:

$$\omega^2(t) = \omega_0^2(1 + h\cos(\gamma t)),$$

(3-66)

onde $h \ll 1$, e escolhemos $\gamma = 2\omega_0 + \epsilon$, onde $\epsilon \ll \omega_0$. Vamos tentar uma solução na forma sem modulação paramétrica e, em seguida, contabilizar essa modulação por um deslocamento da frequência natural que corresponde à frequência do driver paramétrico:

$$x(t) = x_1(t) + x_2(t) = a(t)\cos\left(\left[\omega_0 + \frac{1}{2}\epsilon\right]t\right) + b(t)\sin\left(\left[\omega_0 + \frac{1}{2}\epsilon\right]t\right)$$

Substituindo a solução acima e expandindo para primeira ordem em h, e primeira ordem em ϵ, onde a(t) e b(t) variam lentamente em comparação com ω_0, e assuma $\dot{a} \sim \epsilon a$ e $\dot{b} \sim \epsilon b$ (posteriormente verificado no resultado), primeiro considere os termos cruzados trigonométricos:

$$\cos\left(\left[\omega_0 + \frac{1}{2}\epsilon\right]t\right)\cos([2\omega_0 + \epsilon]t)$$
$$= \frac{1}{2}\cos\left(3\left[\omega_0 + \frac{1}{2}\epsilon\right]t\right) + \frac{1}{2}\cos\left(\left[\omega_0 + \frac{1}{2}\epsilon\right]t\right).$$

Observe a frequência múltipla mais alta no primeiro termo resultante. Termos de frequência múltipla mais altos contribuirão com uma ordem mais alta de pequenez em relação a h, portanto, como h de ordem mais alta, podem ser eliminados na análise de primeira ordem. A equação resultante é:

$$-(2\dot{a} + b\epsilon + \frac{1}{2}h\omega_0 b)\omega_0\sin\left(\left[\omega_0 + \frac{1}{2}\epsilon\right]t\right) + (2\dot{b} - a\epsilon + \frac{1}{2}h\omega_0 a)\omega_0\cos\left(\left[\omega_0\right.\right.$$
$$\left.\left.+ \frac{1}{2}\epsilon\right]t\right) = 0$$

Os coeficientes dos termos trigonométricos devem ser independentemente zero. Vamos tentar $a(t) \sim \exp(st)$ e $b(t) \sim \exp(st)$, que dá origem às equações características:

$$sa + \frac{1}{2}\left(\epsilon + \frac{1}{2}h\omega_0\right)b = 0 \text{ and } \frac{1}{2}\left(\epsilon - \frac{1}{2}h\omega_0\right)a - sb = 0 \rightarrow s^2$$
$$= \frac{1}{4}\left[\left(\frac{1}{2}h\omega_0\right)^2 - \epsilon^2\right].$$

Observe que o intervalo de soluções para o crescimento exponencial é onde sé real, portanto temos a restrição:

$$-\frac{1}{2}h\omega_0 < \epsilon < \frac{1}{2}h\omega_0.$$

3.8.7 Oscilações Anarmônicas

Consideremos agora um Lagrangiano com termos de terceira ordem, mas com a intenção de trabalhar com expansões na magnitude da perturbação. Na verdade, estamos resolvendo equações diferenciais usando o método clássico de aproximações sucessivas. O que acontece com esta abordagem é que o oscilador anarmônico é convertido em uma sucessão de problemas de osciladores harmônicos acionados. Vamos começar com um Lagrangiano genérico de terceira ordem:

$$L = \frac{1}{2}\sum_{\alpha}(\dot{\theta}_\alpha{}^2 - \omega_\alpha{}^2\theta_\alpha{}^2) + \sum_{\alpha,\beta,\gamma} C_{\alpha\beta\gamma}\dot{\theta}_\alpha\dot{\theta}_\beta\theta_\gamma - \sum_{\alpha,\beta,\gamma} D_{\alpha\beta\gamma}\theta_\alpha\theta_\beta\theta_\gamma$$

$$(3\text{-}67)$$

o que leva a uma equação EL de segunda ordem da forma:

$$\ddot{\theta}_\alpha + \omega_\alpha{}^2\theta_\alpha = f_\alpha(\theta_\alpha, \dot{\theta}_\alpha, \ddot{\theta}_\alpha).$$

$$(3\text{-}68)$$

Isto é então resolvido pelo método de aproximações sucessivas, uma análise de perturbação:

$$\theta_\alpha = \theta_\alpha^{(1)} + \theta_\alpha^{(2)}, where\ \theta_\alpha^{(2)} \ll \theta_\alpha^{(1)}, and\theta_\alpha^{(1)} + \omega_\alpha{}^2\theta_\alpha^{(1)} = 0.$$

Isso deixa a perturbação em termos da força efetiva, mas na análise de perturbação podemos aproximar a dependência de coordenadas generalizadas da força generalizada pelo nível anterior de aproximação, aqui:

$$\ddot{\theta}_\alpha^{(2)} + \omega_\alpha{}^2\theta_\alpha^{(2)} = f_\alpha\left(\theta_\alpha^{(1)}, \dot{\theta}_\alpha^{(1)}, \ddot{\theta}_\alpha^{(1)}\right).$$

$$(3\text{-}69)$$

Na segunda aproximação, temos a frequência natural do sistema modificada por várias combinações de frequências, como $\omega_\alpha \pm \omega_\beta$, incluindo $2\omega_\alpha$e $\omega_\alpha = 0$. Este processo pode ser repetido, indo para níveis mais elevados de aproximação, mas as frequências fundamentais $\omega_\alpha$em aproximações mais altas não são iguais aos seus níveis não perturbados. Para corrigir isso, são feitas modificações de modo que os fatores periódicos na solução contenham as frequências exatas. Para ser mais específico, vamos considerar o exemplo do seguinte oscilador anarmônico 1-D [27]:

$$L = \frac{1}{2}m\dot{x}^2 - \frac{1}{2}m\omega_0^2 x^2 + xF(t),$$

$$where\ F(t) = -\frac{1}{3}m\alpha x^2 - \frac{1}{4}m\beta x^3$$

$$(3\text{-}70)$$

para o qual obtemos:

$$\ddot{x} + \omega_0^2 x = -\alpha x^2 - \beta x^3.$$

(3-71)

Usando o método de aproximações sucessivas descrito acima (mais detalhes sobre isso podem ser encontrados no Apêndice A), temos:

$$x = x^{(1)} + x^{(2)} + x^{(3)} + \cdots,$$

(3-72)

onde começamos com a solução da equação homogênea, ou seja , onde $x^{(1)} = a \cos \omega t$ com o valor exato de ω onde:

$$\omega = \omega_0 + \omega^{(1)} + \omega^{(2)} + \omega^{(3)} + \cdots,$$

(3-73)

e obtemos:

$$\frac{\omega_0^2}{\omega^2}\ddot{x} + \omega_0^2 x = -\alpha x^2 - \beta x^3 - \left(1 - \frac{\omega_0^2}{\omega^2}\right)\ddot{x}.$$

(3-74)

Para ir para o próximo nível de aproximação, vamos considerar $x = x^{(1)} + x^{(2)}$ e $\omega = \omega_0 + \omega^{(1)}$, e omitindo os termos acima de segunda ordem de pequenez:

$$\ddot{x}^{(2)} + \omega_0^2 x^{(2)} = -\alpha a^2 \cos^2 \omega t + 2\omega_0 \omega^{(1)} a \cos \omega t$$

(3-75)

agora optamos $\omega^{(1)} = 0$ por chegar a uma solução simples (escolhemos as ω modificações em aproximações sucessivas para desacoplamento ou simplificação semelhante):

$$x^{(2)} = -\frac{\alpha a^2}{2\omega_0^2} + \frac{\alpha a^2}{6\omega_0^2}\cos 2\omega t$$

(3-76)

Indo para o próximo nível de aproximação com $x = x^{(1)} + x^{(2)} + x^{(3)}$ e $\omega = \omega_0 + \omega^{(2)}$, obtemos:

$$\ddot{x}^{(3)} + \omega_0^2 x^{(3)} = -2\alpha x^{(1)} x^{(2)} - \beta\left(x^{(1)}\right)^3 + 2\omega_0 \omega^{(2)} x^{(1)}$$

(3-77)

$$\ddot{x}^{(3)} + \omega_0^2 x^{(3)} = a^3 \left[\frac{\beta}{4} - \frac{\alpha^2}{6\omega_0^2}\right] \cos 3\omega t$$
$$+ a\left[2\omega_0 \omega^{(2)} + \frac{5a^2\alpha^2}{6\omega_0^2} - \frac{3}{4}a^2\beta\right] \cos \omega t$$

(3-78)

onde, novamente, escolhemos $\omega^{(2)}$ tal que o termo à direita seja zero para uma solução simples:

94

$$\omega^{(2)} = -\frac{5a^2\alpha^2}{12\omega_0^3} + \frac{3\beta a^2}{8\omega_0}$$

$$(3\text{-}79)$$

e,

$$x^{(3)} = \frac{a^3}{16\omega_0^2}\left[\frac{\alpha^2}{3\omega_0^2} - \frac{\beta}{2}\right]\cos 3\omega t.$$

$$(3\text{-}80)$$

A ressonância paramétrica é evidente principalmente em estudos de sistemas que atuam sob pequenas oscilações e envolve variação temporal dos parâmetros do sistema - como o ponto de apoio de um pêndulo (a ser descrito na próxima seção). As oscilações forçadas, com ou sem amortecimento, possuem uma dependência de frequência do tipo dispersão da absorção de energia do driver. Há ressonância na frequência natural do sistema. Para movimentos que foram substancialmente excitados, entramos no regime não linear dos termos de energia cinética e potencial no Lagrangiano. As oscilações anarmônicas ou não lineares (como na seção anterior) são misturadas devido às não linearidades que resultam em frequências combinadas que podem parecer ressonantes. Nesse sentido, o método de aproximações sucessivas deve ser utilizado com cautela, de forma consistente para não haver termos auto-ressonantes por meio da mistura.

3.8.8 Movimento em campo de oscilação rápida (também conhecido como análise de dois tempos)

Considere o movimento em um potencial U com período T onde uma força de oscilação rápida é aplicada,

$$m\ddot{x} = -\frac{dU}{dx} + f, \quad f = f_1\cos\omega t + f_2\sin\omega t, \quad \omega \gg \frac{1}{T}$$

$$(3\text{-}81)$$

Não assumimos isso $f \ll U$ ou mesmo $f < U$, em vez disso, assumimos um resultado com pequenas oscilações no topo do caminho suave que a partícula percorreria, mesmo que apenas sob o potencial U:

$$x(t) = X(t) + \varepsilon(t), \qquad \overline{\varepsilon(t)} = 0.$$

$$(3\text{-}82)$$

Isso às vezes é chamado de análise de dois tempos [30]. Substituindo, chegamos então à primeira ordem nas expansões de Taylor:

$$m\ddot{X} + m\ddot{\varepsilon} = -\frac{dU}{dx} - \varepsilon\frac{d^2U}{dx^2} + f(X,t) + \varepsilon\frac{\partial f}{\partial X}.$$

$$(3\text{-}83)$$

Agora, todos os termos de primeira ordem ε são insignificantes em comparação com os outros termos, exceto o $\ddot{\varepsilon}$ termo, uma vez que os fatores de frequência são assumidos como muito grandes (uma vez que oscilam rapidamente). Dividindo a trajetória suave ($X(t)$ trajetória com $f = 0$) e a parte de oscilação rápida, obtemos para esta última:

$$m\ddot{\varepsilon} = f(X,t) \rightarrow \varepsilon = -\frac{f}{m\omega^2}$$

(3-84)

Agora considere a média em relação ao tempo na equação de primeira ordem, todas as primeiras potências independentes de ε e f serão zero:

$$m\ddot{X} = -\frac{dU}{dx} + \varepsilon\overline{\frac{\partial f}{\partial X}} = -\frac{dU}{dx} - \frac{1}{m\omega^2}f\overline{\frac{\partial f}{\partial X}} = -\frac{dU_{eff}}{dx},$$

onde,

$$U_{eff} = U + \frac{\overline{f^2}}{2m\omega^2}, \quad U_{eff} = U + \frac{(f_1^2 + f_2^2)}{4m\omega^2} = U + \frac{1}{2}m\overline{\dot{\varepsilon}^2}$$

(3-85)

Para ver como isso se manifesta na prática, considere o pêndulo cujo ponto de apoio sofre *oscilações horizontais rápidas* :

$x = l\sin\varphi + a\cos\gamma t$ e $\dot{x} = l\dot{\varphi}\cos\varphi - a\gamma\sin\gamma t$

$y = l\cos\varphi$ e $\dot{y} = -l\dot{\varphi}\sin\varphi$

$U = -mgl\cos\varphi$

$$L = T - U = \frac{1}{2}m(l\dot{\varphi})^2 - ml\dot{\varphi}a\gamma\cos\varphi\sin\gamma t + mgl\cos\varphi$$

fazendo uso da liberdade de adicionar uma derivada de tempo total, $\frac{d}{dt}(mla\gamma\sin\varphi\sin\gamma t)$ para obter:

$$L = T - U = \frac{1}{2}m(l\dot{\varphi})^2 + mla\gamma^2\sin\varphi\cos\gamma t + mgl\cos\varphi$$

Usando a equação de Euler-Lagrange, obtemos:

$$ml^2\ddot{\varphi} = mla\gamma^2\cos\varphi\cos\gamma t - mgl\sin\varphi = -\frac{dU}{dx} + f_\varphi,$$

onde,

$$f_\varphi = mla\gamma^2\cos\varphi\cos\gamma t$$

Usando a relação da discussão anterior:

$$U_{eff} = U + \frac{\overline{f_\varphi}^2}{2m\gamma^2} = mgl\left[-\cos\varphi + \frac{a^2\gamma^2}{4gl}\cos^2\varphi\right].$$

Resolvendo, $\frac{dU_{eff}}{d\varphi} = 0$obtemos soluções em $\sin\varphi = 0$e $\cos\varphi = 2gl/a^2\gamma^2$, onde a existência da última solução exige $2gl < a^2\gamma^2$.

Da mesma forma, poderíamos considerar o pêndulo cujo ponto de apoio sofre *oscilações verticais rápidas* :

$x = l\sin\varphi$e$\dot{x} = l\dot\varphi\cos\varphi$
$y = l\cos\varphi + a\cos\gamma te\dot{y} = -l\dot\varphi\sin\varphi - a\gamma\sin\gamma t$
$U = -mgl\cos\varphi + mga\cos\gamma t$

$$L = T - U = \frac{1}{2}m(l\dot\varphi)^2 + ml\dot\varphi a\gamma\sin\varphi\sin\gamma t + \frac{1}{2}ma^2\gamma^2\sin^2\gamma t$$
$$+ mgl\cos\varphi - mga\cos\gamma t$$

Abandonando funções puramente dependentes do tempo e fazendo uso da liberdade de adicionar uma derivada de tempo total, $\frac{d}{dt}(mla\gamma\cos\varphi\sin\gamma t)$para obter:

$$L = T - U = \frac{1}{2}m(l\dot\varphi)^2 + mla\gamma^2\cos\varphi\cos\gamma t + mgl\cos\varphi$$

Usando a equação de Euler-Lagrange, obtemos:

$$ml^2\ddot\varphi = -mla\gamma^2\sin\varphi\cos\gamma t - mgl\sin\varphi = -\frac{dU}{dx} + f_\varphi,$$

onde,

$$f_\varphi = -mla\gamma^2\sin\varphi\cos\gamma t$$

Usando novamente a relação da discussão anterior:

$$U_{eff} = U + \frac{\overline{f_\varphi^2}}{2m\gamma^2} = mgl\left[-\cos\varphi + \frac{a^2\gamma^2}{4gl}\sin^2\varphi\right].$$

Resolvendo, $\frac{dU_{eff}}{d\varphi} = 0$obtemos soluções em $\varphi = 0$e $\varphi = \pi$, onde a existência da última solução exige $2gl < a^2\gamma^2$.

Capítulo 4. Medição Clássica

4.1 Capturando pequenas medições em sistemas integráveis no tempo
A medição com maior sensibilidade ocorre onde o evento de medição é repetido, muitas vezes em arranjos onde um valor-chave é somado ao longo do tempo. Assim, é natural olhar para sistemas integráveis no tempo como um componente chave de um detector sensível. Um oscilador é um exemplo de tal sistema, para o qual é fornecida uma breve recapitulação a seguir. Depois disso fazemos uma última generalização, a adição de flutuações de ruído (fundamentalmente presentes devido a fontes de ruído térmico) para obter uma descrição dos limites experimentais reais. Inicialmente, para construir a partir dos resultados da mecânica clássica mostrados no Capítulo 3, desenvolveremos o oscilador acionado amortecido com ruído e veremos qual força mínima detectável atuando no oscilador (massa) é possível. Isto descreve um método de "contato" para detecção de força.

Os métodos de contato direto para detecção real são mais tipicamente baseados em extensômetros ou elementos piezoelétricos que podem ser acoplados diretamente a circuitos elétricos (ressonância) (observe a conversão do sinal para a forma eletrônica, que será a norma). Os métodos de contato indireto baseados em medidores de capacitância são melhores nesta categoria, onde a medição de um deslocamento altera diretamente a capacitância (por meio da separação de placas diretamente relacionada ao deslocamento). A capacitância de repouso é escolhida em um circuito operando em ressonância (ou na parte íngreme da curva de ressonância) [51], de modo que as mudanças de frequência do circuito sejam mais notáveis por um dispositivo de medição de circuito secundário (contato indireto). Exemplos de medidores de capacitância entram em descrições de circuitos que, embora simples [52], estão fora do escopo desta descrição, portanto não serão discutidos mais adiante.

Os métodos ópticos sem contato oferecem a maior sensibilidade e serão brevemente discutidos após resultados mais explícitos para os métodos de contato (uma vez que a apresentação de um detector de contato direto oscilador demonstra muitos dos conceitos-chave e fatores limitantes). Observe que a detecção "sem contato" mais extrema é a não demolição quântica, mas isso não será discutido. Notas do projeto LIGO, obtidas no curso Ph118 ca. do Prof. Drever. 1988 (no Apêndice B, ~1988, a lista de contatos do LIGO mostra menos de 30 pessoas no projeto, inclusive eu, um estudante de pós-graduação na época, há agora mais de 3.000 colaboradores neste projeto em todo o mundo).

4.1.1 Recapitulação do oscilador acionado amortecido
Para o oscilador acionado amortecido temos a Equação Diferencial Ordinária:

$$\ddot{x} + 2\lambda\dot{x} + \omega^2 x = \left(\frac{F}{m}\right) \exp i\gamma t,$$

(4-1)

com solução:

$$x(t) = a \exp(-\lambda t) \cos(\omega t + \alpha) + b \cos(\gamma t + \delta) \cong b \cos(\gamma t + \delta),$$

(4-2)

onde

$$b = \frac{F}{m\sqrt{(\omega^2 - \gamma^2)^2 + (2\lambda\gamma)^2}} \quad \tan\delta = \frac{(2\lambda\gamma)}{(\omega^2 - \gamma^2)}.$$

(4-3)

Uma vez alcançado o movimento em estado estacionário, $x(t) \cong b \cos(\gamma t + \delta)$ a energia absorvida da força externa corresponde à dissipada no atrito. Temos a taxa de dissipação devido ao atrito anteriormente como $-2\mathcal{F}$, onde $\mathcal{F} = \frac{1}{2}\alpha\dot{x}^2 = \lambda m b^2 \gamma^2 \sin^2(\gamma t + \delta)$, com média de tempo $2\bar{\mathcal{F}} = \lambda m b^2 \gamma^2$:. Assim, a energia absorvida por unidade de tempo é $\lambda m b^2 \gamma^2$. Agora, se quisermos a integral da energia absorvida em todas as frequências de acionamento, a absorção será dominada pelas frequências próximas à ressonância, para as quais a integral se aproxima de $\pi F^2/4m$.

4.1.2 Oscilador acionado amortecido com flutuações de ruído
Vamos agora considerar o oscilador acionado amortecido com flutuações de ruído e determinar a força mínima detectável que o sistema pode fornecer. Este é o cenário, com flutuações de ruído realistas, que fornece um limite preciso para a sensibilidade da medição. Vamos começar com a nova Equação Diferencial Ordinária com acréscimo de termo de flutuações de ruído F_{fl}:

$$\ddot{x} + 2\lambda\dot{x} + \omega^2 x = F(t) + F_{fl},$$

(4-4)

onde o resultado do estado estacionário anterior, sem forças de ruído de flutuação, era $x(t) \cong b \cos(\gamma t + \delta)$. Ainda existe um estado estacionário, mas com uma forma um pouco mais geral? Primeiro considere que o tempo de relação de amplitude é dado por $\tau_m = 1/\lambda$ e estamos assumindo que a intenção é fazer medições precisas, então buscamos um amortecimento mínimo, portanto um tempo de relaxação máximo τ_m, portanto efetivamente estado estacionário em relação ao tempo de medição e ao tempo de o $F(t)$ efeito que se pretende detectar. Teremos assim a forma de estado estacionário indicada com possível dependência temporal nas constantes em uma estimativa. Tentar a suposição e validá-la prova que isso está correto [53] e [54]. Mudando agora para a notação de Braginsky [51], resumiremos a derivação de Braginsky mostrada no Apêndice de [51] intitulado "Critérios Estatísticos para a Determinação da Excitação de um oscilador por uma força externa":

$$x(\tau) \cong A(\tau)\sin\big(\omega_0\tau + \varphi(\tau)\big) \qquad \overline{A(\tau)} \gg \frac{1}{\omega_0}\frac{dA(\tau)}{d\tau}.$$

(4-5)

Nossa afirmação de um evento de detecção será probabilística, especialmente dada a adição de um processo estocástico (flutuações de ruído). Desejamos considerar a probabilidade de um evento de força $F(t)$ ocorrer em um tempo $\hat{\tau}$ que esteja dentro do período da medição. A detectabilidade de tal evento requer discerni-lo a partir de sinais falsos do ruído de flutuação F_{fl}. Por sua vez, a natureza da detectabilidade deve ser examinada para ambos. Em ambos os casos o que procuramos é uma mudança na amplitude de oscilação em função da diferença $A(\tau) - A(0)$, e no caso do ruído de flutuação este limite deve ser qualificado para ser válido com probabilidade " $1 - \alpha$". Esta abordagem é motivada pela expressão de [54] para a densidade de probabilidade de uma distribuição arbitrária de amplitudes de oscilação após o tempo do evento $\hat{\tau}$:

$P[A(\hat{\tau})|A(0)]$
$$= \frac{A(\hat{\tau})}{\sigma^2(1-\varepsilon^2)}I_0\left(\frac{\varepsilon A(0)A(\hat{\tau})}{\sigma^2(1-\varepsilon^2)}\right)\exp\left(-\frac{\big(A(\hat{\tau})\big)^2 + \varepsilon\big(A(0)\big)^2}{2\sigma^2(1-\varepsilon^2)}\right),$$

(4-6)

onde,

$$\varepsilon = e^{(-\hat{\tau}/\tau_m)} \quad and \quad \sigma^2 = \overline{A(\tau)^2}.$$

O erro estatístico do formalismo de primeiro tipo (com " $1 - \alpha$") agora assume a forma:

$$1 - \alpha = \int_{A(0)}^{A(\hat{\tau})} P[A(\hat{\tau})|A(0)]dA(\hat{\tau}).$$

(4-7)

Seguindo a análise de Braginsky, consideraremos agora a resolução da integral para dois casos: $A(0) = 0$ e $A(0) = \sigma$. Descobriremos que a avaliação da força mínima detectável é aproximadamente a mesma, independentemente do valor inicial da amplitude, enquanto a troca de energia com o oscilador é significativamente afetada pela amplitude inicial. Além disso, seguindo Braginsky, assumiremos que nossa fonte de ruído é puramente uma fonte de ruído térmico. Este é o melhor cenário, pois as fontes de ruído térmico são fundamentais em sistemas físicos de várias maneiras (ver [24] para derivação dessas fontes de ruído em circuitos, por exemplo). Se assumirmos "apenas" ruído térmico teremos então, de acordo com a temperatura de termalização T o seguinte:

$$\sigma^2 = \frac{k_B T}{k}, \quad where \; \omega_0 = \sqrt{k/m}.$$

(4-8)

Resolvendo a integral e substituindo obtemos:

$$[A(\hat{\tau})]_{1-\alpha} = 2\sigma\sqrt{(\hat{\tau}/\tau_m)\ln(1/\alpha)}.$$

(4-9)

Assim, se iniciarmos um evento de detecção com $A(0) \cong 0$ e observarmos a amplitude crescer no tempo $\hat{\tau}$ de tal forma $A(\hat{\tau}) > [A(\hat{\tau})]_{1-\alpha}$ que teremos probabilidade, ou "confiabilidade", $(1 - \alpha)$ de que um evento tenha ocorrido. Conforme observado por Braginsky, o que temos até agora é apenas uma condição limite que descreve o que fazer se o limite for atingido. Se o limite for atingido, então não estamos dizendo nenhum evento de detecção, por exemplo, that $F(t) = 0$, mas isso pode ser apenas devido a um infeliz cancelamento da força do evento e das forças de flutuação. Para avaliar o erro que pode ser introduzido a partir disso, Braginsky introduz uma medição de um erro estatístico de segundo tipo correspondente à probabilidade de ocorrer $F(t) \neq 0$ e ainda ocorrer o evento abaixo do limite $A(\hat{\tau}) < [A(\hat{\tau})]_{1-\alpha}$. Especificamente, considere a força $F(t)$ quando não há força de flutuação presente e tal que a mudança na amplitude no tempo $\hat{\tau}$ seja para um valor Γ maior que o limite, de modo que tenhamos

$$\gamma = \Gamma/[A(\hat{\tau}) - A(0)]_{1-\alpha}$$

(4-10)

com $\gamma \geq 1$. Isto estabelece a base para avaliar o erro do segundo tipo (mais detalhes estão em [51]). A conclusão é que um simples fator constante, ~ 1, é tudo o que modificaria a condição limite para o evento de detecção.

102

Vamos agora relacionar a mudança mínima detectável na amplitude com a energia transmitida ou extraída do oscilador usando a forma acima γ:

$$\Delta E = k\gamma^2[A(\hat{\tau})]^2_{1-\alpha} = 2\ln(1/\alpha)\,(2\hat{\tau}/\tau_m)\gamma^2 k_B T.$$

$$(4\text{-}11)$$

Voltando ao caso simples do $F(t) = F_0\sin(\omega\tau)$intervalo de tempo de 0 a $\hat{\tau}$(e força zero fora desse intervalo de tempo), então temos o crescimento linear da amplitude de acordo com:

$$\Gamma = \frac{F_0\hat{\tau}}{2m\omega}, \quad where \quad \omega = \sqrt{k/m}$$

$$(4\text{-}12)$$

e exigir que $\Gamma > [A(\hat{\tau}) - A(0)]_{1-\alpha}$isso forneça o mínimo detectável F_0:

$$[F_0]_{min} = \rho\sqrt{4k_B Tm/(\hat{\tau}\tau_m)},$$

$$(4\text{-}13)$$

onde ρé um fator de confiabilidade adimensional que varia entre 2,45 e 4,29 para valores de confiabilidade típicos α(ver Tabela A1 em [51])., Uma análise semelhante para o caso em que $A(0) \cong \sigma$no início do evento de detecção se reduz à mesma fórmula com fatores de confiabilidade variando entre 1,96 e 3,88. Assim, a força mínima detectável é aproximadamente a mesma, independentemente do valor inicial da amplitude e tem a forma:

$$[F_0]_{min} \propto \sqrt{\frac{4k_B Tm}{(\hat{\tau}\tau_m)}}.$$

$$(4\text{-}14)$$

4.1.3 Métodos ópticos sem contato

Existem dois tipos de medição óptica que focaremos aqui: (i) fio de navalha; e (ii) autointerferência. Os métodos de ponta de faca envolvem uma alavanca óptica em alguma capacidade. Se direcionarmos um feixe de laser sobre um espelho e medirmos suas flutuações em uma tela a uma distância D, então o sinal projetado será duas vezes maior se simplesmente dobrarmos a distância de projeção para 2D. Mais comum, e uma mistura do tipo (i) e (ii), é usar uma rede de difração, onde o efeito de ganho é multiplicado de acordo com a separação na rede de difração móvel que faz parte de uma medição de transmissão de feixe (envolvendo um segunda, fixa, rede de difração). O mais sensível dos eventos de detecção de auto-interferência óptica, entretanto, normalmente envolve um interferômetro Michelson-Morley. A idéia básica é que o feixe seja dividido e interfira consigo mesmo, de modo que o cancelamento perfeito seja sintonizado na parte transmitida do divisor de feixe. Quando ocorre um deslocamento no espelho (ou distância espelho-cavidade), vemos então um deslizamento do estado cancelado e vemos um flash de luz de acordo com a extensão do não cancelamento, que está relacionado à força do sinal. Tal como acontece com muitos dos métodos de detecção, uma avaliação da sensibilidade muitas vezes parece promissora, mas, na verdade, a obtenção dos parâmetros físicos necessários do dispositivo muitas vezes é impossível de obter. Com as abordagens interferométricas, no entanto, o que é necessário está frequentemente ao nosso alcance, utilizando lasers muito potentes, espelhos altamente reflectores, espelhos primorosamente estabilizados e espelhos divisores de feixe, para começar. Acontece que isso pode ser feito, mas é uma questão de escala.

O trabalho em que participei envolvendo o protótipo do detector LIGO na década de 1980 foi um exemplo em que os métodos interferométricos demonstraram funcionar extremamente bem. Mas os braços do protótipo do interferômetro tinham 20 m de comprimento, e não 2 km, como eventualmente precisariam ser. Portanto, a escala de vácuo era muito diferente (as cavidades do interferômetro a laser são mantidas em alto vácuo para eliminar o ruído e, mais importante, evitar um processo destrutivo nos (muito caros) espelhos altamente refletivos (um efeito EM a ser discutido em [40] , resulta em "poeira" sem carga assumindo uma carga efetiva e, no campo elétrico não uniforme da cavidade, o resultado é que a poeira é empurrada para dentro dos espelhos, causando sua degradação constante. Isso e outros problemas de escamação exigiram mais 30 anos). de desenvolvimento até que o projeto LIGO finalmente entrou em operação com o primeiro observatório de ondas gravitacionais (Prêmio Nobel para Kip Thorne, et al. Na década de 1980, quando participei por alguns anos (antes de passar para questões mais teóricas, a serem descritas em []. 45,46]) o grupo LIGO era bastante pequeno (cerca de 30, veja o antigo Diretório na Figura B.1). O dimensionamento de 100x no tamanho do dispositivo foi parcialmente atendido por um redimensionamento de 100x no esforço do grupo até o ano 2020.

Uma descrição adequada da metodologia de detecção LIGO nos levaria muito longe nas propriedades do ruído do laser e nas propriedades da cavidade óptica, mas uma descrição de alto nível ainda é fornecida. Primeiro, o interferômetro "em forma de L" é duplamente importante para o tipo de evento de detecção procurado, que para o LIGO era uma onda gravitacional. Tal onda seria mensurável apenas através de seu efeito quadrupolo (com braços detectores ortogonais, consulte o Livro 3 para detalhes), em que um braço do interferômetro é alongado enquanto o outro é encurtado, proporcionando uma mudança no sinal de interferência (isto para a onda quadrupolo atingindo o detector perfeitamente transversalmente e alinhado nos braços do detector). Em segundo lugar, o ruído do laser (multimodalidade) está diretamente relacionado com mudanças no modo principal que está sendo "travado", o que é um problema de ruído e, portanto, requer algo para "limpar" o ruído do laser. Na época em que eu trabalhava no LIGO, a cavidade ressonante empregada para esta tarefa foi chamada por Ron Drever de " dewiggler ". Assim, existe uma cavidade de laser (alta potência) que alimenta um limpador de modo (o dewiggler) que então alimenta o interferômetro em "L". E, terceiro, há a questão de estabilizar os comprimentos dos braços contra flutuações posicionais na banda de frequência de interesse para detecção. Em essência, os espelhos finais e o espelho divisor de feixe devem ser todos servoados para uma posição fixa em relação um ao outro (todo o sistema flutua em relação à câmara de vácuo circundante enquanto relativamente 'travado'). No final, é necessário processamento de sinal especializado para detecção de um perfil de sinal conhecido (ou grupo de perfis). Em essência, um filtro especializado baseado na correspondência com o sinal procurado é empregado para uma capacidade de detecção ideal.

4.2 Teoria da Medição – Variáveis Aleatórias e Processos

Muitos experimentos são descritos onde há uma frequência prevista ou outra característica mensurável . Gostaríamos de obter uma "medição precisa", mas o que isso significa? Para começar, considere um conjunto de medidas para alguma circunstância, talvez tão simples quanto a medição repetida de algo. Na teoria da medição, o conjunto de tais medições, nos casos mais simples, não variantes no tempo, é visto como uma amostra de um único tipo de distribuição de fundo. Ao fazer medições repetidas (x_N), sabemos intuitivamente que obtemos uma medição melhor ou mais "segura", mas por que isso acontece? Acontece que é simples derivar a propriedade de que a variância da amostra diminui com o número de medições realizadas. Quantas medições devem ser feitas se transformam em quão apertadas você deseja para suas "barras de erro" (a região delineada de um desvio padrão, ou σ(sigma), abaixo da média até um desvio padrão acima). Veremos que $Var(\bar{x}_N) = \sigma^2/N$, onde σ é o desvio padrão de uma única medição da variável aleatória (X), e Var é a variância (desenvolvimento padrão ao quadrado) da medição repetida. Este cálculo é conhecido como cálculo do sigma da média e conseguimos isso $\sigma_\mu = \sigma/\sqrt{N}$, assim podemos melhorar nossa precisão de medição (sigma reduzido na média) de acordo com o número de medições realizadas (N). O resultado principal acima (justificativa para medições repetidas no processo experimental), bem como outros, serão agora descritos com mais detalhes. No entanto, vários termos técnicos já surgiram na discussão acima, portanto, será feita agora primeiro uma breve revisão da terminologia e das definições principais.

Definições
A maioria das definições que seguem nesta seção são detalhadas em [55].

Variável aleatória
Uma variável aleatória X é uma atribuição de um número, x(θ), a cada resultado θ de X.

Processo estocástico
Um Processo Estocástico é uma atribuição de um número dependente do parâmetro de tempo, x(θ,t), para cada resultado θ de X.

Visto como um índice, se o parâmetro de tempo t for contínuo, então temos um processo de tempo contínuo, caso contrário, é um processo de tempo discreto. Vamos trabalhar com processos de tempo discreto por enquanto e fornecer mais definições - estabelecendo as bases para o cenário de medições experimentais repetidas:

A Expectativa, E(X), da variável aleatória X
A expectativa, E(X), da variável aleatória X é definida como:
$$EX) \equiv \sum_{i=1}^{L} x_i \, p(x_i) \, se \, x_i \in \mathfrak{R}.$$

(4-15)

Da mesma forma, a expectativa, E(g(X)), de uma função g(X) da variável aleatória X é:
$$E(g(X)) \equiv \sum_{i=1}^{L} g(x_i) \, p(x_i) \, se \, x_i \in \mathfrak{R}.$$
Agora considere o caso especial onde $g(x_i) = -log(p(x_i))$, que dá origem à entropia de Shannon:
$$H(X) \equiv E[g(X)] = -\sum_{i=1}^{L} p(x_i) \, log(p(x_i)) \, se \, p(x_i) \in \mathfrak{R}^+,$$
Para informações mútuas, da mesma forma, use $g(X,Y) = log(p(x_i, y_i)/p(x_i)p(y_i))$ para obter:
$$Eu(X;Y) \equiv E[g(X,Y)] \equiv \sum_{i=1}^{L} p(x_i, y_i) \, log(p(x_i, y_i)/p(x_i)p(y_i)),$$
e se $p(x_i)$, $p(y_i)$, $p(x_i, y_i)$ são todos $\in \mathfrak{R}^+$, então isso é equivalente à Entropia Relativa entre uma distribuição conjunta e a mesma distribuição se as variáveis aleatórias forem independentes, ou seja, é a Divergência de Kullback-Leibler : $D(p(x_i, y_i) \| p(x_i)p(y_i))$ que é predominante na teoria da informação [24] .

106

A Desigualdade de Jensen

A base foi lançada para uma prova simples da desigualdade de Jensen, que é fornecida a seguir. Esta desigualdade é uma manobra chave empregada em outras definições a seguir (Hoeffding).

Seja $\varphi(\cdot)$ uma função convexa em um subconjunto convexo da reta real: $\varphi: \chi \rightarrow \Re$. Convexidade por definição: $\varphi(\lambda_1 x_1 + ... y_n x_n) \leq \lambda_1 \varphi(x_1) + ...$ $+ \lambda_n \varphi(x_n)$, onde $\lambda_{eu} \geq 0$ e$\Sigma \lambda_{eu} = 1$. Assim, se $\lambda_1 = p(x_1)$, satisfazemos as relações para interpolação de linha, bem como distribuições de probabilidade discretas, portanto podemos reescrever em termos da definição de Expectativa:

$$\varphi(E(X)) \leq E(\varphi(X)).$$

Vamos aplicar isso para obter uma relação envolvendo a Entropia de Shannon escolhendo $\varphi(x) = -\log(x)$, que é uma função convexa, portanto temos que:

$$\log(E(X)) \geq E(\log(X)) = -H(X).$$

Variância

$$Var(X) \equiv E([X - E(X)]^2) = \sum_{i=1}^{L}(x_i - E(X))^2 p(x_i) = E(X^2)$$
$$-(E(X))^2$$

(4-16)

Variância da amostra

$$Var_N(X) = \frac{1}{N-1}\Sigma(x_i - E(x))^2$$

(4-17)

A desigualdade de Chebyshev

$$Para\ k>0,\ P(|X - E(X)|>k) \leq Var(X)/k^2$$

(4-18)

Prova: $Var(X) = \sum_{i=1}^{L}(x_i - E(X))^2 p(x_i)$
$$= \sum_{\{x_i|\ |x_i-E(X)|>k\}}(x_i - E(X))^2 p(x_i)$$
$$+ \sum_{\{x_i|\ |x_i-E(X)|\leq k\}}(x_i - E(X))^2 p(x_i)$$
$$\geq k^2 P(|X - E(X)|>k)$$

Medição repetida e o sigma da média

Sejam $X_{k\ cópias}$ independentes e distribuídas de forma idêntica (iid) de X, e seja X o "alfabeto" do número real. Seja $\mu = E(X)$, $\sigma^2 = Var(X)$ e denote

$$\bar{x}_N = \frac{1}{N}\sum_{k=1}^{N} X_k$$

$$E(\bar{x}_N) = \mu$$

$$Var(\bar{x}_N) = \frac{1}{N^2} \sum_{k=1}^{N} Var(X_k) = \frac{1}{N} \sigma^2$$

Assim, para medições repetidas, o sigma da média é $\sigma_\mu = \sigma/\sqrt{N}$, como dito anteriormente. Note que se continuarmos a análise deste cenário obtemos a relação de Chebyshev:

$$P(|\bar{x}_N - \mu| > k) \leq Var(\bar{x}_N)/k^2 = \frac{1}{Nk^2} \sigma^2.$$

(4-19)

da qual a Lei dos Grandes Números pode ser derivada.

A Lei dos Grandes Números, Forma Fraca (Weak-LLN)

O LLN será agora derivado na clássica forma "fraca". (A forma "forte" é derivada no contexto matemático moderno de Martingales em uma seção posterior.) Como N $\to \infty$ obtemos o que é conhecido como Lei dos Grandes Números (fraco), onde $P(|\bar{x}_N - \mu| > k) \to 0$, para qualquer k>0.

Assim, a média aritmética de uma sequência de iid rvs converge para sua expectativa comum. A forma fraca terá convergência "em probabilidade", enquanto a forma forte terá convergência "com probabilidade um".

4.3 Colisões e Dispersão

Passemos agora à consideração da colisão e da dispersão. Esta é uma aplicação da análise Lagrangiana que geralmente é direta, especialmente quando se considera o espalhamento clássico para o qual sempre há uma resposta [56]. Faremos isso na formulação baseada em Lagrangiana, com a energia como uma quantidade conservada, e consideraremos as trajetórias ilimitadas (entrada e saída). Uma descrição muito breve, mas formal, do espalhamento clássico nos moldes de Reed & Simon [56] será fornecida posteriormente, que pode então fazer a transição direta para uma descrição de espalhamento quântico (como mostrado em [56]). Antes de embarcar na descrição formal, vamos primeiro resumir o básico reexaminando o espalhamento de Rutherford (1911) [57] e o espalhamento de Compton (1923) [73], o primeiro nos movendo do modelo pudim de ameixa do átomo ao moderno com núcleo compacto e nuvem eletrônica, e revelando o papel central do alfa; este último fornecendo evidência direta da matemática de 4 vetores (evidência da Relatividade Especial). (Se a dispersão de Compton tivesse sido observada antes de 1905, teria sido outra parte da física, acessível a partir dos dispositivos experimentais clássicos da época, indicando a Relatividade Especial.)

O foco da mecânica clássica até agora tem sido na teoria matemática e não nos parâmetros observados das partículas elementares observadas ou na descrição fenomenológica de "meios ponderáveis" (a ser discutido, para o cenário da mecânica clássica, na Seção 5.1 para Rígida). Corpos e Seção 5.2 para Corpos Materiais). E isso foi feito para separar claramente os parâmetros fundamentais das partículas e os parâmetros fenomenológicos da estrutura matemática, inclusive dos parâmetros matemáticos fundamentais. Na Seção 4.3 sobre Dispersão e no Capítulo 5 sobre Movimento Coletivo (uma exploração inicial das propriedades dos materiais), entretanto, os parâmetros físicos são inevitáveis e também pertencem a experimentos importantes que demonstram a força de certos modelos experimentais, então eles começarão a aparecer na apresentação . Começamos com o espalhamento de Rutherford [57], que é simplesmente um espalhamento de Coulomb em baixa velocidade (não relativístico). Obtemos uma fórmula, e ela se ajusta perfeitamente à experiência se assumirmos o modelo atômico moderno (núcleo positivo e compacto, com nuvem de elétrons negativa). Existe apenas um "parâmetro de ajuste" na fórmula e é o parâmetro adimensional alfa. Assim, temos nossa primeira aparição de alfa na discussão da mecânica clássica (agrupado como $\alpha\hbar$), e está diretamente relacionado às propriedades atômicas (carga), propriedades eletromagnéticas (permissividade do espaço livre), propriedades relativísticas especiais (velocidade da luz) e propriedades quânticas. (Constante de Planck). (Observe que alfa já havia aparecido nos primeiros esforços da Mecânica Quântica , como a constante de estrutura fina, na análise espectrográfica de Sommerfeld [58], como será discutido no Livro 4.) Antes de trabalhar em vários exemplos, o Espalhamento Compton é mostrado também . O experimento de espalhamento de Compton foi realmente realizado e a descrição baseia-se nas notas do laboratório Caltech Ph 7, onde o experimento de Compton foi realizado como parte de um requisito de laboratório padrão para alunos de graduação em Física. O uso da capacidade de detecção de coincidências permite a aquisição de dados excelentes. A validação da fórmula de espalhamento de Compton, por sua vez, serve para demonstrar: (i) que a luz não pode ser explicada puramente como um fenômeno ondulatório (uma discussão quântica adicional adiada até o Livro 4 [42]); e (ii) que a consistência requer o uso da relação relativística de 4 vetores energia-momento (a Relatividade Especial é abordada no Livro 2 [40]).

Na dispersão, muitas vezes procuramos examinar a quantidade de dispersão (ou probabilidade de dispersão) em um determinado ângulo (como no caso de Rutherford). A medida da probabilidade de um determinado processo é assim reduzida à avaliação da "secção transversal" relevante. Mais detalhes sobre essas definições e convenções serão apresentados no decorrer do exame do espalhamento de Rutherford discutido a seguir.

4.3.1. Dispersão de Rutherford

Considere duas partículas pontuais carregadas interagindo sob um potencial central de Coulomb. O potencial central clássico permite desacoplar o movimento do centro de massa e o movimento relativo, escolhemos assim um "quadro" conveniente com a partícula 1 em movimento (incidente na partícula 2) com parâmetros: m_1, $q_1 = Z_1 e$(onde eé a carga fundamental e Z_1é um número inteiro positivo), e uma velocidade diferente de zero $v_1$medida quando muito distante.

A Seção 3.7 descreve o movimento em um campo central de Coulomb (com duas partículas pontuais com cargas opostas), para o qual obtivemos a solução:

$$p = r(1 + e \cos \theta).$$

(4-20)

A solução geral (incluindo movimento ilimitado) está intimamente relacionada e é dada por:

$$u = u_0 \cos(\theta - \theta_0) - C, \qquad u = \frac{1}{r}.$$

(4-21)

Se considerarmos agora as condições de contorno, assintoticamente, para o espalhamento de entrada/saída de interesse, devemos ter soluções que satisfaçam:

$$u \to 0 \; and \; r \sin \theta \to b \; as \; \theta \to \pi,$$

onde $b$está o parâmetro de impacto. Quando resolvido para fornecer uma relação entre be o ângulo de deflexão, obtemos:

$$b = \frac{Z_1 Z_2 e^2}{4\pi\epsilon_0 m v_1^2} \cot\frac{\theta}{2}.$$

(4-22)

Obtivemos agora uma relação $b(\theta)$a partir da qual a secção transversal é facilmente obtida utilizando a fórmula padrão:

$$\frac{d\sigma}{d\Omega} = \frac{b}{\sin \theta} \left|\frac{db}{d\theta}\right|.$$

Antes de prosseguirmos, porém, vamos derivar novamente esta fórmula e, ao fazê-lo, saber exatamente o que significa "seção transversal de dispersão". A definição formal é:

$$\frac{d\sigma}{d\Omega} d\Omega = \frac{number\ scattered\ into\ d\Omega\ per\ unit\ time}{incident\ intensity}.$$

(o número espalhado em ângulo sólido por unidade de tempo por intensidade de incidente)

Considere um feixe de partículas entrando (axial), com intensidade uniforme, com parâmetro de impacto entre b e $b + db$, o número de partículas incidentes com parâmetro de impacto desejado é então:

$$2\pi I b |db| = I \frac{d\sigma}{d\Omega} d\Omega,$$

onde se utiliza a definição do número de partículas espalhadas no ângulo sólido $d\Omega$. Como o potencial de espalhamento é radialmente simétrico, temos $d\Omega = 2\pi \sin\theta\, d\theta$, assim:

$$\frac{d\sigma}{d\Omega} = \frac{b}{\sin\theta} \left|\frac{db}{d\theta}\right|.$$

Aplicando a fórmula:

$$\frac{d\sigma}{d\Omega} = \left(\frac{Z_1 Z_2 e^2}{8\pi\epsilon_0 m v_1^2 \sin^2\frac{\theta}{2}}\right)^2 = \left(\frac{Z_1 Z_2 (\alpha\hbar c)}{2m v_1^2 \sin^2\frac{\theta}{2}}\right)^2, \quad \alpha = \frac{e^2}{4\pi\epsilon_0 \hbar c}.$$

4.3.2. Efeito Compton

Vamos considerar a seguir o espalhamento de raios X. Não apenas os raios X são espalhados em vários ângulos de maneira semelhante a uma partícula, mas a própria 'partícula' parece mudar, pois o comprimento de onda dos raios X muda de acordo com a quantidade (ângulo) de dispersão. Compton considerará os fótons em um formalismo de onda de partícula usando a fórmula do efeito fotovoltaico de Einstein. Compton também considerará os fótons em um cenário relativístico, de modo que a energia-momento da relatividade especial seja a representação da energia total. O experimento de espalhamento consistirá em um feixe de raios X de entrada (colimado) atingindo um elétron fixo com espalhamento de raios X e recuo do elétron. Assim temos da conservação da energia (relativística):

$$hf + mc^2 = hf' + \sqrt{(pc)^2 + (mc^2)^2},$$

111

onde f é a frequência dos raios X recebidos (usando a relação de Einstein com a constante de Planck h), m é a massa (repouso) do elétron, c é a velocidade da luz, mc^2 é, portanto, a energia restante do elétron de acordo com a relatividade especial de Einstein. No RHS, temos a nova frequência de raios X f', o momento de recuo do elétron diferente de zero p, tal que o momento de energia relativístico do elétron de recuo é $\sqrt{(pc)^2 + (mc^2)^2}$. Para conservação do momento 4, temos:

$$p = p_\gamma - p_{\gamma'}$$

(4-28)

que pode ser reescrito como:

$$(pc)^2 = \left(p_\gamma c\right)^2 + \left(p_{\gamma'} c\right)^2 - 2(p_\gamma c)(p_{\gamma'} c)\cos\theta,$$

(4-29)

e quando combinada com a relação de conservação de energia obtemos a famosa equação de Compton:

$$\frac{c}{f'} - \frac{c}{f} = \frac{h}{mc}(1 - \cos\theta).$$

(4-30)

A distribuição angular nos fótons espalhados é descrita pela fórmula de Klein-Nishina:

$$\frac{d\sigma}{d\Omega} = \frac{\left(\frac{1}{2r_0}\right)[1 + \cos^2\theta]}{\left[1 + 2\varepsilon\sin^2\left(\frac{\theta}{2}\right)\right]}\left\{1 + \frac{4\varepsilon^2\sin^4\left(\frac{\theta}{2}\right)}{[1 + \cos^2\theta]\left[1 + 2\varepsilon\sin^2\left(\frac{\theta}{2}\right)\right]}\right\}$$

(4-31)

Exercício. Derive a fórmula de Klein-Nishina.

4.3.3. Discussão Teórica e Exemplos

Até agora, as descrições de espalhamento envolveram potenciais com forças atrativas, como a gravidade ou Coulomb com cargas opostas. Eles também poderiam envolver forças repulsivas com praticamente o mesmo resultado, desde que inerentemente coulombianas (portanto, esfericamente simétricas, entre outras coisas), com a análise como antes. Uma variedade de potenciais mais complexos poderia ser considerada, mas a qualidade essencial é que existem estados assintóticos e, talvez, estados ligados. Podemos determinar em grande parte o potencial dos estados assintóticos de entrada que se tornam "espalhados" em estados assintóticos de saída (pelo potencial de interação diferente de zero) ou, por sua vez, verificar a nossa previsão teórica sobre qual seria esse potencial. É aqui que a "borracha encontra a estrada" com a física teórica conectada à física experimental.

Observe que, ao falar de estados assintóticos não ligados, ou estados livres, e estados ligados, estamos falando de dois resultados dinâmicos existentes dentro do mesmo sistema dinâmico. Já vimos isso antes, no contexto da análise bitemporal e para análise perturbativa em geral (a análise perturbativa assume a dinâmica de um sistema de referência, depois considera um segundo sistema, o sistema perturbado). Podemos "ver" os estados assintóticos que estão "livres" da interação de interesse, assintoticamente, capturando-os em nosso aparelho de detecção. O mesmo não pode ser dito dos estados vinculados, que identificamos indiretamente.

Vamos recapitular as questões-chave, de acordo com Reed e Simon [56], que a teoria da dispersão procura responder (ver [56] para mais detalhes). Para começar, vamos adotar a notação deles para estados livres e vinculados:

ρ_+é assintoticamente livre no futuro ($t \to \infty$), ρ_-é assintoticamente livre no passado ($t \to -\infty$) e ρé um estado ligado. A partir da formulação hamiltoniana sabemos que podemos falar de um "operador de transformação de tempo" agindo sobre os estados acima mencionados em relação a uma escolha de hamiltoniano, aqui com/sem interação: $\{ T_t, T_t^{(0)} \}$. Assim, é possível considerar os limites assintóticos:

$$\lim_{t \to -\infty} \left(T_t \rho - T_t^{(0)} \rho_- \right) = 0 \qquad \lim_{t \to \infty} \left(T_t \rho - T_t^{(0)} \rho_+ \right) = 0 \,.$$

(4-32)

Esses limites só são bem definidos se ocorrerem soluções para pares $\{ \rho_-, \rho \}$ onde para cada um ρhá apenas um correspondente ρ_-, da mesma forma para $\{ \rho_+, \rho \}$. As principais questões:

(1) Quais são os estados livres? Todos eles podem ser preparados experimentalmente (completude na preparação)?
(2) Existe exclusividade na correspondência $\{ \rho_-, \rho \}$ e $\{ \rho_+, \rho \}$?
(3) Existe completude (fraca) na dispersão? por exemplo, mapeie tudo ρ_-em $\rho \in \Sigma$, chame esse subconjunto Σde $,$; Σ_{in}repita para ρ_+obter Σ_{out}, não é $\Sigma_{in} = \Sigma_{out}$? Isso é conhecido como completude assintótica fraca [56].
(4) Diante do exposto, podemos definir uma bijeção sobre Σsi mesmo, de modo que os seguintes fiquem bem definidos: $\rho_- = \Omega^- \rho$e $\rho_+ = \Omega^+ \rho$,

113

onde Ω^- e Ω^+ são os mapeamentos bijetivos. Podemos, assim, descrever o espalhamento em termos de uma bijeção:

$$S = (\Omega^-)^{-1}\Omega^+.$$

Na mecânica clássica isto sempre existirá como uma bijeção no espaço de fase. Na mecânica quântica, S será uma transformação linear unitária conhecida como matriz S.

(5) Existem simetrias? Às vezes S pode ser determinado devido a simetrias, isso será explorado mais detalhadamente no contexto da Mecânica Quântica em [42].

(6) Qual é a continuação analítica? Um refinamento comum para uma teoria Real, para abranger fenômenos ondulatórios (como na transição para uma teoria quântica), é mudar para uma teoria complexa vendo a teoria Real como o valor limite de uma função analítica. A analiticidade da transformação S, de acordo com a escolha, também confere causalidade (como acontece com a escolha de Feynman de definições de integrais de contorno para propagadores em [43]).

(7) É assintoticamente completo $\Sigma_{bound} + \Sigma_{in} = \Sigma_{bound} + \Sigma_{out}$:? Para a mecânica clássica, as operações "+" são teóricas de conjuntos, então isso se reduz à questão de saber se $\Sigma_{in} = \Sigma_{out}$ (completude assintótica fraca) além de um possível conjunto de medida zero (ou seja, há questões de conjunto de medida zero - o conjunto de estados ligados pode ser de medida zero em relação ao superconjunto). Na teoria quântica o "+" é uma soma direta dos espaços de Hilbert, o que é mais complicado e não será discutido aqui.

Exemplo 4.1. Decadência Clássica.

Considere um decaimento clássico, A$\rightarrow$ 3B, no qual a primeira partícula decai para três partículas idênticas de massa m . Suponha que cada partícula final tenha a mesma energia no referencial do centro de massa , que a partícula original se mova com velocidade V ao longo do eixo z do laboratório e que a energia de decaimento seja ϵ. Se uma das partículas emerge ao longo do eixo z positivo, em que ângulo em relação ao eixo z emergem as outras duas partículas?

Solução

Temos a mesma energia no referencial do centro de massa , ou seja, o mesmo momento. Assim, no referencial do centro de massa

$$\frac{1}{2}(3m)V^2 = 3\frac{1}{2}(m)V'^2 + \epsilon \ \rightarrow \ (mV') = \sqrt{m^2V^2 - \frac{2}{3}m\epsilon}$$

e

$$\tan \phi = \frac{\left|(m\vec{V}')\right| \sin(60°)}{\left|(3m\vec{V})\right| - \left|(m\vec{V}')\right| \cos(60°)} \quad \sin 60° = \frac{\sqrt{3}}{2} \quad \cos 60° = \frac{1}{2}$$

Por isso,

$$\phi = \tan^{-1}\left\{ \frac{\sqrt{m^2V^2 - \frac{2}{3}m\epsilon}\frac{\sqrt{3}}{2}}{3mV - \sqrt{m^2V^2 - \frac{2}{3}m\epsilon}\frac{1}{2}} \right\}$$

$$= \tan^{-1}\left\{ \frac{\sqrt{3m^2V^2 - 2m\epsilon}}{6mV - \sqrt{m^2V^2 - \frac{2}{3}m\epsilon}} \right\}$$

Exercício 4.1. Decadência Clássica.

Exemplo 4.2. (F&W 1.14)

Considere o espalhamento de Rutherford de uma superfície nuclear quando a seção transversal para atingir a superfície nuclear é $\sigma_r = \pi b^2$ para o parâmetro de impacto no mínimo r $r_{min} = b$:. Lembre-se de que a energia do sistema assintoticamente, com velocidade de entrada V_∞, é simplesmente

$$E = \frac{1}{2}mV_\infty^2 \quad \rightarrow \quad V_\infty = \sqrt{\frac{2E}{m}}.$$

Também temos para momento angular (conservado):

$$M_\theta = mV_\infty b = \sqrt{m2E}\,b.$$

Assim, o potencial efetivo com M_θ potencial indicado e de Coulomb $V_c = \frac{zZe^2}{R}$ é:

$$U_{eff} = \frac{M_\theta^2}{2mR^2} + V_c = E \quad \rightarrow \quad \frac{m2Eb^2}{2mR^2} + V_c = E \quad \rightarrow \quad b^2 = R^2\frac{(E - V_c)}{E}$$

Por isso,

$$\sigma_r = \pi b^2 = \pi R^2(1 - V_c/E).$$

Exercícios Relacionados : ver Fetter&Walecka [29].

Exemplo 4.3. (F&W 1.17)

Considere a dispersão do potencial

$$V(r) = \begin{cases} 0 & r > a \\ -V_0 & r < a \end{cases}$$

(1) Mostre que a órbita é idêntica a um raio de luz refratado por uma esfera de raio a e $= \sqrt{(E + V_0)/E}$.

(2) Encontre a seção transversal elástica diferencial.

Solução

(1) Lembrar $F2\pi b\, db = F d\sigma_d(\theta)$ and $d\Omega = 2\pi \sin\theta\, d\theta \Longrightarrow \frac{d\sigma}{d\Omega} = \frac{b}{\sin\theta}\left|\left(\frac{db}{d\theta}\right)\right|$

Tem: $mV_1 \sin\theta_1 = mV_2 \sin\theta_2$ e $E = \frac{P_1^2}{2m} + U_1 = \frac{P_2^2}{2m} + U_2$. Por isso:

$$\sin\theta_1 = \sin\theta_2 \sqrt{1 + \frac{2}{mV_1^2}V_0} \quad \rightarrow \quad \sin\theta_1 = \sqrt{(E + V_0)/E}\,\sin\theta_2$$

Assim, a órbita é idêntica a um raio de luz refratado por uma esfera de raio a en $= \sqrt{(E + V_0)/E}$

$$\sin\theta_2 = \frac{\sin\theta_1}{\sqrt{(E + V_0)/E}}$$

O ângulo de deflexão correspondente a θ_1 e θ_2 é $\theta = (\theta_1 - \theta_2)$. Assim, $\theta_1 = \frac{\theta}{2} + \theta_2$ e desde $b = a\sin\theta_1$ Nós temos:

$$\sin\theta_1 = \sin\left\{\frac{\theta}{2} + \theta_2\right\} = \sin\left(\frac{\theta}{2}\right)\sin\theta_2 + \cos\left(\frac{\theta}{2}\right)\cos\theta_2 = \frac{\sin\left(\frac{\theta}{2}\right)\sin\theta_1}{n} + \cos\left(\frac{\theta}{2}\right)\sqrt{1 - \sin^2\theta_1^2}$$

$$\sin^2\theta_1 = \frac{\sin^2\left(\frac{\theta}{2}\right)}{\left(\frac{1}{n} - \cos\left(\frac{\theta}{2}\right)\right)^2 + \sin^2\left(\frac{\theta}{2}\right)}$$

$$b^2 = a^2\sin^2\theta_1 = \frac{a^2 n^2 \sin^2\left(\frac{\theta}{2}\right)}{+n^2\sin^2\left(\frac{\theta}{2}\right) + \left(1 - 2n\cos\left(\frac{\theta}{2}\right) + n^2\cos^2\left(\frac{\theta}{2}\right)\right)} = \frac{a^2 n^2 \sin^2\left(\frac{\theta}{2}\right)}{1 + n^2 - 2n\cos\left(\frac{\theta}{2}\right)}$$

$$2b\,db = a^2 n^2 \left\{ \frac{2\sin\left(\frac{\theta}{2}\right)\cdot\frac{1}{2}\cos\left(\frac{\theta}{2}\right)}{1 + n^2 - 2n\cos\left(\frac{\theta}{2}\right)} \right.$$

$$\left. + \frac{(-1)a^2 n^2 \sin^2\left(\frac{\theta}{2}\right)\left[-2n\left(-\frac{1}{2}\sin\frac{\theta}{2}\right)\right]}{(\because)^2} \right\}$$

$$= \frac{a^2 n^2}{\left(1+n^2-2n\cos\left(\frac{\theta}{2}\right)\right)^2}\left\{\sin\left(\frac{\theta}{2}\right)\cos\left(\frac{\theta}{2}\right)\left(1+n^2-2n\cos\frac{\theta}{2}\right) - n\sin^3\left(\frac{\theta}{2}\right)\right\}$$

Por isso,

$$\frac{d\sigma}{d\Omega} = \frac{b}{\sin\theta}\left|\frac{db}{d\theta}\right|$$

$$= \frac{a^2 n^2}{4\cos\left(\frac{\theta}{2}\right)} \frac{1}{\left(1+n^2-2n\cos\left(\frac{\theta}{2}\right)^2\right)}\left\{\cos\left(\frac{\theta}{2}\right)(1+n^2)\right.$$

$$\left. -2n + n\left(1-\cos^2\left(\frac{\theta}{2}\right)\right)\right\}$$

$$\frac{d\sigma}{d\Omega} = \frac{a^2 n^2}{4\cos\left(\frac{\theta}{2}\right)} \frac{1}{\left(1+n^2-2n\cos\left(\frac{\theta}{2}\right)\right)^2}\left\{\left(n\cos\left(\frac{\theta}{2}\right)-1\right)\left(n\right.\right.$$

$$\left.\left. -\cos\left(\frac{\theta}{2}\right)\right)\right\}$$

Exercícios Relacionados: ver Fetter&Walecka [29].

Exemplo 4.4. (F&W 1.18)
Considere uma partícula pequena com parâmetro de grande impacto b do potencial central V(r) com apenas uma ligeira deflexão ocorrendo durante o espalhamento.
(a) Use uma aproximação de impulso para derivar o pequeno ângulo de deflexão.
(b) Examine o caso $V(r) = \gamma r^{-n}$, onde ambos γ e n são positivos.
(c) Examine o caso $V(r) = \gamma e^{-\lambda r}$.
(d) Na Mecânica Quântica, a parte do pequeno ângulo da seção transversal é diferente da clássica, discuta.

117

Solução

(a) Na aproximação do impulso temos $\theta_1 \approx \dfrac{P'_{1y}}{m_1 v_\infty}$ e $P'_{1y} = \int_{-\infty}^{\infty} F_y \, dt = \int_{-\infty}^{\infty} -\dfrac{dU}{dr} \dfrac{y}{r} \, dt$

Suponha uma pequena deflexão $y = b$, $dt = \dfrac{dx}{v_\infty}$:

$$\theta = \frac{b}{m_1 v_\infty^2} \int_{-\infty}^{\infty} -\frac{dU}{dr} \frac{dx}{r} = \frac{2b}{m_1 v_\infty^2} \left| \int_{b}^{\infty} \frac{dU}{dr} \frac{dr}{\sqrt{r^2 - b^2}} \right|$$

(b) $V(r) = \gamma r^{-n} \quad r > 0, n > 0$

$$\theta = \frac{2b}{m_1 v_\infty^2} \left| \int_{b}^{\infty} \gamma(-n) r^{-n-1} \frac{dr}{\sqrt{r^2 - b^2}} \right| = \frac{2b}{m_1 v_\infty^2} n\gamma \left| \int_{b}^{\infty} \frac{r^{-(n-1)} dr}{\sqrt{r^2 - b^2}} \right|$$

$$\theta = \frac{2b}{m v_\infty^2} \int_{b}^{\infty} \frac{dr}{\sqrt{r^2 - b^2}} \gamma n r^{-n-1} = \frac{2b}{m v_\infty^2} \int_{1}^{\infty} \frac{\gamma n b \, dx \, b^{-(n+1)} x^{-(n+1)}}{b\sqrt{x^2 - 1}}$$

$$= \frac{2b}{m v_\infty^2 b^n} \int_{1}^{\infty} \frac{x^{-(n+1)}}{\sqrt{x^2 - 1}} dx$$

Por isso, $\theta = \dfrac{C}{b^n} \quad C = \dfrac{2}{m v_\infty^2} \int_{1}^{\infty} \dfrac{x^{-(n+1)}}{\sqrt{x^2-1}} dx$.

Então,

$$\frac{d\theta}{db} = \frac{-nC}{b^{n+1}} \quad \text{and} \quad \frac{d\sigma}{d\Omega} = \frac{1}{nC} \frac{b^{n+2}}{\sin \theta} \cong \frac{1}{nC} \frac{b^{n+2}}{\theta}$$

Por isso,

$$b^{n+2} = \left(\frac{C}{\theta}\right)^{\left(\frac{n+2}{n}\right)} \quad \text{and} \quad \frac{d\sigma}{d\Omega} = C'\theta^{-\left(2+\frac{2}{n}\right)}.$$

Para $n = 1$, $\dfrac{d\sigma}{d\Omega} \simeq C'\theta^{-4} \leftarrow$ Rutherford: $\left(\dfrac{d\sigma}{d\Omega}\right)_{el} = \left(\dfrac{zZe^3}{4E\sin^2\frac{1}{2}\theta}\right)^2$

$$n = 2, \quad \frac{d\sigma}{d\Omega} \simeq C'\theta^{-3} \leftarrow \left(\frac{d\sigma}{d\Omega}\right)_{el} = \frac{\gamma\pi^2}{E\sin\theta}\frac{\pi-\theta}{\theta^2(2\pi-\theta)^2}$$

Para σ_τ ficar bem definido: $\int \frac{d\sigma}{d\Omega}d\Omega < \infty$. Aqui temos:

$$\int_0^\theta C'\theta^{-\left(2+\frac{2}{n}\right)}d\Omega \sim \int_0^\theta C'\theta^{-\left(2+\frac{2}{n}\right)}\theta d\theta \sim \left.\theta^{-\frac{2}{n}}\right|_0^\theta = \infty \text{ for } n > 0$$

Portanto, a seção transversal só é bem definida se n<0.

(c) Ter:$V(r) = \gamma e^{-\lambda r} \qquad r = bx$

$$\theta = \frac{2b}{m_1 v_\infty^2}\left|\int_b^\infty -\frac{\gamma\lambda e^{-\lambda r}dr}{\sqrt{r^2-b^2}}\right| = b^2\left(\frac{\lambda 2\lambda}{m_1 v_\infty^2}\right)\int_1^\infty \frac{xe^{-\lambda bx}dx}{\sqrt{x^2-1}}$$

Considere $b\lambda \gg 1$apenas $x \approx 1$contribuições

$$\theta = \gamma b\lambda\left(\frac{2}{m_1 v_\infty^2}\right)\int_1^\infty \frac{e^{-\lambda b}}{\sqrt{2}}\frac{e^{-\lambda b\epsilon}}{\sqrt{\epsilon}}d\epsilon = \gamma b e^{-\lambda b}K \qquad K$$

$$= \left(\frac{\sqrt{2}\lambda}{m_1 v_\infty^2}\right)\int_1^\infty \frac{e^{-\lambda b\epsilon}}{\sqrt{\epsilon}}d\epsilon$$

Por isso,

$$\theta = \gamma\sqrt{\frac{\pi b}{\lambda}}e^{-\lambda b}\left(\frac{\lambda}{m_1 v_\infty^2}\right).$$

Desde

$$\log\theta \approx -\lambda b \quad \rightarrow \quad b \sim \lambda^{-1}\log\left(\frac{1}{\theta}\right) \quad \rightarrow \quad \frac{d\sigma}{d\Omega} \sim \frac{b}{\theta}\frac{db}{d\theta}$$

Assim, $\sigma_\tau$não está bem definido porque$\int_0^x \frac{dx}{x\log x} = \log(\log x)_{x\to\infty}^{\square} \to \infty$

(d) Classicamente: sem espalhamento de ângulo zero para b finito; enquanto a Mecânica Quântica tem densidade de probabilidade finita para espalhamento de ângulo zero.

Exercícios Relacionados: ver Fetter&Walecka [29].

Capítulo 5. Movimento Coletivo

Será feita agora uma breve menção ao movimento coletivo para casos idealizados, como corpos rígidos e corpos materiais simples, com a discussão fenomenológica envolvendo corpos materiais parcialmente deixada para o Capítulo 8 Fenomenologia e Análise Dimensional. Esta breve revisão começa com o movimento do corpo rígido.

5.1 Movimento Corporal Rígido

Para um corpo rígido, todas as cargas internas são zero. Se a geometria de um corpo rígido for estática, então as forças aplicadas devem ser equilibradas e transmitidas através do corpo rígido, de modo que as forças e torções resultantes sejam zero. Em qualquer posição do corpo podemos avaliar as forças resultantes e os momentos de força de acordo com seis equações escalares de equilíbrio:

$$\sum F_x = 0, \sum F_y = 0, \sum F_z = 0, \sum M_x = 0, \sum M_y = 0, \sum M_z = 0.$$

(5-1)

Ao falar de um material homogêneo compreendendo o corpo rígido, é possível falar da tensão normal média para uma superfície de seção transversal ($\sigma = N/A$, onde N é a carga axial interna e A é a área da seção transversal) e a tensão de cisalhamento média para uma superfície da seção transversal ($\tau_{avg} = S/A$, onde S é a força cortante atuante na seção transversal A). Vamos considerar alguns problemas clássicos de Hibbeler [59,60] para resolver alguns desses problemas de Estática e ver sua aplicação.

Exemplo 5.1. (Hibbeler 1-12)

Uma viga é mantida horizontalmente com sua extremidade esquerda em um pino montado na parede (ponto A). Prosseguindo da esquerda para a direita ao longo da viga, temos pontos rotulados da seguinte forma: 1 pé à direita de A está o ponto D, outros 2 pés e o ponto B, mais 1 pé e o ponto E, outros 2 pés e o ponto G, e mais 1 pé para alcance a extremidade onde uma carga é indicada devido a uma conexão de cabo a 30 graus para fora (para a direita) da vertical. No ponto B há uma viga de suporte, direcionada para cima em direção à parede, formando um triângulo 3-4-5 com a parede (montagem do pino superior rotulado como C), onde o 3 corresponde aos 3 pés de A a B. A carga no cabo é 150 lb. Há também uma carga distribuída uniformemente entre o ponto B e a extremidade da viga de $75\ lb/ft$. Ao longo da viga de suporte diagonal, abaixo de 1 pé do pino de suporte no ponto C, há um ponto de viga interno denominado F.

"Determine as cargas internas resultantes nas seções transversais dos pontos F e G na montagem."
Considere o diagrama livre para a viga horizontal, isso nos permitirá resolver a força axial da viga F_{CB} a partir da qual o carregamento interno em F pode ser obtido trivialmente. Um corte (seccionamento) em um corpo livre na seção transversal de G é levado para o lado direito para outra análise simples de corpo livre para obter o carregamento interno em G. Primeiro, para F_{CB}:

$$\sum M_A = 0 \;\rightarrow\; 3(0.8)F_{BC} - 5(300) - 7(150)(0.5)\sqrt{3} = 0 \;\rightarrow\; F_{BC}$$
$$= 1{,}003.9 \; lb.$$

A partir disso temos a carga interna em F:
$$N_F = F_{BC} = 1{,}003.9 \; lb, \quad S_F = 0, \quad and \quad M_F = 0.$$
Vamos agora considerar o carregamento interno em G por meio da seção de corpo livre (veja [59,60] para detalhes) que consiste no corpo do lado direito do corte:

$$\sum M_G = 0 \;\rightarrow\; M_G - (0.5)(75) - (1)(150)(0.5)\sqrt{3} = 0 \;\rightarrow\; M_G$$
$$= 167.4 ft \; lb.$$
$$\sum F_x = 0 \;\rightarrow\; N_G + 150(0.5) = 0 \;\rightarrow\; N_G = -75 lb.$$
$$\sum F_y = 0 \;\rightarrow\; V_G - 75 - 150(0.5)\sqrt{3} = 0 \;\rightarrow\; N_G = 205 lb$$

Exercício 5.1. Refazer com 150 libras →250 libras.

Exemplo 5.2. Hibbeler (1-66)
Uma "estrutura" é formada por uma parede vertical e duas vigas que se unem para formar um triângulo 3-4-5 (hipotenusa para cima, portanto viga sob tensão, não compressão). Os suportes de parede são pinos articulados, assim como a ligação entre as vigas. A distância entre os suportes de parede (comprimento vertical) é de 2m e a viga horizontal tem comprimento de 1,5m. O suporte de parede inferior é rotulado como ponto A, o superior como B, e o ponto de conexão das vigas é o ponto C. Assim, a hipotenusa tem comprimento BC. No ponto C uma carga P é indicada verticalmente para baixo. O corte vertical da viga BC é indicado como um corte transversal identificado como "aa".

122

"Determine a maior carga **P** que pode ser aplicada à estrutura sem fazer com que a tensão normal média ou a tensão de cisalhamento média na seção aa exceda $\sigma = 150MPa$ e $\tau = 60MPa$, respectivamente. O membro CB tem uma seção transversal quadrada de 25 mm de cada lado.

Vamos começar considerando a viga horizontal como um corpo livre para obter F_{BC} em termos de **P** :

$$\sum M_A = 0 \rightarrow \quad 0.8F_{BC} = P.$$

(5-2)

A secção transversal em consideração não é ortogonal ao eixo da viga, pelo que é necessário corrigir a força normal e a força de corte (diferente de zero) em conformidade:

$$N_{aa} = 0.6F_{BC} = 0.75P \quad and \quad S_{aa} = 0.8F_{BC} = P.$$

A área da seção transversal é: $A_{aa} = A/\cos\theta = (5/3)A$. Assim, a tensão normal para a seção transversal aa indicada é máxima quando no limite de tensão indicado:

$$\sigma = \frac{N_{aa}}{A_{aa}} = 150MPa \rightarrow P_{max} = 208kN.$$

(5-3)

A carga máxima P que pode estar de acordo com a tensão normal é limitada a $P_{max} = 208kN$.

A tensão de cisalhamento indicada em aa pode ser no máximo 60MPa a partir da qual calculamos:

$$\tau = \frac{S_{aa}}{A_{aa}} = 60MPa \rightarrow \quad P_{max} = 22.5kN.$$

(5-4)

A carga máxima P que pode estar de acordo com a tensão de cisalhamento é limitada a $P_{max} = 22.5kN$, e como esse limite é atingido mais cedo, a carga máxima possível em P é 22,5kN (para evitar ruptura por cisalhamento).

Consideremos algumas situações dinâmicas com corpos rígidos (algumas já foram mencionadas, mas com hastes sem massa idealizadas).

Exercício 5.2. *Refazer com* $\sigma = 250MPa$.

Exemplo 5.3. Uma prancha encostada na parede .

Vamos considerar o problema de uma prancha encostada na parede. Se a prancha faz um ângulo θ_0 com o chão, inicialmente, e a prancha está livre para deslizar ao longo do chão (sem atrito), qual é o seu movimento? Quando, se é que alguma vez, a prancha deixa contato com a parede? Quando, se é que alguma vez, a prancha deixa contato com o chão? Isso é semelhante ao problema 3.18 na página 85 de [29], com prancha de comprimento L e massa M.

Para começar, lembre-se que o momento de inércia de uma prancha (uniforme) em torno do seu centro de massa é $I = \frac{1}{12} ML^2$. O termo de energia cinética pode então ser dado em termos do movimento linear do centro de massa e da rotação em torno desse centro:

$$T = \frac{1}{2} M(\dot{x}^2 + \dot{y}^2) + \frac{1}{2} I \dot{\theta}^2,$$

onde as coordenadas (x, y) do centro de massa estão relacionadas θ por $x = \frac{L}{2} \cos \theta$ e $y = \frac{L}{2} \sin \theta$ (enquanto mantêm contato com a parede). A energia potencial é simplesmente: $V = Mgy$. O Lagrangiano é, assim:

$$L = \frac{1}{2} M(\dot{x}^2 + \dot{y}^2) + \frac{1}{2} I \dot{\theta}^2 - Mgy \quad \rightarrow \quad L$$
$$= \frac{1}{2} M \left(\frac{L}{2}\right)^2 \dot{\theta}^2 + \frac{1}{2} I \dot{\theta}^2 - Mg \frac{L}{2} \sin \theta$$

A equação de Euler-Lagrange (EL) para este último (forma restrita) fornece então:

$$\dot{\theta}^2 = \frac{3g}{l} (\sin \theta_0 - \sin \theta).$$

Como estamos interessados nas restrições de contato (e quando elas falham), vamos voltar à forma inicial e adicionar multiplicadores de Lagrange para as restrições:

$$L(\lambda, \tau) = \frac{1}{2} M(\dot{x}^2 + \dot{y}^2) + \frac{1}{2} I \dot{\theta}^2 - Mgy + \tau \left(x - \frac{L}{2} \cos \theta\right)$$
$$+ \lambda \left(y - \frac{L}{2} \sin \theta\right).$$

As equações de movimento para as coordenadas (x, y) do centro de massa e os (λ, τ) multiplicadores de Lagrange para a restrição x são:

$$M\ddot{x} - \tau = 0 \quad \rightarrow \quad \tau = -\frac{ML}{2}\left(\cos\theta\,\dot{\theta}^2 + \sin\theta\,\ddot{\theta}\right)$$

$$= \frac{3gM}{2}\cos\theta\left(\frac{3}{2}\sin\theta - \sin\theta_0\right)$$

onde o τmultiplicador vai para zero quando:

$$\frac{3}{2}\sin\theta_C - \sin\theta_0 = 0 .$$

Assim, a prancha sai da parede quando o ponto de contato está na altura:

$$Y = 2y = 2\left(\frac{L}{2}\right)\sin\theta_C = \frac{2}{3}L\sin\theta_0.$$

No instante em que a escada sai da parede a coordenada x é livre e tem:

$$x = \frac{L}{2}\sqrt{1 - \left(\frac{2}{3}\right)^2\sin^2\theta_0} \quad and \quad \dot{x} = -\frac{\sqrt{gL}}{3}(\sin\theta_0)^{\frac{3}{2}} \quad and \quad \ddot{x} = 0$$

Vamos agora examinar a restrição y antes e depois da prancha sair da parede:

$$M\ddot{y} + Mg - \lambda = 0 \quad \rightarrow \quad \lambda = \frac{ML}{2}\left(-\sin\theta\,\dot{\theta}^2 + \cos\theta\,\ddot{\theta}\right) + Mg$$

Antes da prancha sair da parede temos $\dot{\theta}^2 = \frac{3g}{L}(\sin\theta_0 - \sin\theta)$e $\ddot{\theta} = -\frac{3g}{2L}\cos\theta$, para o qual $\lambda > 0$sempre. Depois que a prancha sai da parede temos $\dot{\theta}^2 = \frac{g}{L}\sin\theta_0$e $\ddot{\theta} = 0$, para o qual $\lambda > 0$sempre. Assim, λnunca chega a zero, e a prancha nunca sai do chão, com o movimento y expresso de forma semelhante ao movimento x acima.

Exercício 5.3. Suponha que haja um trabalhador na escada no ponto médio, de massa M, repita a análise.

Exemplo 5.4. Tubo giratório, em ângulo fixo, com esfera em seu interior.
Considere um tubo que gira com velocidade angular constante em torno de um eixo vertical formando ωcom ele um ângulo fixo . αDentro do

tubo há uma bola de massa m que desliza livremente sem atrito. Usando coordenadas esféricas, no tempo t = 0, seja a posição da bola $r = ae$ $\frac{dr}{dt} = 0$. Para todos os momentos de interesse a bola permanece na parte superior do tubo. (a) Encontre o Lagrangiano; (b) Encontre as equações do movimento; (c) Encontre as constantes do movimento; (d) Encontre t como uma função de r na forma de uma integral.

Solução

(a) O Lagrangiano para o movimento da bola é dado por

$$L = \frac{1}{2}m\left(\frac{ds}{dt}\right)^2 - mgr\cos\alpha$$

onde, para coordenadas esféricas: $ds^2 = dr^2 + r^2(d\theta^2 + \sin^2\theta d\varphi^2)$. Assim,

$$L = \frac{1}{2}m\left(\dot{r}^2 + r^2(\dot{\theta}^2 + \sin^2\theta\dot{\varphi}^2)\right) - mgr\cos\alpha, \quad with \quad \theta = \alpha, \quad \dot{\varphi} = \omega$$

e obtemos:

$$L = \frac{1}{2}m(\dot{r}^2 + r^2\sin^2\alpha\omega^2) - mgr\cos\alpha$$

(b) A equação de movimento para r para frequência de rotação fixa e ângulo de declinação especificado:

$$m\ddot{r} - mr\sin^2\alpha\omega^2 + mg\cos\alpha = 0 \rightarrow \frac{d}{dt}\left\{\frac{1}{2}\dot{r}^2 - \frac{1}{2}r^2\sin^2\alpha\omega^2 + rg\cos\alpha\right\}$$
$$= 0.$$

(c) A constante do movimento é assim

$$\dot{r}^2 - r^2\sin^2\alpha\omega^2 + r2g\cos\alpha = const$$

De r = a e $\frac{dr}{dt} = 0$ inicialização, temos
$$const = 2ag\cos\alpha - (a\omega\sin\alpha)^2.$$

(d) Podemos escrever
$$\left(\frac{dr}{dt}\right)^2 = \dot{r}^2 = 2g\cos\alpha(a - r) + (\omega\sin\alpha)^2(r^2 - a^2)$$
ou, mudando para a forma integral:
$$dt = \frac{dr}{\sqrt{2g\cos\alpha(a - r) + (\omega\sin\alpha)^2(r^2 - a^2)}}$$

Por isso,
$$t = \int \frac{dr}{\sqrt{2g\cos\alpha(a - r) + (\omega\sin\alpha)^2(r^2 - a^2)}}.$$

Exercício 5.4. *Repita a análise para um tubo curvo parabolóide giratório com uma esfera dentro.*

5.2 Corpos Materiais

Até agora vimos como calcular a tensão como uma Força sobre uma área ($\sigma = F/A$). Com corpos não idealizados (como corpos rígidos), ou seja, corpos materiais, haverá uma resposta, uma deformação, a esta tensão. Para quantificar esta deformação vamos definir deformação:

$$\epsilon = \frac{\Delta L}{L}.$$

(5-5)

A relação entre a tensão normal aplicada e a deformação por deformação resultante é dada pela Lei de Hooke:

$$\sigma = Y\epsilon,$$

(5-6)

onde Y é uma constante apropriada ao material em consideração, conhecida como módulo de Young. A partir disso podemos calcular a densidade de energia de deformação $u = \sigma\epsilon/2$:. Existem relações semelhantes para tensão de cisalhamento. Se considerarmos uma carga constante e uma área de seção transversal, podemos agrupar as equações para obter uma relação sobre a mudança no comprimento para determinada força aplicada (normal):

$$\delta = \frac{FL}{AY}.$$

(5-7)

Se houver seções conectadas com seções transversais de área diferentes, etc., seus δ's são aditivos.

Por último, para esta breve visão geral dos corpos materiais, é necessário levar em conta o estresse térmico (a maioria dos efeitos térmicos não são discutidos até [44]). É bem sabido que os corpos materiais se expandem ou contraem sob a mudança de temperatura. Isso é descrito a seguir:

$$\delta_T = \alpha\Delta TL,$$

(5-8)

onde α está o coeficiente linear de expansão térmica.

Exemplo 5.5. Hibbeler (3-8)

Uma viga é mantida horizontalmente, inicialmente, com comprimento $10ft$, e uma carga distribuída em sua totalidade de w. Ele é preso em uma extremidade por um pino articulado (montado na parede) e na outra

127

extremidade por um suporte de cabo de sustentação a 30 graus com a horizontal.

"A viga rígida é sustentada por um pino em C e um cabo de sustentação A-36 AB. Se o fio tiver um diâmetro de 0,2 pol., determine a carga distribuída w se a extremidade B estiver deslocada 0,75 pol. para baixo."

Precisamos primeiro calcular a deformação no cabo de sustentação e a partir disso determinar qual carga está presente. O comprimento original AB é 11.547 pés. O comprimento esticado do cabo de sustentação é 11.578 pés, portanto a deformação é $\epsilon = 0.00269$. O módulo de Young para o cabo de sustentação A-36 é $29x10^3 ksi$, portanto tem:

$$\frac{F}{A} = Y\epsilon \rightarrow F = 2.45kip \rightarrow w = \frac{0.245kip}{ft}.$$

Exercício 5.5. Refaça para o diâmetro do fio de 0,3 pol., e o deslocamento da extremidade B será de 1,0 pol. ao longo do comprimento AB.

Exemplo 5.6. Hibbeler (4-70)
Uma haste é montada horizontalmente entre duas paredes pelo uso de duas molas (idênticas) em cada extremidade, entre a parede e as extremidades da haste.

"A haste é feita de aço A992 [$\alpha = 6.6x10^{-6}/°F$] e tem um diâmetro de 0,25 pol. Se a haste tiver 4 pés de comprimento quando as molas [$k = 1000lb/in$] forem comprimidas 0,5 pol. $T = 40°Fa$ temperatura é $T = 160°F$.

De $\delta_T = \alpha\Delta TL \rightarrow \delta_T = 3.168 \times 10^{-3} ft$. Com as duas molas agindo juntas, temos a força agindo para dentro em ambos os lados de:

$$F = k\left(\frac{\delta_T}{2}\right) = 19 \ lb.$$

Exercício 5.6. Repita para T = 360°Fcompressão de mola de 0,75 pol.

5.3 Hidrostática e Fluxo de Fluidos Estacionários
Dicas de relatividade especial: Fizeau, o efeito Doppler relativista e o cálculo K de Bondi

A Relatividade Especial é revelada quando se vai à teoria de campo para descrever o EM. Sugestões da existência da Relatividade Especial por causa das consistências são vistas nos primeiros experimentos primitivos com luz, mas seu significado não é compreendido na época.

Fizeau 1851 [22] descobriu que a velocidade da luz na água movendo-se com uma velocidade v(em relação ao laboratório) poderia ser expressa como:

$$u = \frac{c}{n} + kv,$$

(5-9)

onde o "coeficiente de arrasto" foi medido como sendo $k = 0.44$. O valor de k previsto pelo vício de velocidade de Lorentz:

$$x = \frac{x' + vt'}{\sqrt{1 - \frac{v^2}{c^2}}} \rightarrow u_x = \frac{dx' + vdt'}{dt' + \frac{v}{c^2}dx'} = \frac{u_x' + v}{1 + \frac{v}{c^2}u_x'}$$

(5-10)

Tratando a luz como uma partícula, o observador do laboratório descobrirá que a sua velocidade é:

$$u_x = \frac{c/n + v}{1 + \frac{v}{c^2}\frac{c}{n}} \cong \frac{c}{n} + \left(1 - \frac{1}{n^2}\right)v.$$

A água tem $n \cong 4/3$, assim:

$$u_x \cong \frac{c}{n} + (0.44)v,$$

concordando assim com o experimento feito em 1851.

129

Capítulo 6. Transformação de Legendre e o Hamiltoniano

Vamos começar com o Lagrangiano e realizar uma transformação de Legendre para obter a formulação hamiltoniana:

$$dL = \sum_i \frac{\partial L}{\partial q_i} dq_i + \frac{\partial L}{\partial \dot{q}_i} d\dot{q}_i$$

Substituindo a relação por momentos generalizados, $p_i = \frac{\partial L}{\partial \dot{q}_i}$ e equações

de Lagrange $F_i = \dot{p}_i = \frac{\partial L}{\partial q_i}$:,

$$dL = \sum_i \dot{p}_i dq_i + p_i d\dot{q}_i.$$

Reagrupando chegamos ao hamiltoniano do sistema (visto anteriormente como a energia se o sistema for conservado):

$$dH = d\left(\sum_i p_i \dot{q}_i - L \right) = -\sum_i \dot{p}_i dq_i + \dot{q}_i dp_i,$$

(6-1)

o que indica que, $\dot{p}_i = -\frac{\partial H}{\partial q_i}$, e $\dot{q}_i = \frac{\partial H}{\partial p_i}$.

Agora considere a derivada de tempo total do hamiltoniano:

$$\frac{dH}{dt} = \frac{\partial H}{\partial t} + \sum_i \frac{\partial H}{\partial q_i} \dot{q}_i + \frac{\partial H}{\partial p_i} \dot{p}_i = \frac{\partial H}{\partial t}$$

(6-2)

e se H não for explicitamente dependente do tempo, obtemos $\frac{dH}{dt} = 0$, portanto $H = E$, para constante E, a energia conservada do sistema.

6.1 Mapeamentos de Conservação de Área

Vamos considerar o movimento infinitesimal de um objeto em termos das coordenadas generalizadas que vão de (q_0, p_0) para (q_1, p_1) no espaço de fase:

$$q_1 = q_0 + \delta t \dot{q}|_{q=q_0} + O(\delta t^2) = q_0 + \delta t \frac{\partial H(q_0, p_0, t)}{\partial p_0} + O(\delta t^2)$$

$$p_1 = p_0 + \delta t \dot{p}|_{p=p_0} + O(\delta t^2) = p_0 - \delta t \frac{\partial H(q_0, p_0, t)}{\partial q_0} + O(\delta t^2)$$

131

Visto como uma transformação de coordenadas, o Jacobiano é:

$$\frac{\partial(q_1, p_1)}{\partial(q_0, p_0)} = \begin{vmatrix} \dfrac{\partial q_1}{\partial q_0} & \dfrac{\partial p_1}{\partial q_0} \\ \dfrac{\partial q_1}{\partial p_0} & \dfrac{\partial p_1}{\partial p_0} \end{vmatrix} = 1 + O(\delta t^2).$$

(6-3)

À medida que o infinitesimal é levado a zero, vemos que qualquer fluxo que satisfaça as equações de Hamilton preserva área (Jacobian = 1). O inverso também é verdadeiro, se o fluxo for uma região fechada sob o mapeamento do espaço de fase ou o fluxo preservar a área, então o fluxo satisfaz as equações de Hamilton.

6.2 Hamiltonianos e mapas de fase

Como o hamiltoniano é conservado, envolve movimento no espaço de fase ao longo de curvas de constante $H = E$. O diagrama de fases para um sistema hamiltoniano, portanto, consiste em contornos de constante H, como um mapa de contornos. Anteriormente,

$$L = \frac{1}{2} m \, \dot{q}^2 - U(q) \longrightarrow E = \frac{1}{2} m \, \dot{q}^2 + U(q)$$

(6-4)

usando,

$$H = \sum_i p_i \dot{q}_i - L, with \, p_i = \frac{\partial L}{\partial \dot{q}_i}$$

(6-5)

Agora tem:

$$H(p, q) = \frac{p^2}{2m} + U(q).$$

(6-6)

Os contornos, ou curvas de nível, do Hamiltoniano, são conjuntos invariantes, assim como os pontos fixos. Pontos fixos no espaço de fase ocorrem quando o gradiente do hamiltoniano é zero: $\nabla H = 0$, $i.e.$ $\partial H / \partial q = 0$, e $\partial H / \partial p = 0$. O sistema está em equilíbrio quando está em um ponto fixo, portanto, a identificação desses pontos, e dos atratores e ciclos limites relacionados, será de interesse na compreensão da dinâmica de um sistema e do comportamento assintótico (todos a serem discutidos).

Os casos 1 a 4 a seguir descrevem exemplos de equações diferenciais ordinárias, com estabilidade conforme indicado. Uma análise completa nesse sentido, localmente, revela os vários tipos de estabilidade e critérios gerais [31] e é discutida na seção seguinte. Se uma separabilidade totalmente global puder ser obtida, isso fica mais claro no formalismo Hamiltoniano-Jacobi (também discutido numa seção posterior).

Vamos começar com uma análise de sistemas autônomos de segunda ordem nos moldes de [28]. Isto abrange muitos sistemas de interesse, bem como a aproximação linearizada (local) para qualquer sistema. Começamos descrevendo o sistema através de um vetor real, $r(t)$com 2N componentes se houver N graus de liberdade, com uma "velocidade de fase" associada $\dot{r}(t) = v(t)$, que é uma equação diferencial vetorial de primeira ordem. A ordem é definida como o número mínimo de equações acopladas de primeira ordem, aqui 2N.

Os movimentos de um sistema de segunda ordem podem ser descritos em termos de linhas de fluxo e pontos fixos (se houver), em seu $\{r(t), v(t)\}$"retrato de fase" ou "diagrama de fase" associado. Isto permite uma análise qualitativa das propriedades de um sistema, onde os casos especiais analisados nos casos I-VI fornecem uma compreensão dos blocos de construção em tal análise qualitativa.

Seguindo [28], vamos primeiro considerar mapas de espaço de fase para casos especiais de ordem mais baixa e q, $U(q)$em seguida, descrever uma classe geral de potenciais obtidos por construção a partir desses casos especiais. Para começar, considere $U(q) = aq$:

Exemplo 6.1. Caso 1 . $U(q) = aq$. O Campo de Força Uniforme. $aq = E - \frac{p^2}{2m}$:

Lembre-se disso $\dot{p}_i = -\frac{\partial H}{\partial q_i}$, e $\dot{q}_i = \frac{\partial H}{\partial p_i}$e suponha $p = 0$que em t_0e q_0:

$$H(p,q) = \frac{p^2}{2m} + aq \rightarrow \dot{p}_\square = -a \quad \dot{q}_\square = \frac{p}{m}$$

Integrando as equações de primeira ordem:

$$p = -a(t - t_0) \quad q = q_0 - \frac{a}{2m}(t - t_0)^2.$$

Exercício 6.1. Mostre o mapa do espaço de fase para o hamiltoniano com potencial $U(q) = aq$(e gráfico de potencial). Mostre que não existem pontos fixos.

133

Exemplo 6.2. Caso 2 . $U(q) = +\frac{1}{2}aq^2$. O Oscilador Linear. $\frac{1}{2}aq^2 +$ $\frac{p^2}{2m} = E$(círculos/elipses no espaço de fase):

$$H(p,q) = \frac{p^2}{2m} + \frac{1}{2}aq^2 \rightarrow \dot{p}_\square = -aq \quad and \quad \dot{q}_\square = \frac{p}{m}$$

A equação de movimento de segunda ordem resultante é:

$$\ddot{q} = -\frac{a}{m}q = -\omega^2 q \rightarrow q = A\cos(\omega t + \delta) \rightarrow p = -m\omega A\sin(\omega t + \delta).$$

Este é o movimento harmônico simples clássico com período $T = 2\pi/\omega$ e $E = \frac{1}{2}mA^2\omega^2$.

Exercício 6.2. Mostre o mapa do espaço de fase para o hamiltoniano com potencial $U(q) = +\frac{1}{2}aq^2$(junto com o gráfico de potencial). Mostre que as curvas de nível são elipses e que existe um ponto fixo elíptico em q=0, p=0.

Exemplo 6.3. Caso 3 . $U(q) = -\frac{1}{2}aq^2$. A Força Repulsiva Linear (Barreira Potencial Quadrática).

$$H(p,q) = \frac{p^2}{2m} - \frac{1}{2}aq^2 \rightarrow \dot{p}_\square = aq \quad \dot{q}_\square = \frac{p}{m}$$

A equação de movimento de segunda ordem resultante é:

$$\ddot{q} = \frac{a}{m}q = \gamma^2 q \rightarrow q = Ae^{\gamma t} + Be^{-\gamma t} \rightarrow p$$
$$= m\gamma Ae^{\gamma t} - m\gamma Be^{-\gamma t}, and \ E = -2m\gamma^2 AB.$$

Até agora vimos um caso sem ponto fixo, um ponto fixo elíptico e um ponto fixo hiperbólico. Estas são algumas das principais categorias de interesse, mas para ser completo, vamos considerar um sistema descrito por uma função vetorial de tempo $r(t) = (q(t), p(t))$que satisfaz uma equação diferencial vetorial de movimento de primeira ordem:

$$\frac{dr(t)}{dt} = \left(\dot{q}(t), \dot{p}(t)\right) = v(q, p, t)$$

Um ponto (q, p)onde $v(q, p, t) = 0$é conhecido como ponto fixo, representa o sistema em equilíbrio. Se for como $t \rightarrow \infty$temos $r(t) \rightarrow r_0$, então r_0é chamado de atrator. Um atrator forte ocorre quando uma trajetória de fase em qualquer lugar em alguma vizinhança do ponto atrator $r_0$resulta na trajetória unindo (assintotando) o atrator.

A separação de variáveis é geralmente possível, a partir da teoria das equações diferenciais ordinárias [32] e da estabilidade [31], e será usada para categorizar os tipos de fluxos (com ou sem pontos estáveis) no restante desta seção (ao longo do linhas de [28]). Uma discussão mais aprofundada sobre separabilidade ocorre em uma seção posterior, onde a equação de Hamilton-Jacobi é discutida [27].

Exercício 6.3. Mostre o mapa do espaço de fases para o hamiltoniano com potencial $U(q) = -\frac{1}{2}aq^2$. Mostre que as curvas de nível são hipérboles ou linhas retas se for caso degenerado (mostre a separatriz). Mostre que existe um ponto fixo em p=0, q=0 (hiperbólico e claramente instável).

Exemplo 6.4. Caso 4 . $U(q) = cubic$. A barreira potencial cúbica, solução de espaço de fase construída a partir dos casos 1-3:

Exercício 6.4. Mostre o mapa do espaço de fase para o hamiltoniano com potencial $U(q) = cubic$(junto com o gráfico do potencial).

Exemplo 6.5. Considere o Hamiltoniano: $H = a|p| + b|q|$, descreva todas as soluções consistentes.

$1^{o\ caso}$,$a > 0, b > 0$

$$\text{Quadrantes:}\quad \begin{aligned} &\text{I:} H_I = ap + bq \\ &\text{II:} H_{II} = ap - bq \\ &\text{III:} H_{III} = ap - bq \\ &\text{4:} H_{IV} = ap + bq \end{aligned}$$

Para obter a dinâmica, use as equações de Hamilton:

Considere o quadrante I:, $\dot{q} = a, \dot{p} = -b$portanto $q = at + a_0, p = -bt + b_0$. Então, $q = at, p = -bt + \frac{H}{a}$isso dá o fluxo.

$2^{o\ caso}$,$a < 0, b < 0$

$$\text{Quadrantes:}\quad \begin{aligned} H_I &= -ap - bq \\ H_{II} &= -ap + bq \\ H_{III} &= ap + bq \\ H_{IV} &= ap - bq \end{aligned}$$

H ≤ 0 é a única solução consistente para $a < 0, b < 0$.

3º ^{caso},$a > 0, b < 0$

$$H_I = ap - bq \qquad \frac{dp}{dq} = b/a, q = 0, p = \frac{H}{a}$$

$$H_{II} = ap + bq \qquad \dot{q} = a, \dot{p} = b$$

$$H_{III} = -ap + bq \qquad q = at, p = bt + \frac{H}{a}$$

$$H_{IV} = ap + bq \qquad \dot{q} = -a, \dot{p} = -b \;\to\; q =$$

$$-at, p = -bt - \frac{H}{a}$$

4º ^{caso},$a < 0, b > 0$

$$H_I = -ap + bq \qquad p = 0, q = \frac{H}{b}$$

$$H_{II} = -ap - bq \qquad \dot{q} = a, \dot{p} = -b$$

$$H_{III} = ap - bq \qquad q = at + a_0, p = bt +$$

$$b_0 \text{onde} a_0 = 0 \qquad b_0 = \frac{H}{b}$$

$$H_{IV} = ap + bq \qquad \text{semelhante}$$

Exercício 6.5. O que acontece em (0, 0)?

Exemplo 6.6. Considere o potencial para movimento 1D com $V = -Ax^4$, $A > 0$.

$$H(x, P_x) = \frac{P_x^2}{2m} + V(x)$$

$$2mE = P_x^2 - 2mAx^4 = \left(P_x - \sqrt{2mA}x^2\right)\left(P_x + \sqrt{2mA}x^2\right)$$

Existe um ponto fixo na origem, $x = P_x = 0$e os contornos de energia consistem nas parábolas $P_x = \pm\sqrt{2mA}x^2$que passam por esse ponto fixo. A separatriz é a trajetória instável que passa por um ponto fixo instável. Ter:

$$\dot{x} = \frac{\partial H}{\partial P_x} = \frac{P_x}{m} = \frac{\sqrt{2mA}x^2}{m} = \sqrt{\frac{2A}{m}}x^2$$

$$t = \frac{1}{x\sqrt{\frac{2A}{m}}} \text{ as } x \to 0 \text{ and } t \to \infty \text{ motion terminates.}$$

Assim, o movimento termina.

Exercício 6.6. O que acontece quando $sqn(P_0 X_0) = 1$? Mostre os gráficos de potencial e fase.

6 .3 Revisão de Equações Diferenciais Ordinárias e classificação de pontos fixos em nível local, linearizado (separável)

Vamos começar mudando a origem no diagrama de fases para um ponto fixo de interesse e escrever explicitamente a função velocidade em termos de uma expansão na função de posição:

$$v(r) = Ar + O(|r|^2),$$

(6-7)

já que $v(0) = 0$ em ponto fixo, onde A é uma matriz real não singular. Seguindo a notação de Percival [28], seja

$$A = \begin{pmatrix} a & b \\ c & d \end{pmatrix}.$$

(6-8)

Para suficientemente pequeno $r(x, y)$ obtemos apenas o termo linear e $\dot{r} = Ar$. Gostaríamos de diagonalizar a matriz A e a partir daí ter uma avaliação padronizada do comportamento do ponto fixo. Para conseguir isso, considere a transformação para novas coordenadas $R(X, Y) = Mr$ → $\dot{R} = BR$, onde $B = MAM^{-1}$. Resultam três casos:

Caso (1) os autovalores de B são reais e distintos, nesse caso $\dot{X} = \lambda_1 X$, $\dot{Y} = \lambda_2 Y$, então

$$\left(\frac{X}{X_0}\right)^{\lambda_2} = \left(\frac{Y}{Y_0}\right)^{\lambda_1}.$$

(6-9)

Se tivermos $\lambda_1 < \lambda_2 < 0$, teremos um nó estável, da mesma forma $\lambda_2 < \lambda_1 < 0$. Se tivermos $\lambda_1 > \lambda_2 > 0$, então teremos um nó instável, da mesma forma para $\lambda_2 > \lambda_1 > 0$. Se tivermos, $\lambda_1 < 0 < \lambda_2$ temos um nó instável (um ponto hiperbólico); e da mesma forma, mas com setas invertidas if $\lambda_2 < 0 < \lambda_1$.

Caso (2) os autovalores de B são reais e iguais. Existem dois subcasos: suponha $b = c = 0$, então deve ter $\lambda_1 = \lambda_2 < 0$ ($b = c = 0$) conhecida como estrela estável. Da mesma forma, o $\lambda_1 = \lambda_2 > 0$ ($b = c = 0$) caso é a estrela instável. Se, por outro lado, $c \neq 0$, então temos

$$B = \begin{pmatrix} \lambda & 0 \\ c & \lambda \end{pmatrix},$$

137

com solução:

$$\frac{Y}{X} = \frac{c}{\lambda} \ln \left(\frac{X}{X_0}\right)$$

As curvas de fase para este caso descrevem um nó impróprio que é estável se $\lambda_1 = \lambda_2 < 0$ ($b \neq 0\ c \neq 0$), ou um nó impróprio instável se $\lambda_1 = \lambda_2 > 0$ ($b \neq 0\ c \neq 0$).

Caso (3), os autovalores de B são complexos e conjugados entre si $\lambda_1 = \alpha + i\omega = \lambda_2$ *. Suponha que os autovalores sejam puramente imaginários ($\alpha = 0$), isso dá origem a um ponto elíptico, com rotação no sentido horário ou anti-horário conforme o sinal de ω. Suponha $\alpha < 0$ que temos então um ponto espiral estável, com rotação de acordo com o sinal de ω. Da mesma forma, se $\alpha > 0$, temos então um ponto espiral instável, com rotação de acordo com o sinal de ω.

Até agora identificamos os diferentes comportamentos dos pontos fixos. Para sistemas de primeira ordem, todo movimento tende para um ponto fixo ou para o infinito, portanto temos uma 'taxonomia' completa com o que foi descrito até agora. Para sistemas de segunda ordem e superiores, este não é necessariamente o caso. O exemplo explícito do ciclo limite é dado a seguir, com atratores estranhos deixados para uma seção posterior, onde discutiremos a transição para o caos.

Na nossa identificação do comportamento do ponto fixo, negligenciamos a possibilidade de um subconjunto fixo que não seja simplesmente um ponto. Mesmo em sistemas de segunda ordem isto pode ocorrer, resultando no clássico fenómeno do "ciclo limite". Considere o seguinte caso explícito dado por [28] a esse respeito. Suponha que temos um sistema separável em coordenadas polares de acordo com:

$$\dot{r} = \alpha r(r - R), \quad R > 0, and \quad \dot{\theta} = \omega.$$

O círculo $r = R$ é invariante e, para movimento na vizinhança do ciclo, ele é um atrator forte (estável) ou o inverso (por exemplo, instável, com linhas de fluxo invertidas).

$$\dot{x} = x^2 \longrightarrow \frac{dx}{dt} = x^2 \longrightarrow -x^{-1} + x_0^{-1} = t$$

$$\dot{y} = -y \longrightarrow \frac{dy}{dt} = y \longrightarrow y = y_0 e^{-t}$$

138

Exemplo 6.7. Espiral instável e ciclo limite estável.

Para pequenos x_1, x_2 o sistema:

$$\dot{x}_1 = -x_2 + x_1 r(1-r)$$
$$\dot{x}_2 = x_1 + x_2 r(1-r)$$
$$r^2 = x_1{}^2 + x_2{}^2$$

reduz-se a um sistema linear que tem um centro em (0,0). Mostre que o sistema não linear tem uma espiral instável em (0,0) e um ciclo limite estável em r=1.

Solução

$$\dot{x}_1 = -x_2 + x_1 r(1-r)$$
$$\dot{x}_2 = x_1 + x_2 r(1-r)$$
$$r^2 = x_1{}^2 + x_2{}^2$$

Para (x_1, x_2) ambos pequenos e, portanto, pequenos r ($\sim x$), tenha

$$\begin{aligned}\dot{x}_1 &= -x_2 \\ \dot{x}_2 &= x_1\end{aligned} \longrightarrow \begin{pmatrix}\dot{x}_1 \\ \dot{x}_2\end{pmatrix} = \begin{pmatrix}0 & -1 \\ 1 & 0\end{pmatrix}\begin{pmatrix}x_1 \\ x_2\end{pmatrix}$$

$$\lambda^2 + 1 = 0 \quad \rightarrow \quad \lambda = \pm i.$$

O último resultado estabelece que se trata de um ponto elipsóide {Percival], com centro em (0,0). Vamos agora examinar o comportamento r. Comece agrupando:

$$x_1\dot{x}_1 + x_2\dot{x}_2 = (x_1{}^2 + x_2{}^2)\gamma(1-r) = r^2(1-r).$$

Isso pode ser reescrito:

$$\frac{1}{2}\frac{d}{dt}(x_1{}^2 + x_2{}^2) = \frac{1}{2}\frac{d}{dt}\dot{r}^{\,2} = r^3(1-r) \rightarrow \frac{dr}{dt} = r^2(1-r).$$

Um ciclo limite é indicado em $r = 1$. Confirmar,

$$dt = \frac{dr}{r^2(1-r)} \text{ , and as } r \rightarrow 1 \text{ we get } dt = \frac{dr}{1-r}.$$

No bairro de $r = 1$:

$$t = -\ln|1-r| \quad \rightarrow \quad r = 1 \pm \exp(-t) \text{ , and as } t \rightarrow \infty, r$$
$$\rightarrow 1, a\ limit\ cycle.$$

Agora vamos considerar quando r está próximo de zero. Para r próximo de zero temos $\dot{r} \cong r^2$ e desde que começamos $r > 0$ teremos claramente $\dot{r} > 0$ uma espiral para fora.

Exemplo 6.8. Ponto fixo elíptico (ver Percival [28], p41)

Mostre que a origem é um ponto fixo elíptico do sistema:

$$\dot{x}_1 = -x_2 + x_1 r^2 \sin\left(\frac{\pi}{r}\right)$$

$$\dot{x}_2 = x_1 + x_2 r^2 \sin\left(\frac{\pi}{r}\right).$$

Além disso, mostre que:

139

(a) os círculos r=1/n, n=1,2,..., são curvas de fase.
(b) as trajetórias entre quaisquer dois círculos consecutivos espiralam para longe ou em direção à origem
(c) as curvas de fase fora de r = 1 são ilimitadas

Solução

Temos um ponto elíptico com centro (0,0) se $\dot{x}_1 = -x_2$ e $\dot{x}_2 = x_1$ precisamente o caso quando r vai para zero.

(a) Quando substituímos r=1/n identificamos essas curvas de fase como círculos concêntricos:

$$\dot{x}_1 = -x_2 + x_1 \left(\frac{1}{n}\right)^2 \sin(\pi n) = -x_2$$

$$\dot{x}_2 = x_1 + x_2 \left(\frac{1}{n}\right)^2 \sin(\pi n) = x_1$$

(b) Agrupando as equações para obter uma derivada total:

$$x_1 \left(\dot{x}_1 = -x_2 + x_1 \, r^2 \, \sin\left(\frac{\pi}{r}\right)\right)$$

$$+x_2 \left(\dot{x}_2 = x_1 + x_2 \, r^2 \, \sin\left(\frac{\pi}{r}\right)\right)$$

$$x_1\dot{x}_1 + x_2\dot{x}_2 = (x_1^2 + x_2^2)r^2 \sin\left(\frac{\pi}{r}\right)$$

Assim, temos:

$$\frac{1}{2}\frac{d}{dt}(x_1^2 + x_2^2) = r^4 \sin\left(\frac{\pi}{r}\right) \quad \rightarrow \quad 2r\dot{r} = 2r^4 \sin\left(\frac{\pi}{r}\right) \quad \rightarrow \quad \dot{r}$$

$$= r^3 \sin\left(\frac{\pi}{r}\right).$$

O sinal das $\dot{r}$ mudanças de acordo com $\sin(\pi/r)$. Se agrupássemos para obter a segunda solução, veríamos esse grupo espiralando para dentro. Entre quaisquer dois círculos consecutivos r=1/n o sinal mudará. Assim, as curvas r=1/n serão ciclos limites $\dot{r} < 0$ se estiverem acima e $\dot{r} > 0$ se estiverem abaixo do ciclo limite r=1/n.

(c) Se $r > 1$, então $\sin\left(\frac{\pi}{r}\right)$ é sempre positivo, portanto $\dot{r}$ é sempre positivo, espiralando para fora.

6.4 Sistemas Lineares e o Formalismo do Propagador

O caso 4 acima é um exemplo de sistema não autônomo, onde a função velocidade é uma função explícita do tempo. Para um sistema linear de segunda ordem (possivelmente por aproximação de perturbação a ser discutida posteriormente) temos as equações:

.

$$\frac{d\boldsymbol{r}(t)}{dt} = A(t)\boldsymbol{r}(t) + b(t).$$

$$(6\text{-}12)$$

Tomemos $b(t) = 0$, para o qual existe uma função com valor de matriz 2x2 que nos permite escrever:

$$\boldsymbol{r}(t_1) = \boldsymbol{K}(t_1, t_0)\boldsymbol{r}(t_0),$$

$$(6\text{-}13)$$

onde a matriz $\boldsymbol{K}(t_1, t_0)$é o propagador de $t_0$para t_1. Observe que o propagador satisfaz a relação Chapman-Kolmogorov (ocorrendo na teoria da informação):

$$\boldsymbol{K}(t_2, t_0) = \boldsymbol{K}(t_2, t_1)\boldsymbol{K}(t_1, t_0)$$

$$(6\text{-}14)$$

As matrizes propagadoras nesta representação não precisam comutar. A discussão sobre o critério de permutabilidade de Chapman-Kolmogorov e deFinetti é feita em seções posteriores (variantes quânticas no Livro 4, variantes Stat. Mech no Livro 5 e questões de teoria da informação no Livro 9).

Numerosos resultados são convenientemente acessíveis no formalismo do propagador. Para começar, vamos estabelecer uma relação entre as soluções conhecidas e a matriz propagadora, para chegar a uma rápida transformação para o formalismo propagador. Seguindo a discussão de [28], vamos começar escrevendo o vetor coluna de dois elementos como uma mistura de qualquer par de soluções:

$$\boldsymbol{r}(t) = c_1\boldsymbol{r}_1(t) + c_2\boldsymbol{r}_2(t).$$

Vamos agora nos concentrar no caso em que, em t_0, temos $\boldsymbol{r}_1(t_0) = \binom{1}{0}$e $\boldsymbol{r}_2(t_0) = \binom{0}{1}$, $c_1 = \boldsymbol{x}(t_0)$e $c_2 = \boldsymbol{y}(t_0)$:

$$\begin{pmatrix} x(t_1) \\ y(t_1) \end{pmatrix} = c_1 \begin{pmatrix} x_1(t_1) \\ y_1(t_1) \end{pmatrix} + c_2 \begin{pmatrix} x_2(t_1) \\ y_2(t_1) \end{pmatrix} = c_1 \begin{pmatrix} K_{11} \\ K_{21} \end{pmatrix} + c_2 \begin{pmatrix} K_{12} \\ K_{22} \end{pmatrix},$$

onde os valores da matriz são escolhidos conforme indicado, dadas as soluções especiais escolhidas em t_0, e para serem consistentes com a eventual forma de propagador obtida:

$$\begin{pmatrix} x(t_1) \\ y(t_1) \end{pmatrix} = \begin{pmatrix} K_{11}x(t_0) \\ K_{21}x(t_0) \end{pmatrix} + \begin{pmatrix} K_{12}y(t_0) \\ K_{22}y(t_0) \end{pmatrix} = \begin{pmatrix} K_{11}x(t_0) + K_{12}y(t_0) \\ K_{21}x(t_0) + K_{22}y(t_0) \end{pmatrix}$$

$$= \begin{pmatrix} K_{11} & K_{12} \\ K_{21} & K_{22} \end{pmatrix} \begin{pmatrix} x(t_0) \\ y(t_0) \end{pmatrix}$$

Por isso,

$$r(t_1) = K(t_1, t_0)r(t_0),$$

(6-15)

Considere o Caso 2 acima, onde $U(q) = +\frac{1}{2}aq^2$(o Oscilador Linear). As soluções encontradas foram:

$$q = A cos(\omega t + \delta) \quad and \quad p = -m\omega A \sin(\omega t + \delta)$$

(6-16)

Deixe t_0 corresponder a $t = 0$, temos então para a solução 1:

$$r_1(t_0) = \begin{pmatrix} x(t_0) \\ y(t_0) \end{pmatrix} = \begin{pmatrix} A cos(\delta) \\ -m\omega A \sin(\delta) \end{pmatrix},$$

(6-17)

onde encontramos o formulário especial necessário se $\delta = 0$ e $A = 1$. Da mesma forma, para $r_2(t_0)$, escolhemos $\delta = 90$ e $A = 1/(-m\omega)$. Por isso:

$$K(t = t_1, t_0 = 0) = \begin{pmatrix} cos(\omega t) & (m\omega)^{-1} \sin(\omega t) \\ -m\omega \sin(\omega t) & cos(\omega t) \end{pmatrix}$$

(6-18)

Observe que $K = 1$, descreve assim um mapeamento que preserva área, conforme necessário para sistemas hamiltonianos. Para a matriz K, temos avaliações de estabilidade semelhantes às anteriores para a matriz B. Uma discussão mais aprofundada nesse sentido pode ser encontrada em [28].

Capítulo 7. Caos

Há muitas maneiras pelas quais o caos foi exibido na literatura científica (ver [61], outros). O caos é facilmente encontrado em muitos sistemas unidimensionais que apresentam duplicação de período em certos regimes, onde este regime de duplicação de período eventualmente se transforma em um regime de caos. Examinaremos vários desses sistemas a seguir. Outros caminhos para o caos, como intermitência e crises [61], quando vistos graficamente, apresentam regiões de gargalo em seus mapeamentos iterativos, ou regiões cíclicas semiestáveis, que explicariam o aparecimento de comportamento semelhante ao caos. Assim, os exemplos de caos fornecidos serão bastante gerais em geral.

Na Seção 7.1 discutiremos um caminho geral para o fenômeno do caos quando há movimento periódico. Isto ocorre porque o caos é onipresente e com o foco no movimento periódico temos uma base matemática simples, através de uma formulação de mapa iterativa, que permitirá a identificação de domínios do caos com facilidade.

Antes de prosseguirmos com o caos, porém, vamos nos reagrupar por um momento e considerar o que é o oposto do caos para obter um pouco de perspectiva. O sistema mais ordenado é aquele que é "integrável" ou para o qual existe "integrabilidade". Lembre-se de como usamos quantidades conservadas, conforme foram identificadas, para reduzir a complexidade das equações diferenciais, como na identificação do momento angular. Também podemos representar simetrias como quantidades conservadas (teorema de Noether). Se ambas as constantes de movimento e simetrias são suficientes para ter uma solução completa para as equações do sistema, então temos integrabilidade; se não, então é não integrável. Uma discussão mais aprofundada sobre integrabilidade pode ser encontrada em [38,32,37].

Um exemplo da criticidade da integrabilidade e da não integrabilidade para acessar o comportamento caótico é transmitido pela Máquina de Swinging Atwood (Figura 7.1) [79]:

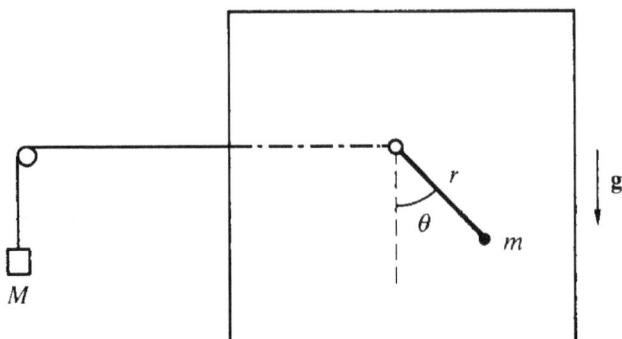

Figura 7.1.

O hamiltoniano é

$$H = \frac{p_r^2}{2m(1 + \mu)} + \frac{p_\theta^2}{2mr^2} + mgr(\mu - \cos\theta), \quad \mu = \frac{M}{m},$$

(7-1)

e o movimento não é, em geral, integrável, uma vez que H é normalmente a única constante do movimento.

No caso $\mu > 1$ o movimento de m é sempre limitado por uma curva de velocidade zero ($p = 0$), que é uma
elipse cuja forma depende da razão de massa μ e da energia H .

Quando $\mu \leq 1$ o movimento não é limitado por nenhuma energia e eventualmente a massa M passa pela polia.

O sistema é integrável no caso $\mu = 3$! Nesse caso especial, existe uma segunda quantidade conservada dada por

$$J = \frac{p_\theta}{4m}\left(p_r \cos\frac{\theta}{2} - \frac{2p_\theta}{r} \sin\frac{\theta}{2}\right) + mgr^2 \sin\frac{\theta}{2} \cos^2\frac{\theta}{2}.$$

(7-2)

onde $\dot{J} = 0$. Quando $\mu = 3$ o movimento é completamente ordenado. Para todas as outras proporções de massa existem regiões de movimento caótico.

7.1. Caminho geral para o fenômeno do caos: →mapa iterativo de movimento periódico →do caos

Suponha que um sistema linear em estudo, $dr(t)/dt = A(t)r(t)$ com escolha de tempo apropriada, possua parâmetros periódicos no tempo: $A(t + T) = A(t)$ para todo t. Se considerarmos o propagador através de um desses períodos T, teremos, com escolha conveniente para a origem do tempo, o propagador $K = K(T, 0) =. K(nT, (n-1)T)$ Agora considere o propagador para nT etapas no tempo (e use a relação de Chapman-Kolmogorov) para obter:

$$K(nT, 0) = K^n.$$

(7-3)

A partir da equação acima podemos ver que sistemas com parâmetros dependentes do tempo que são periódicos no tempo, o propagador, $K(t, 0)$ **tem** a propriedade de poder ser determinado em determinados momentos posteriores, nT apenas por propagações repetidas pelo propagador de período K. Considerando que o propagador de período é um mapa linear (e preservador de área para sistemas hamiltonianos), isso indica que muito do comportamento futuro (estável ou não) de um sistema de parâmetros periódicos pode ser determinado pelas classes de comportamento sob mapeamentos repetidos do propagador de período . Em outras palavras, o comportamento do sistema é reduzido principalmente à análise do comportamento do seu mapa iterado de propagação de período.

Consideremos agora a definição formal de "mapa" no sentido de um sistema com tempo discreto. O tempo discreto pode ser devido à definição dos dados (uma sequência de leituras anuais), ou devido à periodicidade (com medição feita com amostragem de período), ou por uma variedade de outras razões. Vamos descrever o sistema com um vetor de valor real $r(t)$, agora com n componentes, e para o cenário de tempo discreto com mapa, supomos que $r(t + 1) = F(r(t), t)$, onde F está a função de mapa (uma função com valor vetorial) do espaço de fase sobre si mesmo. Para funções de mapa que não dependem explicitamente do tempo, obtemos a notação $r_{t+1} = F(r_t)$. Assim, o formalismo do mapa é muito natural para as equações diferenciais lineares quando existem funções de velocidade periódicas (por exemplo, $dr(t)/dt = A(t)r(t)$ com $(t + T) = A(t)$). A condição de uma função de velocidade periódica parece muito poderosa neste aspecto, e se relaxarmos a condição de linearidade descobriremos que o resultado do mapa iterativo ainda é válido.

145

Considere $dr(t)/dt = v(r,t)$ com $v(r, t + T) = v(r, t)$ em geral (não linear). No primeiro passo de tempo discreto, t=1, temos $r(1) = F(r(0))$ pela definição do mapa introduzido. Vemos então que $dr(t + 1)/dt = v(r(t + 1), t)$, portanto, $r(2) = F(r(1))$ com a mesma função de mapeamento e por indução deve ter $r_{t+1} = F(r_t)$ em geral. Em outras palavras, tanto sistemas autônomos quanto não-autônomos, se possuírem funções de velocidade periódicas, podem ser descritos em termos de uma função de mapeamento associada a um sistema autônomo com tempo discreto. Isso leva a um processo de duas etapas para resolver equações diferenciais: (1) Determinar a função de mapeamento F do exame da solução durante um período de movimento (de t=0 a t=1); (2) Determinar o comportamento da solução através da aplicação repetida da função de mapeamento. A partir disso, vemos que o comportamento caótico do sistema é onipresente. Mesmo sistemas hamiltonianos simples com um grau de liberdade podem exibir caos, ou sistemas hamiltonianos simples *conservadores* de 2 ou mais graus de liberdade. Na verdade, para sistemas com movimento limitado, uma porção significativa do espaço de fase envolve pontos de fase que sofrem movimento caótico.

No exemplo do pêndulo amortecido forçado a ser descrito a seguir (um sistema hamiltoniano simples), encontraremos movimento caótico num conjunto geral de circunstâncias. Em outras palavras, veremos que o comportamento caótico (a ser definido com precisão) é um resultado 'normal' quando se ultrapassa os limites perturbativos de um sistema, ou mesmo se estiver bem dentro de um domínio perturbativo se o espaço de parâmetros empurra a 'fase do caos'. do sistema. A última descrição de uma 'fase' de caos em um determinado parâmetro é precisa, uma vez que o parâmetro que entra em uma fase de caos (movimento clássico, mas indeterminístico) para o sistema pode sair dessa fase de caos, de volta a um domínio de movimento determinístico clássico (e de volta e quatro). Este último comportamento é universal em sistemas de primeira e segunda ordem [19], descrevendo um conjunto de parâmetros universais para sistemas clássicos na "limia do caos". Em [45] veremos que a emanação/propagação máxima de informação está à beira do caos.

7.2 Caos e o pêndulo acionado amortecido

Anteriormente, para pequenas oscilações, o oscilador de pêndulo era aproximado como o clássico oscilador de mola (força restauradora linear), onde a equação diferencial que descreve a oscilação forçada com amortecimento era (forma real):

146

$$\ddot{x} + 2\lambda\dot{x} + \omega^2 x = \left(\frac{F}{m}\right)\cos\gamma t,$$

(7-4)

para o qual encontramos as soluções:

$$x(t) = a\exp(-\lambda t)\cos(\omega t + \alpha) + b\cos(\gamma t + \delta),$$

(7-5)

onde

$$b = \frac{F}{m\sqrt{(\omega^2 - \gamma^2)^2 + (2\lambda\gamma)^2}}, \qquad \tan\delta = \frac{(2\lambda\gamma)}{(\omega^2 - \gamma^2)}.$$

(7-6)

Se não usarmos a aproximação de pequeno ângulo para fazer $\sin x \cong x$, e assumirmos que o fio do pêndulo é rígido (ou seja, uma haste do pêndulo), teremos:

$$\ddot{x} + 2\lambda\dot{x} + \omega^2 \sin x = \left(\frac{F}{m}\right)\cos\gamma t.$$

(7-7)

Vamos agora considerar isso nos moldes do estudo feito por [34]. Primeiro, vamos alterar as variáveis e normalizar de maneira geral, de modo que $\omega = 1$:

$$\ddot{\theta} + \frac{1}{q}\dot{\theta} + \sin\theta = \alpha\cos\gamma t.$$

(7-8)

Usando a notação de [34], temos $\omega = \dot{\theta}$, que não deve ser confundido com o anterior ω, para obter três equações independentes de primeira ordem:

(1) $\dot{\omega} = -\omega/q - \sin\theta + \alpha\cos\varphi$, onde, q é o fator de qualidade.
(2) $\dot{\theta} = \omega$
(3) $\dot{\varphi} = \gamma$

Neste ponto, atendemos às duas condições gerais para a existência de domínios de solução caóticos:

(1) O sistema possui três ou mais variáveis dinâmicas.
(2) As equações de movimento contêm termos de acoplamento não lineares.

Para o nosso problema, a condição (2) é atendida com os termos de acoplamento sin θe α cos φ. De [34], para o caso em que $q = 2$, obtemos o seguinte comportamento à medida que aumentamos a amplitude de acionamento α:

(1) $\alpha = 0.5$, o pêndulo moderadamente acionado, com comportamento periódico do tipo pêndulo simples uma vez estabelecido em estado estacionário (a trajetória é um ciclo limite, portanto assintoticamente um ciclo como o de um pêndulo simples).

(2) $\alpha = 1.07$, o pêndulo com uma trajetória de loop duplo em seu diagrama de fases, mas com a estranheza de que sua trajetória em um diagrama de configuração ainda não completou um loop, embora possam ocorrer oscilações superiores a 180 graus.

(3) $\alpha = 1.15$, o movimento do pêndulo não tem estado estacionário, é caótico, porém seu diagrama de fases indica uma estrutura que é melhor revelada em termos de uma seção de Poincaré (que rastreia a posição em múltiplos do período da oscilação forçada). Para o movimento caótico, a estrutura das seções de Poincaré (trajetórias do espaço de fase) é *auto-semelhante* , o que permite que uma dimensão fractal precisa seja determinada [34] para o movimento caótico.

(4) $\alpha = 1.35$, o pêndulo agora completa um loop no espaço de configuração (real).

(5) $\alpha = 1.45$, o pêndulo agora completa dois loops no espaço de configuração (real).

(6) $\alpha = 1.50$, o movimento do pêndulo é caótico

Como interpolar entre as observações acima, qual é a fronteira entre sistemas com estado estacionário e aqueles sem estado estacionário (caóticos). Isso é mais facilmente representado no que é conhecido como diagrama de bifurcação (veja a Figura 7.2). No diagrama de bifurcação, as frequências instantâneas observadas ao longo de uma gama de oscilações de condução mostram $\alpha = 1$um $\alpha = 1.50$claro comportamento de duplicação de período que se multiplica rapidamente na aproximação a um domínio de caos (detalhes a seguir).

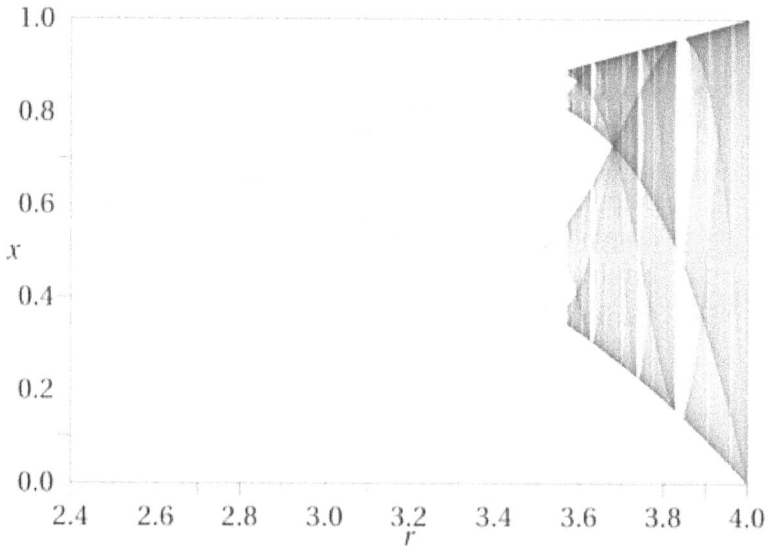

Figura 7.2. Diagrama de bifurcação para mapa logístico: $x_{n+1} = rx_n(1 - x_n)$[80].

O diagrama de bifurcação captura mais claramente a transição do comportamento do sistema em estado estacionário para o comportamento caótico. O sistema de pêndulo anterior é onipresente, mas gerar resultados numéricos precisos com ele é demorado se tudo o que se deseja é demonstrar o comportamento universal de sistemas caóticos. Isso ocorre porque a transição de duplicação de período para o caos é uma característica distintiva tanto dos sistemas dinâmicos de segunda ordem quanto dos sistemas dinâmicos de primeira ordem cujos mapeamentos iterativos (Seções de Poincaré) envolvem funções de posições de mapeamento anteriores que possuem máximos simples [19]. As condições gerais para quando um sistema dinâmico com dependência de mapeamento específica dá origem a um comportamento caótico foram comprovadas por [19] com constantes universais também reveladas (detalhes a seguir). Em vez de trabalhar com uma avaliação complexa em cada etapa da Seção de Poincaré para, digamos, o pêndulo, vamos explorar o diagrama de mapeamento e bifurcação na Figura 7.2 que resulta para o mapa logístico muito mais simples, que é de primeira ordem, mas cujas constantes-chave são supostamente universais, então

149

mais fáceis de avaliar dessa forma. Aqui está a sinopse de [34]: "Ao variar o parâmetro r, observa-se o seguinte comportamento:

- Com r entre 0 e 1, a população acabará por morrer, independentemente da população inicial.
- Com r entre 1 e 2, a população se aproximará rapidamente do valor $r - 1$ /r , independente da população inicial.
- Com r entre 2 e 3, a população também acabará por se aproximar do mesmo valor $r - 1$ /r , mas primeiro irá flutuar em torno desse valor durante algum tempo. A taxa de convergência é linear, exceto para $r = 3$, quando é dramaticamente lenta, menos que linear (ver memória de bifurcação).
- Com r entre 3 e $1 + \sqrt{6} \approx 3,44949$ a população aproximar-se-á de oscilações permanentes entre dois valores. Esses

  dois valores dependem de r e são dados por   .
- Com r entre 3,44949 e 3,54409 (aproximadamente), a partir de quase todas as condições iniciais a população se aproximará de oscilações permanentes entre quatro valores. O último número é a raiz de um polinômio de 12° grau (sequência A086181 no OEIS).
- Com r aumentando além de 3,54409, a partir de quase todas as condições iniciais a população se aproximará de oscilações entre 8 valores, depois 16, 32, etc. Os comprimentos dos intervalos de parâmetros que produzem oscilações de um determinado comprimento diminuem rapidamente; a razão entre os comprimentos de dois intervalos de bifurcação sucessivos se aproxima da constante de Feigenbaum $\delta \approx 4,66920$. Este comportamento é um exemplo de cascata de duplicação de período.
- Em $r \approx 3,56995$ (sequência A098587 no OEIS) ocorre o início do caos, no final da cascata de duplicação de período. De quase todas as condições iniciais, não vemos mais oscilações de período finito. Pequenas variações na população inicial produzem resultados dramaticamente diferentes ao longo do tempo, uma característica primordial do caos.
- A maioria dos valores de r além de 3,56995 exibem comportamento caótico , mas ainda existem certas faixas isoladas de r que mostram comportamento não caótico;

estas são por vezes chamadas *ilhas de estabilidade* . Por exemplo, começando em $1 + \sqrt{8}$(aproximadamente 3,82843) há uma gama de parâmetros r que mostram oscilação entre três valores, e para valores ligeiramente mais elevados de r oscilação entre 6 valores, depois 12 etc."

Se a primeira bifurcação ocorrer para $\mu = \mu_1$e a segunda para $\mu = \mu_2$, então é possível definir uma constante universal F, segundo Feigenbaum [19]:

$$F = \lim_{k \to \infty} \frac{\mu_k - \mu_{k-1}}{\mu_{k+1} - \mu_k} = 4.66920160910299 \ldots,$$

(7-9)

onde, notavelmente, este é um comportamento universal para todos os mapas com máximo quadrático. Então, em outras palavras, para um mapa quadrático simples (real) ou um mapa quadrático complexo (gerador do Conjunto de Mandelbroit [35]) chegamos precisamente à mesma constante a partir de seus mapas de bifurcação com base na parametrização de seus eventos de bifurcação. De forma similar:

Mapa Máximo Quadrático: $x_{n+1} = a - x_n^2$ tem $\lim_{k \to \infty} \frac{a_k - a_{k-1}}{a_{k+1} - a_k} = F$.

Mapa Máximo Quadrático Complexo Mandelbroit): $z_{n+1} = c + z_n^2$ tem $\lim_{k \to \infty} \frac{c_k - c_{k-1}}{c_{k+1} - c_k} = F$.

7.3 O Valor EspecialC_∞

Para o Mapa Quadrático Complexo, a assíntota real para o valor c na "borda do caos" é referida como C_∞e tem o valor $C_\infty = -1.401155189 \ldots$. A constante $|C_\infty| = 1.401155189 \ldots$também é conhecida como constante de Myrberg [36]. A constante de Myrberg, simplesmente chamada C_∞aqui e em [45], desempenhará um papel importante nas discussões.

Exemplo 7.1. Vamos considerar outro mapa 1D que é continuamente diferenciável com um único máximo no intervalo $(0,1)$: $f(x) = \left(\frac{A}{\pi}\right) \sin \pi x$, para que tenhamos o relacionamento iterativo:

$$x_{n+1} = \left(\frac{A}{\pi}\right) \sin \pi x_n$$

(7-10)

No primeiro ponto de bifurcação temos

151

$$x_{n+2} = \left(\frac{A}{\pi}\right) \sin \pi \left(\left(\frac{A}{\pi}\right) \sin \pi x_n\right) = x_n$$

Vamos esboçar um gráfico do diagrama de bifurcação revelado pelos resultados computacionais:

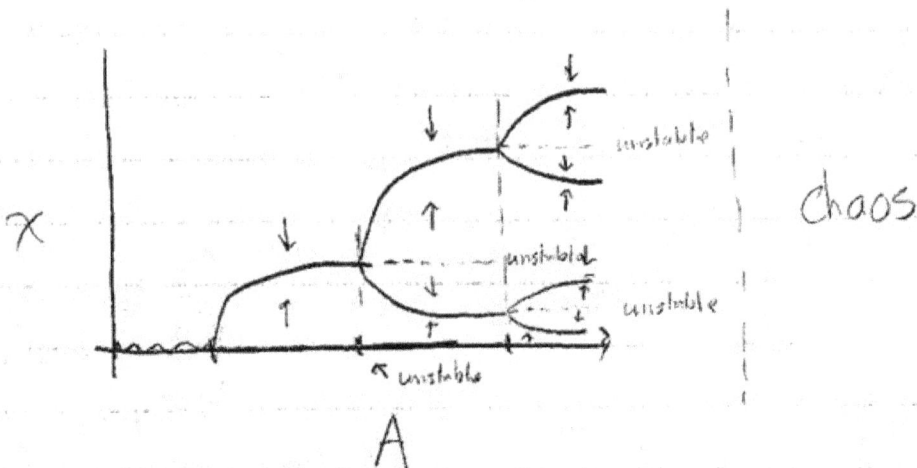

Os valores de A onde existem as bifurcações indicadas são:

$a_0 = 1$

$a_1 = 2.253804$

$a_2 = 2.614598$

$a_3 = 2.696126$

$a_4 = 2.714118$

$a_5 = 2.718112$

O Número Feigenbaum:

$$F = \lim_{j \to \infty} \frac{a_j - a_{j-1}}{a_{j+1} - a_j} \cong \frac{a_4 - a_3}{a_5 - a_4} = 4.505$$

(7-11)

Exercício 7.1. Refaça a análise acima para outro mapa 1D que seja continuamente diferenciável com um único máximo no intervalo (0,1).

Exemplo 7.2. Usando métodos analíticos, avalie o período 1,2,... pontos fixos do mapa padrão:

$$R \longrightarrow R + \varepsilon \sin \theta$$
$$\theta = \theta + R + \varepsilon \sin \theta$$

Considere os pontos fixos do período 1 onde o mapeamento indica

$$R_1 = R_0 + \varepsilon sin\theta_0 \quad and \quad \theta_1 = R_0 + \theta_0 + \varepsilon sin\theta_0$$

enquanto o período 1 indica: $R_1 = R_0 \quad and \quad \theta_1 = \theta_0$, com igualdade angular até uma diferença de $2m\pi$. Por isso,

$$sin\theta_0 = 0 \longrightarrow \theta_0 = n\pi, \quad n = 0,1,2,....$$

Observe que para qualquer solução $\theta_0 = n\pi$ na função seno ainda existe a solução $\theta_0 = n\pi + 2m\pi$ da multivaloração. É útil lembrar isso ao considerar soluções para $\theta_1 = R_0 + \theta_0$:

$$R_0 = 2n\pi,$$

(não simplesmente $R_0 = 0$). Assim, os pontos fixos no período 1 são: { $\theta_0 = n\pi, \ R_0 = 2n\pi$}.

Vamos agora considerar os pontos fixos do período 2:

$R_2 = R_1 + \varepsilon sin\theta_1 = R_0 + \varepsilon sin\theta_0 + \varepsilon \sin(R_0 + \theta_0 + \varepsilon sin\theta_0)$

$\theta_2 = R_1 + \theta_1 + \varepsilon sin\theta_1$

$$= 2(R_0 + \varepsilon sin\theta_0) + \theta_0 + \varepsilon \sin(R_0 + \theta_0 + \varepsilon sin\theta_0)$$

$R_2 = R_0 \quad \rightarrow \quad sin\theta_0 + \sin(R_0 + \theta_0 + \varepsilon sin\theta_0) = 0 \quad \rightarrow \quad \theta_0 = n\pi \quad and \quad R_0 = n\pi \quad or \quad R_0 = 2n\pi$

$\theta_2 = \theta_0 \quad \rightarrow \quad 2(R_0 + \varepsilon sin\theta_0) + \varepsilon \sin(R_0 + \theta_0 + \varepsilon sin\theta_0) = 0 \quad \rightarrow \quad R_0 = n\pi \quad indicated.$

Assim, os pontos fixos no período 2 são: { $\theta_0 = n\pi, \ R_0 = n\pi$}.

Vamos agora considerar os pontos fixos do período 3:

$R_3 = R_2 + \varepsilon sin\theta_2$

$$= R_0 + \varepsilon sin\theta_2 + \varepsilon sin(R_0 + \theta_0 + \varepsilon sin\theta_0)$$
$$+ \varepsilon sin[2R_0 + \theta_0 + \varepsilon \sin(R_0 + \theta_0)]$$

Mais uma vez temos $\theta_0 = n\pi$.

$\theta_3 = R_2 + \theta_2 + \varepsilon sin\theta_2$

$= 3(R_0 + \varepsilon sin\theta_0) + 2\varepsilon \sin(R_0 + \theta_0 + \varepsilon sin\theta_0) + \theta_0$
$$+ \varepsilon sin[2(R_0 + \varepsilon sin\theta_0) + \theta_0 + \varepsilon \sin(R_0 + \theta_0)]$$

$\theta_3 = \theta_0$:

$0 = 3R_0 + 2\varepsilon \sin(R_0 + \theta_0) + \varepsilon sin[2R_0 + \theta_0 + \varepsilon sin(R_0 + \theta_0)].$

Assim, os pontos fixos no período 3 são: { $\theta_0 = n\pi, \ R_0 = 2n\pi$}, e agora o padrão é aparente:

Os períodos pares têm pontos fixos em: { $\theta_0 = n\pi, \ R_0 = n\pi$}.

Os períodos ímpares têm pontos fixos em: { $\theta_0 = n\pi, \ R_0 = 2n\pi$}.

Exercício 7.2. Tentar

$$R \rightarrow R + \varepsilon[x(1-x)]$$
$$x = x + R + \varepsilon[x(1-x)]$$

Capítulo 8. Transformações de coordenadas canônicas

Anteriormente mostramos que um movimento infinitesimal de um objeto em termos de coordenadas generalizadas, indo de (q_0, p_0) para (q_1, p_1) no espaço de fase, poderia ser descrito em termos do sistema hamiltoniano. A transformação de coordenadas induzida pelo Hamiltoniano é "canônica", pois seu Jacobiano é 1 (a propriedade de preservação de área das transformações canônicas):

$$\frac{\partial(q_1, p_1)}{\partial(q_0, p_0)} = 1$$

(8-1)

Vamos agora considerar a classe geral de tais transformações de coordenadas canônicas. Sejam as coordenadas iniciais $\{q_a, p_a\}$ para $a = 1, 2, \ldots, n$. Sejam as coordenadas transformadas $\{Q_a, P_a\}$ (onde $a = 1, 2, \ldots, n$), e temos as relações de transformação:

$$q_a = q_a(\{Q_a, P_a\}; t) \ and \ p_a = p_a(\{Q_a, P_a\}; t)$$

(8-2)

Quão geral podemos obter uma expressão para as novas coordenadas $\{Q_a, P_a\}$? Para iniciar. vamos escrever o Princípio de Hamilton anterior (com subscritos suprimidos):

$$S(q, \dot{q}) = \int_{t_1}^{t_2} L(q, \dot{q}, t)dt \ ; \ \ \delta S$$

$$= \left[\frac{\partial L}{\partial \dot{q}} \delta q\right]_{t_1}^{t_2} + \int_{t_1}^{t_2} \left[\left(\frac{\partial L}{\partial q}\right) - \frac{d}{dt}\left(\frac{\partial L}{\partial \dot{q}}\right)\right] \delta q \, dt$$

em termos do Hamiltoniano e da Ação em um Princípio Hamiltoniano Modificado (com subscritos expressos):

$$S(q_a, p_a) = \int_{t_1}^{t_2} \sum_a p_a \dot{q}_a - H(q_a, p_a, t) dt \; ; \quad \delta S$$

$$= \int_{t_1}^{t_2} \left[\sum_a \delta p_a \dot{q}_a + p_a \delta \dot{q}_a - \delta H(q_a, p_a, t) \right] dt$$

Tal como acontece com o Lagrangiano, as derivadas de tempo total não contribuem devido aos pontos finais fixos (o relaxamento desta condição será explorado mais tarde). Assim, a variação na ação pode ser reescrita:

$$\delta S = \int_{t_1}^{t_2} \left[\sum_a \delta p_a [\dot{q}_a - \frac{\partial H}{\partial p_a}] + \delta q_a [-\dot{p}_a - \frac{\partial H}{\partial q_a}] \right] dt$$

(8-3)

o que dá origem às equações de Hamilton quando $\delta S = 0$:

$$\dot{q}_a = \frac{\partial H}{\partial p_a} \quad and \quad \dot{p}_a = -\frac{\partial H}{\partial q_a}.$$

(8-4)

Assim, para reter as equações de movimento de Hamilton nas novas variáveis, precisamos ser capazes de expressar

$$\sum_a p_a \dot{q}_a - H(q_a, p_a, t)$$

$$= \sum_a P_a \dot{Q}_a - \tilde{H}(Q_a, P_a, t) + \{total\ time\ derivative\}$$

(8-5)

Em [25] são descritos os quatro tipos de funções geradoras de derivadas de tempo total de transformações canônicas, com dependência das antigas e novas variáveis canônicas de acordo com { qQ }, { q,P }, { p,Q }. { p,P } (a mesma função geradora não precisa ser usada para todas as variáveis, dando origem a uma análise mista muito parecida com a análise Routhiana , que envolve algumas variáveis sendo descritas em termos de um Lagrangiano e outras em termos de um Hamiltoniano). O relato dos vários casos é feito detalhadamente em [25], portanto não será feito aqui. Para pegar um caso específico, consideremos a função geradora de transformadas do tipo { qQ } e vamos analisar as transformações canônicas que ela pode produzir (seguindo as convenções de [29]). Especificamente, variação em:

$$\sum_a P_a \dot{Q}_a - \tilde{H}(Q_a, P_a, t) + \frac{d}{dt} F(q_a, Q_a, t),$$

(8-6)

que produz a equação de Hamilton para as novas variáveis conforme esperado:

$$\dot{Q}_a = \frac{\partial \tilde{H}}{\partial P_a} \quad and \quad \dot{P}_a = -\frac{\partial \tilde{H}}{\partial Q_a}.$$

(8-7)

Se agora tomarmos as várias derivadas parciais para reescrever a derivada total do tempo, poderemos chegar à consistência com as equações hamiltonianas acima se:

$$p_a = \frac{\partial}{\partial q_a} F(q_a, Q_a, t),$$

$$P_a = -\frac{\partial}{\partial Q_a} F(q_a, Q_a, t), \quad \tilde{H}(Q_a, P_a, t)$$

$$= H(q_a, p_a, t) + \frac{\partial}{\partial t} F(q_a, Q_a, t)$$

(8-8)

Assim, a descrição da Ação num Princípio Hamiltoniano Modificado proporciona uma notável flexibilidade na escolha de representações equivalentes do movimento. A coisa mais simples de escolher é uma situação onde as novas coordenadas são cíclicas ($\dot{Q}_a = 0 \quad and \quad \dot{P}_a = 0$), e é isso que é feito na Teoria de Hamilton-Jacobi descrita na próxima seção.

8.1 A Equação Hamiltoniana-Jacobi

Usando a derivação e notação de [29], existe agora uma maneira simples de chegar ao que é conhecido como Teoria de Hamilton-Jacobi. A ideia é ter uma transformação tal que as coordenadas sejam cíclicas. Antes de embarcar na transformação canônica, entretanto, é útil mudar de função $F(q_a, Q_a, t)$para uma nova função, denotada por $S(q_a, P_a, t)$, por meio de uma transformação de Legendre. Esta nova função para a condição de coordenadas cíclicas será a Ação conforme denotado Santeriormente. Então, primeiro considere a transformação de Legendre (funciona aqui porque todos os termos de superfície são zero devido a condições de contorno fixas):

$$F(q_a, Q_a, t) = -\sum_a P_a Q_a + S(q_a, P_a, t)$$

(8-9)

Primeiro, o diferencial é, por definição, em termos de suas variáveis dependentes:

$$dF = \sum_a \left(\frac{\partial F}{\partial q_a} dq_a + \frac{\partial F}{\partial Q_a} dQ_a \right) + \frac{\partial F}{\partial t} dt$$

$$= \sum_a (p_a dq_a - P_a dQ_a) + \frac{\partial F}{\partial t} dt$$

mas de cima também temos:

$$dF = -\sum_a (P_a dQ_a + dP_a Q_a) + dS$$

(8-10)

Por isso,

$$dS = \sum_a (p_a dq_a + Q_a dP_a) + \frac{\partial F}{\partial t} dt,$$

(8-11)

onde podemos ver que a dependência funcional é de fato $S(q_a, P_a, t)$. Se tomarmos as seguintes relações por definição para derivada parcial para:

$$p_a = \frac{\partial}{\partial q_a} S(q_a, P_a, t),$$

$$Q_a = \frac{\partial}{\partial P_a} S(q_a, P_a, t), \qquad \frac{\partial}{\partial t} S(q_a, P_a, t) = \frac{\partial}{\partial t} F(q_a, Q_a, t)$$

(8-12)

obtemos então:

$$\tilde{H}(Q_a, P_a, t) = H(q_a, p_a, t) + \frac{\partial}{\partial t} S(q_a, P_a, t)$$

(8-13)

Qualquer $S(q_a, P_a, t)$ uma das parciais acima irá gerar uma transformação canônica por construção. Vamos agora escolher uma transformação canônica com $S(q_a, P_a, t)$ tal que $\tilde{H}(Q_a, P_a, t) = 0$, pois $\tilde{H}$ assim não depende Q_a e P_a são coordenadas cíclicas. Nesse caso chegamos a:

$$0 = H(q_a, p_a, t) + \frac{\partial}{\partial t} S(q_a, P_a, t) = H\left(q_a, \frac{\partial S}{\partial q_a}, t \right) + \frac{\partial}{\partial t} S(q_a, P_a, t)$$

e como Q_a e P_a são constantes do movimento, obtemos a equação de Hamilton-Jacobi:

$$H\left(q_a, \frac{\partial S}{\partial q_a}, t \right) + \frac{\partial}{\partial t} S(q_a, t) = 0$$

(8-14)

158

Esta é uma equação diferencial parcial de primeira ordem que pode ser resolvida introduzindo (n+1) constantes de integração ($\{c_a\}$ and S_0):

$$S = S(q_a, c_a, t) + S_0$$

Se escolhermos as constantes $\{c_a\}$como constantes, $\{P_a\}$retornaremos à forma clássica da solução conhecida como Função Princípio de Hamilton:

$$S = S(q_a, P_a, t) + S_0$$

(8-15)

onde

$$p_a = \frac{\partial}{\partial q_a} S(q_a, P_a, t), \qquad Q_a = \frac{\partial}{\partial P_a} S(q_a, P_a, t).$$

(8-16)

A razão pela qual esta forma é significativa é devido à última relação, dado que $\{P_a\}$e $\{Q_a\}$são constantes do movimento, é invertível para dar uma descrição do movimento que é apenas uma função do tempo:

$$q_a = q_a(\{Q_a\}, \{P_a\}, t)$$

Assim, o movimento é claramente definido como um caminho (parametrizado por t). Vamos considerar a derivada Sao longo deste caminho:

$$\frac{dS}{dt} = \sum_a \frac{\partial S}{\partial q_a} \dot{q}_a + \frac{\partial S}{\partial t} = \sum_a p_a \dot{q}_a - H = L(q_a, \dot{q}_a, t)$$

Por isso,

$$S = \int_{t_0}^{t} L(q_a, \dot{q}_a, \tau) d\tau + S_0(t_0)$$

(8-17)

Ou, alterando ligeiramente a notação da variável tempo, chegamos à forma originalmente postulada como a "formulação da ação" de Hamilton mencionada no início do Capítulo 3:

$$S = \int_{t_1}^{t_2} L(q, \dot{q}, t) dt$$

(8-18)

Exemplo 8.1. Vamos começar com uma expressão para a ação:

$$S = (q, q_0, t, t_0) = \frac{m\omega}{2sin\omega t}\{(q^2 + q_0{}^2)cos\omega t - 2qq_0\}; \quad T = t - t_0.$$

Quais resultados do sistema? O que é o hamiltoniano? Quais são as trajetórias?

Solução:

$$H = -\frac{\partial S}{\partial t} = \frac{m\omega^2}{(2sin\omega t)^2}\{-4qq_0cos\omega t + 2(q^2 + q_0{}^2)\}.$$

A partir do qual podemos reconstruir

$$p = \frac{\partial S}{\partial q} = \frac{m\omega}{2sin\omega t}\{2qcos\omega t - 2q_0\}$$

$$p^2 = 2m\left[\frac{m\omega^2}{2sin^2\omega t}\right][q^2cos^2\omega t - 2qq_0cos\omega t + q_0{}^2]$$

$$\frac{p^2}{2m} = \frac{m\omega^2}{(2sin\omega t)^2}\{-2q^2sin^2\omega t - 4qq_0cos\omega t + 2(q^2 + q_0{}^2)\}.$$

Assim, o hamiltoniano pode ser escrito como:

$$H = \frac{p^2}{2m} + \frac{m\omega^2}{(2sin\omega t)^2}\{2q^2sin^2\omega t\} = \frac{p^2}{2m} + \frac{m\omega^2q^2}{2} = \frac{1}{2m}[p^2 + m^2\omega^2q^2].$$

Assim, a quantidade conservada, energia, é:

$$E = \frac{1}{2m}[p^2 + m^2\omega^2q^2].$$

Este é um oscilador harmônico. Vamos obter as trajetórias agora:

$$\dot{q} = \frac{\partial H}{\partial p} = \frac{p}{m} \quad and \quad \dot{p} = -\frac{\partial H}{\partial q} = m\omega^2q.$$

Um possível conjunto de soluções:

$$q = \sqrt{2E/m\omega^2}cos\omega t \quad and \quad p = \sqrt{2mE}sin\omega t.$$

Exercício 8.1. Encontre todas as soluções.

Exemplo 8.2. Resolva a equação HJ para o movimento em uma dimensão de uma partícula que sofre a ação de uma força que é constante no espaço e no tempo.

Solução

A equação HJ em 1D:

$$H(q,p) + \frac{\partial S}{\partial t} = 0, \quad p = \frac{\partial S}{\partial q}, \quad H\left(q, \frac{\partial S}{\partial q}\right) + \frac{\partial S}{\partial t} = 0.$$

(a) Para partícula em 1D, não relativística, com força constante no espaço e no tempo, tem:

$$F = -\frac{\partial V}{\partial q} = \alpha \quad \rightarrow \quad V = -\alpha q,$$

e para a energia cinética temos o usual:

160

$$T = \frac{1}{2}m\dot{q}^2.$$

O Lagrangiano é assim:

$$L = T - V = \frac{1}{2}m\dot{q}^2 + \alpha q.$$

Agora, para construir o hamiltoniano, primeiro o momento:

$$p = \frac{\partial L}{\partial \dot{q}} = m\dot{q},$$

Por isso:

$$H(q, p, t) = \dot{q}p - L = \frac{p^2}{m} - \frac{1}{2}m\left(\frac{p}{m}\right)^2 - \alpha q = \frac{p^2}{2m} - \alpha q.$$

Usando isso na equação 1D HJ, obtemos:

$$\frac{1}{2m}\left(\frac{\partial S}{\partial q}\right)^2 + \alpha q + \frac{\partial S}{\partial t} = 0.$$

Se adivinharmos uma solução da forma:

$$S(q, E, t) = w(q, E) - Et \longrightarrow \frac{\partial S}{\partial t} + H = 0 \longrightarrow H = E.$$

Resolvendo para a função $w(q, E)$:

$$\frac{1}{2m}\left(\frac{\partial w}{\partial q}\right)^2 = E - \alpha q \rightarrow \frac{\partial w}{\partial q} = \sqrt{2m(E - \alpha q)}.$$

Por isso,

$$S = \sqrt{2mE} \int dq \sqrt{1 - \frac{\alpha q}{E}} - Et \rightarrow S$$

$$= \sqrt{2mE} \cdot \frac{2\sqrt{\left(1 - \frac{\alpha q}{E}\right)^3}}{3\left(-\frac{\alpha}{E}\right)} - Et + f(x_0)$$

Exercício 8.2. Resolva a equação HJ para o movimento em uma dimensão de uma partícula que é atuada por uma força que é constante no espaço e aumenta linearmente no tempo.

8.2 Da equação de Hamilton-Jacobi à equação de Schrodinger

A mecânica clássica até agora tem sido não relativista e não de campo, exceto num sentido idealizado para esta última. Além disso, quando a matéria se acumula gravitacionalmente, entendemos que o seu colapso é interrompido em algum ponto pelas propriedades de compressão do material que, por sua vez, remontam a soluções eletrodinâmicas de não colapso. Portanto, nossos objetos até agora foram simplificados ao seu comportamento não eletrodinâmico clássico. Uma vez que tentamos explicar a relatividade ou descrever os campos como dinâmicos por si só, encontramos novas complicações (como o colapso radiativo eletrodinâmico) e uma teoria quântica é indicada. Existem três formalismos principais que conectam a teoria clássica a uma teoria quântica (Schrodinger, Heisenberg e Feynman-Dirac). Há também a antiga Quantização de Bohr-Sommerfeld em uma tentativa anterior de compreender uma solução semiclássica na teoria atual. A primeira a ser discutida é a forma de quantização da equação de onda de Schrodinger, que está diretamente relacionada à equação de Hamilton-Jacobi com substituição apropriada de operadores.

A equação clássica de Hamilton-Jacobi tem o diferencial $\partial/\partial q_a$:

$$H\left(q_a, \frac{\partial S}{\partial q_a}, t\right) + \frac{\partial}{\partial t} S(q_a, t) = 0$$

(8-19)

Na teoria quântica de Schrödinger, mudamos para um formalismo de operador de função de onda, que começa com uma função de onda da forma:

$$\psi(q_a, t) \propto e^{\frac{i}{\hbar} S(q_a, t)},$$

(8-20)

onde vemos a ação entrando como uma fase na função de onda. Atuando na função de onda está uma expressão de operador em que p_a não é substituída por $\frac{\partial S}{\partial q_a}$(expressão clássica), mas por $\frac{\partial}{\partial q_a}$ como parte de uma expressão de operador:

$$H(q_a, p_a, t) + \frac{\partial}{\partial t} S(q_a, t) = 0 \rightarrow \left\{H\left(q_a, \frac{\partial}{\partial q_a}, t\right) + \frac{\partial}{\partial t}\right\} \exp\frac{i}{\hbar} S(q_a, t)$$
$$= 0$$

(8-21)

sendo esta última uma forma da equação de Schrodinger (mais detalhes em [42]). A equação quântica do movimento, de primeira ordem em $\frac{S}{\hbar}$, recupera então a mecânica clássica, já que

$$\left\{H\left(q_a, \frac{\partial S}{\partial q_a}, t\right) + \frac{\partial S}{\partial t}\right\} \exp\frac{i}{\hbar} S(q_a, t) = 0 \rightarrow H\left(q_a, \frac{\partial S}{\partial q_a}, t\right) + \frac{\partial}{\partial t} S(q_a, t)$$
$$= 0.$$

(8-22)

A física semiclássica descreve então a mistura inicial de termos de segunda ordem e de ordem superior que dão origem a efeitos não clássicos.

Para configurações limitadas são possíveis soluções completas para as equações de Schrodinger, como para o átomo crítico de hidrogênio. Quando aplicada ao átomo de hidrogênio, a física quântica resolve um enigma da eletrostática clássica, segundo a qual o átomo de hidrogênio tem estados ligados estáveis (e não simplesmente entra em colapso).

Exemplo 8.3. Considere a equação de Schrodinger dependente do tempo para uma única partícula em um potencial $U(r, t)$. Este problema da mecânica quântica será estudado extensivamente em [42], mas visto em um sentido geral agora é muito instrutivo quanto ao novo "lugar" que aguarda a mecânica clássica no mundo mais amplo da mecânica quântica). Considere o ansatz onde a solução da função de onda pode ser escrita:

$$\Psi(r, t) = A(r, t) \exp\left[\frac{i}{\hbar} \theta(r, t)\right],$$

(8-23)

onde A e θ são reais e analíticos em $\hbar$. (a) Mostre que a expansão em $\hbar$ leva, para a ordem mais baixa, a θ ser uma solução para a equação HJ correspondente (é a Ação clássica). (b) Mostre na próxima ordem $\hbar$ que A^2 satisfaz uma equação de continuidade (isso ajudará a motivar a interpretação de Born em [42]).

Solução

(a) Temos para a equação de Schrödinger dependente do tempo:

$$i\hbar \frac{\partial}{\partial t} \Psi(r, t) = \hat{H}\Psi(r, t).$$

Para uma única partícula em um potencial temos:

$$\hat{H} = \frac{\hat{p}^2}{2m} + \hat{U}(r, t) = -\frac{\hbar^2}{2m} \nabla^2 + U(r, t),$$

por isso,

$$i\hbar \frac{\partial}{\partial t} \Psi(r, t) = -\frac{\hbar^2}{2m} \nabla^2 \Psi(r, t) + U(r, t)\Psi(r, t).$$

Vamos agora tentar a solução indicada para obter uma equação em termos de $\{A, \theta\}$:

$$i\hbar \frac{\partial A}{\partial t} - A \frac{\partial \theta}{\partial t} = -\frac{\hbar^2}{2m} \nabla^2 A - \frac{i\hbar}{m} \nabla A \nabla \theta + \frac{A}{2m} (\nabla \theta)^2 - \frac{i\hbar}{2m} A \nabla^2 \theta + AU.$$

Na ordem zero em $\hbar$, $\hbar^0$ temos os termos:

$$\frac{\partial \theta}{\partial t} = -\left[\frac{(\nabla \theta)^2}{2m} + U\right].$$

A equação HJ (Hamilton-Jacobi) para a θ variável é:

163

$$H(r, \nabla\theta) + \frac{\partial\theta}{\partial t} = 0 \;\rightarrow\; \frac{\partial\theta}{\partial t} = -\left[\frac{(\nabla\theta)^2}{2m} + U\right],$$

que é precisamente a relação de ordem zero.

(b) Em primeira ordem em $\hbar$, $\hbar^1$ temos os termos:

$$i\hbar\frac{\partial A}{\partial t} = -\frac{i\hbar}{m}\nabla A\nabla\theta - \frac{i\hbar}{2m}A\nabla^2\theta,$$

multiplicando A e reagrupando:

$$\frac{\partial A^2}{\partial t} = -\frac{1}{m}\nabla(A^2\nabla\theta) \;\rightarrow\; \frac{\partial\rho}{\partial t} = -\nabla\left(\rho\frac{\nabla\theta}{m}\right), where\ \rho = A^2,$$

Assim, obtemos:

$$\frac{\partial\rho}{\partial t} + \nabla\cdot(\rho v) = 0, where\ v = \frac{\nabla\theta}{m},$$

onde ρ é como uma densidade de fluido e v é como um campo vetorial de velocidade de fluxo.

Exercício 8.3. O que é revelado na segunda ordem em $\hbar$?

8.3 Variáveis de Ângulo de Ação e Quantização de Bohr/Sommerfeld-Wilson

Para o caso especial de movimento conservativo limitado que é separável e periódico, podemos mudar para o que é conhecido como variáveis de ângulo de ação. As "variáveis de ação" são definidas como a integral da área no espaço de fase durante um período do movimento para cada grau de liberdade:

$$J_a = \oint p_a dq_a$$

(8-24)

Os resultados J_a dependem apenas das constantes do movimento, aqui denotadas por $\{\alpha_a\}$ e seguindo a notação de [29]:

$$J_a = J_a(\{\alpha_a\}).$$

(8-25)

Ou invertendo e renomeando $\alpha_1 = E$:

$$E = H(\{J_a\}).$$

(8-26)

Mais detalhes sobre a derivação podem ser encontrados em [29]. A partir daqui podemos determinar as frequências fundamentais do sistema em termos do hamiltoniano acima expresso através de variáveis de ação:

164

$$v_a = \frac{\partial}{\partial J_a} H(\{J_a\}).$$

(8-27)

Na quantização de Sommerfeld-Wilson foi proposto que as variáveis de ação deveriam ser quantizadas com quantidades inteiras da constante de Plank:

$$J_a = \oint p_a dq_a = nh$$

(8-28)

8.4 Colchetes Poisson

Os colchetes de Poisson assumem uma forma especial quando se trabalha em coordenadas canônicas, e são definidos em termos de um hamiltoniano de qualquer maneira, portanto a apresentação dos colchetes de Poisson é colocada aqui por esse motivo. Em coordenadas canônicas vamos considerar duas funções $f(q_i, p_i, t)$ e $g(q_i, p_i, t)$, onde as coordenadas canônicas (em algum espaço de fase) são dadas por $\{p_i, q_i\}$ onde $i = 1..N$. A função de colchete de Poisson dessas duas funções é denotada por $\{f, g\}$ e definida por:

$$\{f, g\} = \sum_{i=1}^{N} \left(\frac{\partial f}{\partial q_i} \frac{\partial g}{\partial p_i} - \frac{\partial f}{\partial p_i} \frac{\partial g}{\partial q_i} \right).$$

(8-29)

Assim, por definição temos:

$$\{q_i, q_j\} = 0, \quad \{p_i, p_j\} = 0, \quad and \quad \{q_i, p_j\} = \delta_{ij},$$

(8-30)

onde o delta de Kronecker é usado ($\delta_{ij} = 1$ if $i = j$ e $\delta_{ij} = 0$ outros).

Freqüentemente, examinamos a evolução temporal de uma função na variedade simplética induzida pela família de simplectomorfismos de um parâmetro (difeomorfismos canônicos e de preservação de área) [37], onde os colchetes de Poisson são preservados.

Veremos os colchetes de Poisson novamente em [42] sobre mecânica quântica como colchetes de Poisson generalizados, que após a quantização se deformam em colchetes de Moyal (uma generalização da álgebra de Lie, a álgebra de Poisson, associada aos colchetes de Poisson). Em termos do espaço de Hilbert, chegamos a comutadores quânticos diferentes de zero.

165

Capítulo 9. Teoria da perturbação, análise dimensional, e Fenomenologia

9.1 Teoria da Perturbação Hamiltoniana

Na teoria das perturbações, consideramos uma solução ou sistema conhecido (normalmente uma descrição hamiltoniana com suas constantes de movimento esclarecidas) e consideramos uma pequena "perturbação" nesse sistema. Em seguida, fazemos uma expansão de perturbação para nossa solução, resolvendo em várias ordens separadamente problemas diferenciais mais simples (consulte o Apêndice A. para alguma discussão e exemplos de métodos de solução de perturbação de Equação Diferencial Ordinária em geral).

Exemplo 9.1. Teoria da perturbação envolvendo um hamiltoniano completo.

Vamos agora considerar a teoria da perturbação envolvendo um hamiltoniano completo $H(q, p, t)$, um hamiltoniano mais simples com soluções conhecidas $H_0(q, p, t)$ e a parte da perturbação $\Delta H(q, p, t)$, onde $\Delta H \ll H_0$:

$$H(q, p, t) = H_0(q, p, t) + \Delta H(q, p, t).$$
(9-1)

Expandimos todas as variáveis para várias ordens em um parâmetro de perturbação (que aparece em ΔH).

Considere o exemplo do movimento livre com a força restauradora da mola vista como perturbação. Neste caso, conhecemos a solução completa sem qualquer teoria de perturbação, portanto podemos ver o desempenho do nosso resultado. Então, para H_0 temos $H_0 = p^2/2m$ e para perturbação vamos usar a forma de solução para o potencial de mola em coordenadas canônicas: $\Delta H = (m\omega^2/2)x^2$. Podemos então avaliar as equações de Hamilton para obter o resultado usual:

$$\dot{x} = \frac{p}{m} \quad ; \quad \dot{p} = -m\omega^2 x$$
(9-2)

(sem qualquer aproximação). Tratada como uma perturbação, vamos considerar ω^2 como parâmetro de perturbação, portanto na ordem zero temos $\dot{p}_0 = 0$ e $\dot{x}_0 = p_0/m$. Por isso

$$p^{(0)} = p_0 = const. \quad ; \quad x^{(0)} = x_0 = \left(\frac{p_0}{m}\right)t,$$

onde escolhemos a condição inicial $x(t = 0) = 0$. Agora, na primeira ordem obtemos:

$$\dot{p}^{(1)} = -m\omega^2 x^{(0)} = -\omega^2 p_0 t \quad \to \quad p^{(1)}(t) = p_0 - \frac{1}{2}\omega^2 p_0 t^2$$

(9-4)

e

$$\dot{x}^{(1)} = \frac{p^{(1)}}{m} = \frac{p_0}{m} - \frac{1}{2m}\omega^2 p_0 t^2 \quad \to \quad x^{(1)}(t) = \frac{p_0}{m}t - \frac{1}{6m}\omega^2 p_0 t^3.$$

(9-5)

Se compararmos agora com a solução completa conhecida:

$$p(t) = p_0 \cos\omega t \quad ; \quad x(t) = \frac{p_0}{m\omega}\sin\omega t,$$

(9-6)

através da primeira ordem, podemos ver a concordância exata.

Se houver uma perturbação dependente do tempo, então frequentemente muda-se de uma formulação hamiltoniana para a formulação hamiltoniana-Jacobi [37]. Considere a $H = H_0 + \Delta H$configuração como antes, mas agora temos a informação adicional de ter obtido a função principal Sque é a função geradora da transformação canônica tal $\{q, p\} \to \{\alpha, \beta\}$que:

$$H_0\left(q, \frac{\partial S}{\partial q}, t\right) + \frac{\partial}{\partial t}S(q, \alpha, t) = 0.$$

(9-7)

Em relação a H_0, as variáveis $\{\alpha, \beta\}$são canônicas e, portanto, constantes. Em relação a Helas não serão constantes mas ainda serão escolhidas como nossas variáveis canônicas (let $\{P = \alpha, Q = \beta\}$):

$$P = \alpha(q, p) \quad ; \quad Q = \beta(q, p).$$

(9-8)

Reformulação para a forma HJ padrão para o hamiltoniano H perturbado com a perturbação dependente do tempo:

$$H(\alpha, \beta, t) = H_0(\alpha, \beta, t) + \Delta H(\alpha, \beta, t) + \frac{\partial S}{\partial t} = \Delta H(\alpha, \beta, t),$$

(9-9)

e desde então $\dot{Q} = \frac{\partial H}{\partial P}$obtemos $\dot{P} = -\frac{\partial H}{\partial Q}$as relações exatas:

$$\dot{\alpha} = -\frac{\partial \Delta H}{\partial \beta} \quad ; \quad \dot{\beta} = \frac{\partial \Delta H}{\partial \alpha}.$$

(9-10)

Muitas vezes, soluções exatas não são possíveis, então fazemos expansões de perturbação como antes. Aqui, quaisquer valores $\{\alpha, \beta\}$ obtidos na ordem zero são então usados no cálculo de primeira ordem, como antes:

$$\dot{\alpha}^{(1)} = -\frac{\partial \Delta H}{\partial \beta}, \quad \alpha = \alpha^{(0)}, \quad \beta = \beta^{(0)},$$

(9-11)

e da mesma forma para $\dot{\beta}^{(1)}$ e, em seguida, iterado em ordem superior, conforme necessário.

Exercício 9.1. Aplique a abordagem de perturbação HJ ao sistema de molas considerado anteriormente e obtenha novamente o resultado no formalismo HJ.

9.2 Análise dimensional

A física tem quantidades dimensionais, ao contrário da matemática diferencial usada até agora (embora seja possível introduzir elementos matemáticos que podem atuar como quantidades dimensionais). Quantidades adimensionais podem ser agrupadas em produtos adimensionais. Por exemplo, a Lei de Stefan-Boltzmann (descrita em [42,45]), dá uma relação entre a energia radiante E em uma cavidade, de volume V, com paredes à temperatura T:

$$\frac{E}{V} = \frac{8\pi^5}{15} \frac{k_B^4 T^4}{c^3 h^3}.$$

(9-12)

As fórmulas matemáticas da física devem ter consistência na dimensionalidade dos termos.

Exemplo 9.2. Uma bola de gude rolando em uma órbita circular
Considere uma bola de gude rolando em uma órbita circular dentro de um cone invertido (veja [62] para mais exemplos), com meio ângulo (da vertical) igual a θ. As variáveis para o sistema são então o período orbital τ, a massa m, o raio da órbita R, a aceleração da gravidade g, entre outras θ. Vamos fazer um produto adimensional:

$$\tau^\alpha m^\beta R^\gamma g^\delta = [T]^\alpha [M]^\beta [L]^\gamma [LT^{-2}]^\delta = T^{\alpha-2\delta} M^\beta L^{\gamma+\delta},$$

(9-13)

que é adimensional se $\alpha - 2\delta = 0$ e $\beta = 0$ e $\gamma + \delta = 0$, ou simplificando, obtemos:

$$\beta = 0 \text{ e } \gamma = -\delta = -\alpha/2.$$

Assim, temos a relação:

$$\tau = \sqrt{\frac{R}{g}} f(\theta).$$

(9-14)

Com muito mais esforço, uma análise detalhada mostra isso $f(\theta) = 2\pi\sqrt{\tan\theta}$.

Exercício 9.2. Mostre isso $f(\theta) = 2\pi\sqrt{\tan\theta}$.
Uma formulação mais geral da solução parcial possível pela análise dimensional é dada pelo ΠTeorema de Buckingham [62].

9.2.1 ΠTeorema de Buckingham
1. Se uma equação for dimensionalmente homogênea, ela pode ser reduzida a uma relação entre um conjunto completo de produtos adimensionais independentes [63]
2. O número de Produtos adimensionais completos e independentes N_Pé igual ao número de Variáveis (e constantes) adimensionais $N_V$menos o número de Dimensões $N_D$necessárias para expressar as fórmulas: $N_P = N_V - N_D$.

O esclarecimento dos métodos acima é melhor demonstrado com alguns exemplos.

Exemplo 9.3. Análise dimensional do pêndulo.
Para um pêndulo com período τ, massa m, comprimento do braço le aceleração da gravidade g:
$$\tau^\alpha m^\beta l^\gamma g^\delta = [T]^\alpha [M]^\beta [L]^\gamma [LT^{-2}]^\delta = T^{\alpha-2\delta} M^\beta L^{\gamma+\delta},$$
que tem a mesma solução de antes (mas sem θ), assim temos:
$$\tau = C\sqrt{\frac{l}{g}},$$
onde Cé uma constante.

Exercício 9.3. Refaça para o movimento horizontal da mola em uma superfície sem atrito, com uma extremidade presa e a outra com massa não desprezível.

Exemplo 9.4. Análise de explosão nuclear por GI Taylor [33]
Este é um exemplo famoso em que o rendimento (energia) de uma explosão nuclear foi determinado a partir de uma sequência de fotografias

170

de alta velocidade publicadas num jornal (com os carimbos de data/hora necessários mostrando a propagação da explosão). Vamos R denotar o raio de uma onda de explosão em expansão, seja o tempo desde a explosão t, seja a energia liberada E e seja a densidade atmosférica (inicial) ρ.

Exercício 9.4. Mostre isso $E = k\rho R^5/t^2$ para alguma constante (adimensional) k.

Exemplo 9.5. Considere o hamiltoniano:

$$H = \frac{1}{2}\left(P_x{}^2 + P_y{}^2\right) + 2x^3 + xy^2$$

Para o qual as equações hamiltonianas fornecem:

$$\dot{x} = P_x; \quad \dot{y} = P_y; \quad \dot{P}_x = -(6x^2 + y^2); \quad \dot{P}_y = -(2xy).$$

Temos nossa primeira quantidade conservada, a Energia $E = H$, e referindo-nos à dimensionalidade da Energia, vamos construir uma tabela de termos:

Prazo	Encomende em E
x, y	1/3
P_x, P_y	½
$\dfrac{d}{dt}$	1/6
H	1

Queremos uma segunda quantidade conservada W tal que $\dot{W}$ possa ser construída a partir de ($x, y, P_x, P_y, \dot{x}, \dot{y}, \dot{P}_x, \dot{P}_y$) de modo a dar zero consistente com a forma dos "blocos de construção" acima. Como $\dot{P}_x, \dot{P}_y$ são o único local onde os termos são acoplados, eles devem estar em W. Como $\dot{P}_x, \dot{P}_y$ são de ordem 2/3, devemos ter $\dot{W}$ de ordem $\geq$2/3. Além disso, W deve ser um diferencial exato (como acontece com H).

Caso 1: considere $\dot{W}$ a ordem 2/3, isso significa que:

$$\dot{W} = \alpha\dot{P}_x + \beta\,\dot{P}_y + ax^2 + bxy + cy^2,$$

onde os coeficientes são todos constantes, podemos escolher. Esta expressão não é um diferencial exato para qualquer escolha de constantes, portanto este caso não funciona.

Caso 2: considere $\dot{W}$ a ordem 5/6, isso significa que:

$$\dot{W} = \alpha xP_x + \beta yP_x + \gamma yP_y + \delta xP_y + ax\dot{x} + bx\dot{y} + cy\dot{x} + dy\dot{y}.$$

Esta expressão também não é uma diferencial exata, então este caso não funciona.

Caso 3: considere $\dot{W}$ a ordem 6/6,... tem termos como $x\dot{P_x}$e, novamente, nenhuma solução.

Caso 4: considere $\dot{W}$ a ordem 7/6, funciona, mas recupera a primeira quantidade conservada, o próprio hamiltoniano.

Caso 5: considere $\dot{W}$ a ordem 8/6,... tem termos como $x^2\dot{P_x}$e, novamente, nenhuma solução.

Caso 6: considere $\dot{W}$ a ordem 9/6,... isso funciona. A forma geral agora é:
$$\dot{W} \propto E^{3/2} \quad \rightarrow \quad W \propto E^{4/3}$$
A expressão geral para W agora é:
$$W = a_1 x^4 + a_2 x^3 y + a_3 x^2 y^2 + a_4 xy^3 + a_5 y^4$$
$$+b_1 x P_x^2 + b_2 x P_x P_y + b_3 x P_y^2 + b_4 y P_x^2 + b_5 y P_x P_y + b_6 y P_y^2$$

A expressão geral para $\dot{W}$ é assim:
$$\dot{W} = x^3 P_x (4a_1 - 12b_1) + \cdots,$$
onde os coeficientes constantes para cada termo são separadamente iguais a zero. Existem, portanto, 12 equações para as 11 incógnitas indicadas. Resolvendo, descobrimos que:

$$W = x^2 y^2 + \frac{1}{4} y^4 - x P_y^2 + y P_x P_y.$$

9.2.2 Análise Dimensional Mostra 22 Quantidades Dimensionais Únicas [62]

Se começarmos com o conjunto de 6 constantes dimensionais fundamentais, $\{G, \varepsilon_0, c, e, m_e, h\}$ descobrimos que existem 22 agrupamentos dimensionais únicos [62] e 2 agrupamentos adimensionais (o número de Eddington-Dirac e a constante de estrutura fina). Em [45] encontraremos novamente 22 parâmetros fundamentais e dimensionais indicados.

Exercício 9.5. Identifique os 22 agrupamentos dimensionais .

9.3 Fenomenologia

Quando você não tem uma teoria fundamental, mas ainda quer estabelecer um modelo científico baseado em alguns dados empíricos de algum fenômeno, então o que você está estabelecendo é um modelo fenomenológico. Um modelo fenomenológico não se baseia em nenhum primeiro princípio. As teorias fundamentais muitas vezes começam como modelos fenomenológicos até serem melhor compreendidas. Feynman em suas descrições da Lei Física [64], por exemplo, descreve o processo de descoberta da lei física como suposições esclarecidas. A termodinâmica é frequentemente vista como uma teoria fenomenológica que emprestou leis físicas de outros lugares (como a conservação de energia). Em parte por esta razão, e aguardando outros desenvolvimentos da teoria, a discussão da fenomenologia nos contextos da termodinâmica e da mecânica estatística não é concluída até [44].

Alguns dos problemas mais difíceis da física teórica moderna foram abordados na forma de modelos fenomenológicos (física de partículas, física da matéria condensada, física de plasma). Se tudo mais falhar, tente a fenomenologia. Um exemplo famoso disso no filme "Dark Star" tem a ver com a desativação de uma bomba " termoestelar " que foi ativada acidentalmente (é o objeto em forma de caminhão mostrado na Figura 8.1). A bomba é controlada por uma IA e a tripulação considerou que sua melhor chance de desativá-la é "ensiná-la fenomenologia", para que ela possa ver o quadro geral e perceber que não precisa explodir se não quiser. para….. Infelizmente, ao reavaliar com maior perspectiva, a IA decide que é deus, diz "Haja luz" e explode. Geralmente é assim que as coisas também funcionam na Física, mas isso terá que esperar outro dia e outro livro (veja o próximo [40] para uma descrição do eletromagnetismo).

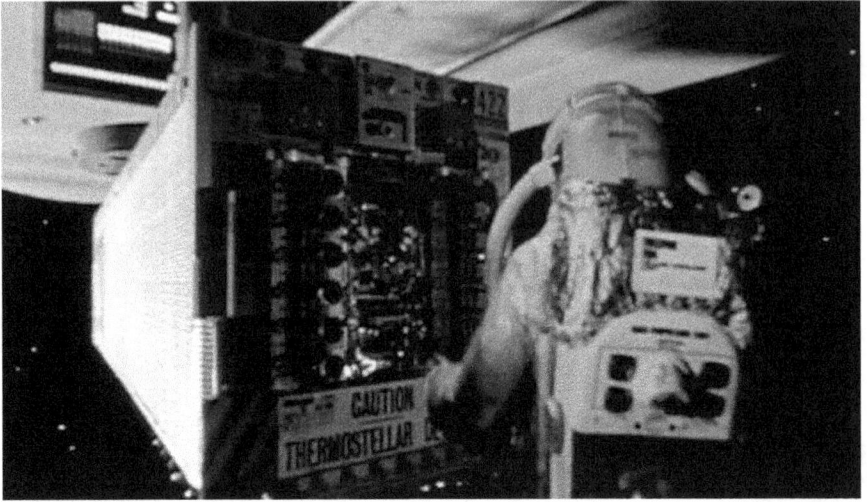

Figura 9.1 Tripulante mostrado ensinando a fenomenologia da IA da bomba, do filme "Dark Star".

Capítulo 10. Exercícios Extras

Exercício 10.1.

Considere uma colisão de dois sistemas idênticos, cada um consistindo de duas massas pontuais m munidas por uma mola de constante k. Antes da colisão, cada mola está "relaxada" ou descomprimida. Antes da colisão, um sistema se move com velocidade v em direção ao outro, ao longo da linha das molas e o segundo sistema está em repouso. As partículas que colidem unem-se para formar um sistema de 3 partículas, conforme mostrado na imagem "depois". Se o tempo de colisão for curto em comparação com $\sqrt{\frac{m}{k}}$, $find$

(a) A velocidade de cada uma das três partículas finais imediatamente após a colisão.
(b) A posição da partícula na extrema direita em função do tempo t após a colisão

Exercício 10.2.

Duas partículas de massas m_1 e m_2 posições $\vec{r}_1$, $\vec{r}_2$ respectivamente, interagem com energia potencial $U(r)$, onde $r = \left| \vec{r}_1 - \vec{r}_2 \right|$.

(a) Escreva o Lagrangiano L deste sistema.
(b) Defina a coordenada relativa $\vec{r} = \vec{r}_1 - \vec{r}_2$ e a coordenada do centro de massa $\vec{R} = \frac{\left(m_1 \vec{r}_1 + m_2 \vec{r}_2 \right)}{(m_1 + m_2)}$. Expresse o Lagrangiano L em termos dessas coordenadas generalizadas. Mostre que $L = L_R + L_r$, onde L_R é a parte do Lagrangiano que contém a coordenada $\vec{R}$ e L_r é a parte que contém a coordenada $\vec{r}$. Escreva L_r na forma do Lagrangiano de uma única partícula tendo coordenada $\vec{r}$ e massa m. Dê a expressão para esta "massa reduzida m em termos de m_1 e m_2.
(c) No resto do problema, considere o movimento da partícula descrito pelo Lagrangiano L_r
(*the subscript r on L will be dropped for brevity*). Escolha coordenadas cilíndricas com o eixo z apontando na direção do

momento angular $\vec{l} = \vec{r} \times \vec{p}$ onde $P_i = \partial L/\partial \dot{r}_i$. Escreva o Lagrangiano em coordenadas cilíndricas (r, ϕ, z).

(d) Mostre agora que o momento angular é conservado. Como $\vec{l}$ é conservado, pode-se assumir que a partícula se move no plano. $z = 0$. Isso simplifica o Lagrangiano.

(e) Mostre que, como resultado das equações de Lagrange, existe uma energia conservada E e apresente-a explicitamente em termos de r, ϕ e suas derivadas no tempo. Escreva a expressão para o angular conservado

(f) Da expressão para E expressar t como uma função integral de r e as constantes de movimento E e l.

(g) Da mesma forma, expresse ϕ como uma função integral de r, E, e l.

Exercício 10.3.

Uma partícula de massa m se move em um campo de força da forma

$$\vec{F} - \left(-\frac{a}{r^2} + \frac{b}{r^{\frac{3}{2}}} \right) \hat{r}$$

Onde a e b são constantes positivas.

(a) Para que faixa de radil as órbitas circulares são possíveis?

(b) Para que faixa de radil as órbitas circulares são estáveis?

(c) Encontre a frequência de pequenas oscilações em torno de uma órbita circular de raio $r = \frac{a^2}{4b^2}$

Exercício 10.4.

(a) Mostre que uma partícula isolada com massa de repouso finita m não pode decair em uma única partícula com massa de repouso nula.

(b) Uma única partícula com massa de repouso zero pode decair em n partículas, todas com massa de repouso zero e energia positiva? Se sim, dê um exemplo. Caso contrário, prove que é impossível para todo $n > 1$

Exercício 10.5.

Uma barra de comprimento a e massa m está suspensa por um fio desprezível de comprimento a/3. Obtenha as frequências do modo normal (frequências próprias) para pequenos deslocamentos a partir da posição de equilíbrio estável deste sistema.

Exercício 10.6.

Considere o movimento transversal (isto é, movimento perpendicular à corda) das duas massas, M e m, fixadas em um fio sem massa de comprimento 4a. todo o sistema está sobre uma mesa sem atrito.

Exercício 10.7.

Um cilindro (de massa M_1, raio R e altura h) repousa sobre um disco sem massa e gira em torno de um eixo fixo no centro do disco (raio do disco -D). na borda do disco está fixada uma massa pontual M_2. Existe atrito entre o cilindro e o disco. Lat D – 2R e M_1-2 M_2. O coeficiente adimensional de atrito cinético é c, e a aceleração da gravidade é g. a velocidade angular inicial do cilindro (ω_1^0)é quatro vezes a do disco (ω_2^0), ou seja, ω_1^0-4 ω_2^0. Somente em termos de R, M_1, σe g, encontre

(A)O tempo t necessário para o sistema atingir um estado estacionário.
(B) A velocidade angular final do disco e do cilindro.

Exercício 10.8.

Uma corda de comprimento L é fixada em ambas as extremidades, tem massa total M e é esticada sob tensão T. No instante t = 0, a corda é atingida por um martelo de largura d na posição x = a (ver diagrama) em tal uma forma de fazer a corda vibrar com as condições iniciais.

$y(x, t = 0) = 0$tudo x
$\dot{y}(x, 0) = 0 \qquad 0 \le x \le a - \frac{d}{2}$
$\dot{y}(x, 0) = v_0$a $-\frac{d}{2} \le x \le a + \frac{d}{2}$
$\dot{y}(x, 0) = 0$um $+\frac{d}{2} \le x \le L$

(a) Encontre uma expressão para a energia cinética (dependente do tempo) do n^{th}modo normal de vibração da corda na $\hat{y}$direção. (Não há vibração longitudinal). Expresse a velocidade e a frequência da onda em termos das constantes dadas no problema.

(b) Encontre uma posição x = a e largura d do martelo que maximizará a energia no modo de vibração n = 3.

Exercício 10.9.

Uma partícula é obrigada a se mover na ciclóide:

$$x = a\cos^{-1}\left(\frac{a-y}{a}\right) + \sqrt{2ay - y^2} \ (0 \le y \le 2a)$$

Sob a influência da gravidade (o eixo y aponta para cima).
(i) Escreva Lagrangiana para este sistema.
(ii) Obtenha a(s) equação(s) de Euler.
(iii) Suponha que a partícula parta de um ponto $y = y_0$ com velocidade inicial zero: mostre que o tempo que leva para atingir a parte inferior da curva (y = 0) É independente de y_0.

$$\left[You \ may \ need \ the \ integral \int \frac{du}{\sqrt{u - u^2}} = \sin^{-1}(2u - 1)u \right.$$
$$\left. < 1\right]$$

Exercício 10.10.

(a) Na decadência

$$A + p + \pi^-$$

Qual é a energia do píon, medida no referencial de repouso do A? (Find E_π in terms of the rest masses m_Δ, m_p, m_π).

(b) Um nêutron com energia 939 x 10^{10}MeV viaja através de uma galáxia cujo diâmetro é 10^5 de anos-luz. Se a meia-vida de um nêutron for 640 s... você deveria apostar que o nêutron decairá antes de cruzar a galáxia? (Justifique sua resposta.)
$$m_n = 939 \ MeV \quad 1 \ year = \pi \ x \ 10^7 \ 5.$$

Exercício 10.11.

A métrica que descreve uma casca esférica de matéria de raio R pode ser escrita

$$ds^2 = -\left(1 - \frac{2M}{r}\right)dt^2 + \left(1 - \frac{2M}{r}\right)^{-1} dr^2$$
$$+r^2(d\theta^2 + \sin^2\theta d\phi^2). \ outside$$
$$ds^2 = -dt^{-2} + dr^{-2} + r^{-2}(d\theta^2 + \sin^2\theta d\phi^2). \ inside.$$

a) Encontre funções $\bar{t}(r,t), \bar{r}(r,t)$ próximas a r= R, para as quais a métrica é contínua em r =R.

178

b) Um neutrino, emitido por um nêutron em decomposição no centro da casca ($\bar{r} = 0$).A energia E é medida por um observador em repouso em $\bar{r} = 0$. Qual é a sua energia quando atinge o infinito ($r \gg R$), medida por um observador no infinito? (É passa pela casca sem interação.)

Exercício 10.12.

Uma partícula de massa m e carga e se move em um campo magnético $\underset{B}{\rightarrow} = b(x^2 + y^2)\hat{k}$, onde b é uma constante.

(a) Encontre um potencial vetorial para $\underset{B}{\rightarrow}$ da forma

$$\underset{A}{\rightarrow} = f(x^2 + y^2)\underset{\phi}{\rightarrow}, \text{ onde}\underset{\phi}{\rightarrow} = x\hat{j} - y\hat{\imath}.$$

(b) Encontre o hamiltoniano para a partícula, usando este $\underset{A.}{\rightarrow}$

(c) Mostre que $\underset{p}{\rightarrow}*\underset{\phi}{\rightarrow}$é uma constante do movimento verificando

que o colchete de Poisson $\left[\underset{p}{\rightarrow}*\underset{\phi}{\rightarrow}, H\right]_{PB}$ desaparece.

(d) Encontre uma quantidade conservada diferente de H e $\underset{p}{\rightarrow}*\underset{\phi}{\rightarrow}$.

Exercício 10.13.

Considere as três maneiras a seguir pelas quais você poderia começar com um fóton de raio y de energia 3 Mev e terminar com um elétron em movimento. Calcule o valor numérico da energia cinética máxima que um elétron poderia ter em cada caso.

(a) Efeito fotoelétrico

(b) Produção de pares de elétrons

(c) Dispersão Compton (derive qualquer expressão usada para dispersão Compton.)

H $= 6.63 \times 10^{-34} J \times s$

$= 4.136 \times 10^{-15} eV \times s$

Se precisar de mais dados que não conhece, faça uma estimativa (de magnitude razoável, se possível) e use esse valor para o seu cálculo. Seja explícito sobre a estimativa que você está usando.

Exercício 10.14.

Uma colisão relativística ocorre ao longo de uma linha reta entre uma partícula de massa de repouso m_0e outra de massa de repouso nm_0. Eles ficam juntos após a colisão e têm uma massa de repouso combinada de M_0, que sai com velocidade v. antes da colisão, m_0 está em repouso e a outra partícula se aproxima com velocidade u. se ligarmos

$$Y = \frac{1}{\sqrt{1 - \frac{u^2}{c^2}}}$$

Então encontre

A) V em função de você e y. E

B) $\frac{M_0}{m_0}$ em função de u e y.

Exercício 10.15.

Nas coordenadas de Eddington-Finkelstein, a métrica de um buraco negro de Schwarzschild é

$$ds^2 = -\left(1 - \frac{2M}{r}\right) dv^2 + 2\, dvdr + r^2\{d\theta^2 + sin^2\theta d\phi^2).$$

(a) mostre que o caso M=0 é um espaço plano encontrando um gráfico (sistema de coordenadas)
$\overset{\rightarrow}{t,}\ \overset{\rightarrow}{r,}\ \theta, \phi$ para o qual a métrica (1) tem a forma
$$ds^2 = -dt^{-2} + dr^{-2} + r^{-2}(d\theta^2 + sin^2\theta d\phi^2)\ (M = 0).$$

(b) Seja r(v) uma curva radial tipo tempo cujo ponto inicial está dentro do horizonte r(0) < 2M. mostre que r(v) < r(0) quando v > 0 (ou seja, a curva não pode emergir do horizonte).

(c) Uma lanterna e um observador, ambos no $\theta = \phi = 0$ eixo, estão em raios fixos $r = r_f$ e $r = r_o$. A lanterna emite luz de comprimento de onda λ (medido em seu quadro). Que comprimento de onda o observador mede?

(d) Mostre que as superfícies v = constantes são nulas, $g^{ab\triangledown} a^{v\triangledown} b^v = 0$

Exercício 10.16.

Uma partícula com carga 2 q se move no campo eletromagnético de uma partícula fixa que carrega uma carga elétrica Q e uma carga magnética b: o campo magnético da partícula fixa é

$$B = \frac{b\,\vec{r}}{r^3}$$

Prove que o vetor

$$\vec{L} - \frac{qb}{c}\frac{\vec{r}}{r}$$

É uma constante de movimento para a partícula q, onde $\vec{L}$ é o momento angular orbital.

Exercício 10.17.

No pêndulo duplo mostrado, as massas pontuais 3m e m estão conectadas *l*entre si por hastes leves de comprimento e a um ponto de apoio. As massas podem oscilar livremente num plano vertical. No tempo $t = d, \theta = 0, \frac{d\theta}{dt} = 0, \phi = \phi_0 \ll 1$ *and* $\frac{d\phi}{dt} = 0$.

Encontrar $\theta(t)$ *and* $\phi(t)$.

Capítulo 11. Perspectiva da Série

As formulações clássicas do movimento pontual de partículas foram descritas: usando equações diferenciais (1^a e 2ª Lei de Newton [)]; utilização de uma formulação de função variacional para selecionar a equação diferencial (variação Lagrangiana); usando uma formulação funcional variacional (formulação de ação) para selecionar a formulação da função variacional. Também foram descritos os dois domínios de movimento em muitos sistemas: não caótico; e caótico.

A partir da formulação variacional Lagrangiana de 'ação' para o movimento de partículas, eventualmente definiremos a formulação variacional funcional integral de caminho envolvendo esse mesmo Lagrangiano para chegar a uma descrição quântica para o movimento quântico não relativístico de partículas (descrito em detalhes no Livro 4 [42] , e relativista no Livro 5 [43]). A partir da descrição quântica chegamos ao formalismo do propagador para descrever a dinâmica (isto também existe na formulação clássica, mas normalmente não é muito usado nesse contexto). Descobrir-se-á então que propagadores complexos têm ligações com a mecânica estatística e propriedades termodinâmicas (Livro 6 [44]). Os vínculos com a mecânica estatística são ainda mais enfatizados quando estamos à beira do caos, mas com o movimento da órbita ainda confinado. Isto pode estar associado a um regime de equilíbrio e martingale, cuja existência pode então ser usada no início do Livro 6 [44] em derivações de mecânica estatística e termodinâmica com a existência de equilíbrios estabelecidos no início. A existência das medidas familiares de entropia já está indicada na descrição da neurovariedade (Livro 3 [41]), portanto, junto com o equilíbrio, a descrição da termodinâmica do Livro 6 é capaz de começar com uma base bem estabelecida que não é reivindicada por decreto, antes reivindicado como resultado direto do que já foi determinado na teoria/experimento descrito nos livros anteriores da série.

Ao passar de uma teoria de partículas pontuais para uma teoria de campos, não há muita discussão nos principais livros de física sobre campos em um sentido geral, geralmente apenas salta diretamente para o principal campo de relevância, o Eletromagnetismo (EM). Se for avançado, também poderá abranger a Relatividade Geral (RG), como em [92]. Nos próximos dois livros da Série cobriremos esses tópicos, mas também cobriremos campos básicos em 1, 2 e 3D (incluindo dinâmica de fluidos), bem como formulações do Campo Lorentziano 4D (para Relatividade Especial), o Campo de Gauge formulação (portanto, Yang Mills abordada em um contexto clássico) e as formulações geométricas e de calibre GR. Isto estabelece a base para as forças padrão e, após a quantização (Livros 4 e 5 da Série), estabelece a base para as forças renormalizáveis padrão (todas exceto a gravitação).

No Livro 2 o foco está na teoria clássica de campos em uma geometria fixa, o principal exemplo físico é EM. Nesta configuração, alfa aparece, por exemplo, na descrição de um par elétron-pósitron: $F = e^2/(4\pi\varepsilon a^2)$ para distância elétron-pósitron 'a', onde alfa aparece como a constante de acoplamento. Mais tarde, na mecânica quântica, tanto moderna quanto no modelo inicial de Bohr, temos que alfa = $[e^2/(4\pi\varepsilon)]/(c\hbar)$. O aparecimento de alfa nas situações está ocorrendo em sistemas vinculados. Por outro lado, se examinarmos as interações EM que não estão ligadas, como com a Força de Lorentz $F = q(E \times v)$, aqui não surge nenhum parâmetro alfa, nem com a análise mecânica quântica inicial de tais sistemas, como com o espalhamento Compton. Assim, vemos um papel inicial para alfa, mas apenas em sistemas ligados, portanto, apenas em sistemas com expansões perturbativas (convergentes) nas variáveis do sistema.

No Livro 3, teoria de campo clássica com geometria *dinâmica* , ou seja, GR, não vemos alfa. Em vez disso, vemos construções múltiplas e a matemática da geometria diferencial (e, até certo ponto, topologia diferencial e topologia algébrica). Construções múltiplas são descritas na base matemática fornecida no Livro 3 e no Apêndice. Uma aplicação na área de neurovariedades (ver [24]), mostra que o equivalente a um caminho geodésico neste cenário é a evolução envolvendo etapas mínimas de entropia relativa. Semelhante à descrição de um espaço-tempo localmente plano, encontraremos uma descrição de 'entropia' aumentando/evoluindo de acordo com a entropia relativa mínima.

Apêndice

A. Uma sinopse de equações diferenciais ordinárias

Esta sinopse está no nível do curso de pós-graduação em matemática aplicada AMa101 ca. 1985, onde o texto principal utilizado foi o de Bender & Orszag [39]. Muitos problemas foram atribuídos e soluções completas são fornecidas para muitos deles. Assim, indiretamente, soluções para vários problemas apresentados em [39] também estão incluídas no que se segue. O material principal sobre equações diferenciais e exemplos resolvidos é selecionado para educar rapidamente sobre a incrível complexidade possível e para esclarecer métodos de solução padrão.

Esta sinopse inclui uma introdução às equações diferenciais ordinárias; análise de equações diferenciais ordinárias locais (estudo de pontos singulares); Equações Diferenciais Ordinárias não lineares; Métodos de Perturbação (incluindo teoria WKB); e Teoria de Sturm-Liouville. Os dois últimos tópicos são mais relevantes para problemas de mecânica quântica, por isso são colocados como um apêndice do Livro 4 de Mecânica Quântica.

A.1 Introdução às Equações Diferenciais Ordinárias

Defina uma equação diferencial ordinária de ordem n ^{como} :

$$\frac{d^n y}{dx^n} = F\left(x, y, \frac{dy}{dx}, \dots, \frac{d^{n-1}y}{dx^{n-1}}\right) \rightarrow y^{(n)} = F\left(x, y, y^{(1)}, \dots, y^{(n-1)}\right),$$

$$(A-1)$$

e existe a notação alternativa $y' = y^{(1)}; y'' = y^{(2)}$; etc., também. Se F for linear em $y, y^{(1)}, \dots, y^{(n-1)}$, então a Equação Diferencial Ordinária é uma Equação Diferencial Ordinária linear [39]. A solução de uma Equação Diferencial Ordinária linear de ordem n é uma função de n constantes de integração · Se F for não linear, ainda existem n constantes de integração, mas pode haver soluções adicionais que não podem ser construídas escolhendo as constantes. Equações diferenciais ordinárias lineares são frequentemente escritas em "notação de operador":

$$\mathcal{L}\, y(x) = f(x),$$

$$(A-2)$$

onde $\mathcal{L}$ está o operador diferencial:

185

$$\mathcal{L} = p_o(x) + p_1(x)\frac{d}{dx} + \cdots + p_{n-1}(x)\frac{d^{n-1}}{dx^{n-1}} + \frac{d^n}{dx^n}.$$

(A-3)

Se $f(x) = 0$, então é homogêneo, caso contrário é não homogêneo (tendo soluções homogêneas mais soluções particulares). Temos um problema de valor inicial (IVP) se conhecermos $y, y^{(1)}, \ldots, y^{(n-1)}$ algum valor (inicial) $x = x_0$: $y(x_0) = a_0$, $y'(x_0) = a_1$, ..., $y^{(n-1)}(x_0) = a_{n-1}$ para a qual existe uma solução geral $y(x) = \sum_{j=1}^{n} c_j y_j(x)$, onde c_j são constantes arbitrárias de integração e $\{ y_j \}$ são um conjunto de soluções linearmente independentes. Para determinar se nosso conjunto de soluções é verdadeiramente independente, devemos avaliar seu Wronskiano [39]. O Wronskiano também surge naturalmente ao abordar a PIV, o que será considerado a seguir. Observe que, diferentemente do IVP, para um problema de valor limite (BVP) colocamos valores (e/ou derivadas) em mais de um ponto. Este é necessariamente um contexto global de solução, não local e, portanto, mais complicado.

Para mostrar a existência e a unicidade dos IVPs, $y^{(n)} = F(x, y, y^{(1)}, \ldots, y^{(n-1)})$ podemos sempre converter a equação de enésima ordem em um sistema de n equações de primeira ordem:

$$\frac{dy_i}{dx} = f_i(y_1, y_2, \ldots, y_n, x), \quad i = 1..n, \quad where \ y_i = \frac{d^{i-1}}{dx^{i-1}} y(x).$$

(A-4)

Isso geralmente é escrito em notação vetorial:

$$\vec{Y} = \begin{pmatrix} y_1(x) \\ \ldots \\ y_n(x) \end{pmatrix}, \qquad \vec{F} = \vec{F}(\vec{Y}, x) = \begin{pmatrix} f_1(x) \\ \ldots \\ f_n(x) \end{pmatrix}, \qquad \frac{d\vec{Y}}{dx}$$

$$= \vec{F}(\vec{Y}, x), \quad with \ IVP: \ \vec{Y}(x = x_0) = \vec{Y_0}$$

(A-5)

Para resolver isso usamos uma aproximação recursiva (iteração de Picard) começando com a forma integral:

$$\vec{Y}(x) = \vec{Y_0} + \int_0^x F(Y, t)dt .$$

(A-6)

Assumindo $x_0 = 0$ sem perda de generalidade (wlog .), escrevemos:

$$\vec{Y_0}(x) = \vec{Y_0}\,; \quad \vec{Y_1}(x) = \vec{Y_0} = + \int\limits_0^x \vec{F}(\vec{Y},t)dt\,; \quad \ldots; \quad \vec{Y}_{n+1}(x)$$

$$= \vec{Y} + \int\limits_0^x \vec{F}(\vec{Y_n},t)dt\,.$$

(A-7)

A convergência da sequência depende de $\vec{F}$. Vamos mostrar que a iteração converge em alguma vizinhança de $x = 0$. Primeiro. vamos mostrar que $\vec{F}$ satisfaz uma condição de Lipschitz:

$$\left\| \vec{F}(\vec{Y_1},x) - \vec{F}(\vec{Y_2},x) \right\| \le K \left\| \vec{Y_1} - \vec{Y_2} \right\|,$$

(A-8)

para todos $||\vec{Y} - \vec{Y_0}|| \le a$ todas X: $\|x\| \le b$. Se estiver trabalhando com números puros (ou unidimensionais), tenha $\|x\| = |x|$, e,, $|x - y| \ge$ 0com igualdade somente quando x = y. Também temos $|x - y| = |y - x|$(simetria) e $|x - z| \le |x - y| + |y - z|$(desigualdade triangular). Para vetores: $\|\vec{x} - \vec{y}\| = |\sqrt{(\vec{x} - \vec{y}) \cdot (\vec{x} - \vec{y})}|$, e ainda temos simetria e a desigualdade triangular. Também exigimos que $\vec{F}$ seja limitado:

$$\vec{F}(\vec{Y},x) \le M.$$

Se estas condições forem satisfeitas então a iteração de Picard converge. Para demonstrar, considere:

$$\vec{Y}_n(x) = \vec{Y_0} + \int\limits_0^x \vec{F}(\vec{Y}_{n-1},t)dt \quad and \quad \vec{Y}_{n+1}(x) = \vec{Y_0} + \int\limits_0^x \vec{F}(\vec{Y_n},t)dt.$$

Temos então:

$$\vec{Y}_{n+1} - \vec{Y}_n = \int\limits_0^x \left[\vec{F}(\vec{Y_n},t) - \vec{F}(\vec{Y}_{n-1},t) \right]dt$$

$$\left\| \vec{Y}_{n+1} - \vec{Y}_n \right\| \le \int\limits_0^x \left\| \vec{F}(\vec{Y_n},t) - \vec{F}(\vec{Y}_{n-1},t) \right\|dt \le K \int\limits_0^x \left\| \vec{Y}_n - \vec{Y}_{n-1} \right\|dt\,.$$

Para avaliar o RHS, considere:

$$\left\| \vec{Y_2} - \vec{Y_1} \right\| \le K \int\limits_0^x ||Y_1 - Y_0||dt \le K \int\limits_0^x dt \int\limits_0^t du \|F(Y_0,u)\|$$

$$\le KM \int\limits_0^x dt \int\limits_0^t du.$$

Usando indução, pode-se mostrar que:

$$\left\|\vec{Y}_{n+1} - \vec{Y}_n\right\| \leq \frac{MK^n x^{n+1}}{(n+1)!}.$$

Se escrevermos então:

$$\vec{Y}_n(x) = \overrightarrow{Y_0} + \left(\overrightarrow{Y_1} - \overrightarrow{Y_2}\right) + \left(\overrightarrow{Y_2} - \overrightarrow{Y_3}\right)\cdots,$$

então, se a série norma convergir, então $\overrightarrow{Y_n}$ convergirá (provavelmente tem fatores negativos):

$$\left\|\overrightarrow{Y_n}\right\| \leq \left\|\overrightarrow{Y_0}\right\| + \sum_{m=0}^{\infty} \frac{MK^m x^{m+1}}{(m+1)!} = \left\|\overrightarrow{Y_0}\right\| + \frac{M}{K}(e^{kx} - 1).$$

(A-9)

Assim, temos uma condição para a solução que é suficiente, mas não necessária. Precisamos mostrar exclusividade para completar a solução geral. Mostramos a singularidade por meio de contra-exemplo, começando com:

$$\vec{X} = \overrightarrow{X_0} + \int_0^x F(x,t)dt \quad and \quad \vec{Y} = \overrightarrow{Y_0} + \int_0^x F(y,t)dt,$$

(A-10)

então

$$\left\|\vec{X} - \vec{Y}\right\| \leq \int_0^x \left\|F(\vec{X},t) - F(\vec{Y},t)\right\| dt \leq K \int_0^x \left\|\vec{X} - \vec{Y}\right\| dt$$

$$\leq K^2 \int_0^x dt \int_0^1 du \left\|\vec{X} - \vec{Y}\right\|,$$

por isso

$$\left\|\vec{X} - \vec{Y}\right\| \leq \frac{K^{n+1}}{(n+1)!} \int_0^x (x-t)^n \left\|\vec{X} - \vec{Y}\right\| dt.$$

(A-11)

À medida que n vai para o infinito, o RHS vai para zero, e vemos isso $\left\|\vec{X} - \vec{Y}\right\| = 0$, e pela condição de Lipschitz temos então $\vec{X} = \vec{Y}$, por exemplo, exclusividade. Assim, vemos que uma solução (única) é geralmente possível. Na prática, qual é esta solução geral?

Solução Homogênea Geral (seguindo a notação de [39])

Considerar:

$$\mathcal{L}\, y(x) = 0$$

(A-12)

Como é habitual nas Equações Diferenciais Ordinárias, consideremos uma solução envolvendo um termo exponencial: e^{rx}. substituindo isso como uma função de teste na equação do operador, obtemos:

$$\mathcal{L}\, e^{rx} = e^{rx}\, P(r),$$

(A-13)

onde $P(r)$é um polinômio de enésima ordem:

$$P(r) = r^n + \sum_{j=0}^{n-1} p_j r^j\,.$$

(A-14)

As soluções correspondem aos zeros de $P(r)$,, $r_1, r_2,$ ...ou seja:

$$y = e^{r_1 x}, e^{r_2 x}, \ldots$$

(A-15)

A única complicação surge se houver zeros repetidos. Suponha que a primeira raiz seja m-fold, então temos uma solução da forma:

$$\mathcal{L}\, e^{rx} = e^{rx}(r - r_1)^m\, Q(r),$$

(A-16)

onde Q é um polinômio de grau $n - m$. Uma combinação linear de todas as soluções constitui então uma solução geral.

Solução geral não homogênea
Considere a equação não homogênea,

$$\mathcal{L}\, y(x) = f(x).$$

(A-17)

Uma técnica para encontrar uma solução específica é conhecida como variação de parâmetros, que funciona melhor se você tiver uma solução independente (Wronskiano diferente de zero) (ver [39]). Alguns exemplos envolvendo esta técnica serão explorados. Nesta rápida sinopse, passamos a considerar os métodos da função de Green para resolver a equação não homogênea . Para isso utilizamos funções delta. A seguir, definiremos a função delta como:

$$\delta(x - a) = \begin{cases} 0 & x \neq a \\ \infty & x = a \end{cases},$$

(A-18)

de tal modo que:

$$\int\limits_{-\infty}^{\infty} \delta(x - a)dx = 1 \quad and \quad \int\limits_{-\infty}^{\infty} \delta(x - a)f(a)dx = f(x).$$

(A-19)

Se integrarmos parcialmente, obteremos a função clássica Heaviside Step (com passo em x = a):

$$\int\limits_{-\infty}^{\infty} \delta(x - a)dx = h(x - a).$$

(A-20)

O método da função de Green consiste em obter a solução particular para
$$\mathcal{L}\, G(x, a) = \delta(x - a),$$

(A-21)

onde a solução para a equação geral não homogênea segue trivialmente de:

$$y_p(x) = \int\limits_{-\infty}^{\infty} da\, f(a)G(x, a).$$

(A-22)

A seguir, vamos nos especializar em uma equação diferencial de segunda ordem (trivial 2x2 Wronskiana). Nesse caso chegamos ao formulário:

$$\frac{d^2}{dx^2}G(x, a) + p(x)\frac{d}{dx}G(x, a) + p_0(x)G = \delta(x - a).$$

(A-23)

Agora, o L:HS deve corresponder à singularidade da função delta no RHS. Assim, um argumento de que $d^2G/dx^2 \sim \delta(x - a)$(portanto G tem que ser menos singular que $\delta(x - a)$. Da mesma forma, não devemos ter dG/dxmais singular do que uma função degrau, por exemplo, $dG/dx \sim h(x - a)$. Consistente com isso é que G não deve ser mais variante do que uma função de rampa (zero até rampa começa em x=a), que será denotado por 'r': $G \sim r(x - a)$. Isto é tudo o que precisamos saber para chegar a uma formulação geral da solução. o truque é agora analisar a Equação Diferencial Ordinária integrando from $a - \varepsilon$ to $a + \varepsilon$ e let $\varepsilon \to 0$:

$$\int\limits_{a-\varepsilon}^{a+\varepsilon} \frac{d^2G}{dx^2}dx + \int\limits_{a-\varepsilon}^{a+\varepsilon} p\frac{dG}{dx}dx + \int\limits_{a-\varepsilon}^{a+\varepsilon} Gp_0 dx = \int\limits_{a-\varepsilon}^{a+\varepsilon} \delta(x - a) = 1.$$

Por isso,

$$\left.\frac{dG}{dx}\right|_{a+\varepsilon} - \left.\frac{dG}{dx}\right|_{a-\varepsilon} = 1.$$

(A-24)

190

Trabalhando com duas soluções homogêneas (independentes), $y_1(x)$ e $y_2(x)$, sabemos que podemos expressar a solução não homogênea em ambos os lados da singularidade na forma 'homogênea' para esse lado. Vamos escrever a função de Green desta forma:

$$G(x,a) = \begin{cases} A_1 y_1(x) + A_2 y_2(x) & x < a \\ B_1 y_1(x) + B_2 y_2(x) & x \geq a \end{cases}$$

(A-25)

Como G é contínuo em x=a temos então:

$$A_1 y_1(a) + A_2 y_2(a) = B_1 y_1(a) + B_2 y_2(a)$$
$$B_1 y_1'(a) + B_2 y_2'(a) - A_1 y_1'(a) - A_2 y_2'(a) = 1$$

Na notação matricial:

$$\begin{bmatrix} y_1(a) & y_2(a) \\ y_1'(a) & y_2'(a) \end{bmatrix} \begin{bmatrix} B_1 - A_1 \\ B_2 - A_2 \end{bmatrix} = \begin{bmatrix} 0 \\ 1 \end{bmatrix},$$

que pode ser resolvido por

$$B_1 - A_1 = \frac{-y_2(a)}{W(y_1(a), y_2(a))}$$

$$B_2 - A_2 = \frac{y_1(a)}{W(y_1(a), y_2(a))}$$

onde W é o Wronskiano, que é

$$W = det \begin{bmatrix} y_1(a) & y_2(a) \\ y_1'(a) & y_2'(a) \end{bmatrix}.$$

Usando isso,

$$y(x) = \int_{-\infty}^{\infty} G(x,a) f(a) da$$

é a solução completa se $y(x)$ satisfaz $\mathcal{L}y(x) = f(x)$ e $y(x)$ satisfaz os BC's ou valores iniciais especificados. Vamos considerar um exemplo simples:

$$y'' = f(x) \quad with \quad \begin{array}{l} y(0) = 0 \\ y'(1) = 0 \end{array}$$

Nós obtemos $W = \begin{bmatrix} 1 & x \\ 0 & 1 \end{bmatrix} = 1$, e

$$B_1 - A_1 = -a$$
$$B_1 - A_1 = 1$$

Por isso,

$$G(x,a) = \begin{cases} A_1 y_1(x) + A_2 y_2(x) & x < a \\ B_1 y_1(x) + B_2 y_2(x) & x \geq a \end{cases} = \begin{cases} A_1 + A_2 x & x < a \\ B_1 + B_2 x & x \geq a \end{cases},$$

(A-26)

a partir do qual determinamos:

$$\begin{array}{ll} A_1 = 0 & B_1 = -a \\ B_2 = 0 & A_2 = -1 \end{array}.$$

Por isso,

$$G = \begin{cases} -x & x < a \\ -a & x \geq a \end{cases}.$$

Resolvendo para $y(x)$:

$$y(x) = \int_0^1 da \, G(x,a)f(a) = \int_0^a da \, (-x)f(a) + \int_a^1 da \, (-a)f(a)$$

$$(A\text{-}27)$$

Equações diferenciais ordinárias não lineares (ver [65] para muitos exemplos)

Para nossa primeira Equação Diferencial Ordinária não linear , vamos considerar a equação de Bernoulli:

$$y'(x) = a(x)y + b(x)y^p .$$

$$(A\text{-}28)$$

Vamos tentar resolver substituindo $u(x) = y(x)^{1-p}$, onde:

$$\frac{du}{dx} = (1-p)y^{-p}\frac{dy}{dx}.$$

$$(A\text{-}29)$$

Obtemos assim:

$$\frac{du}{dx} = [a(x)y^{-p} + b(x)](1-p),$$

$$(A\text{-}30)$$

que é uma equação diferencial ordinária de primeira ordem e, portanto, diretamente solucionável.

Se trabalharmos com a mesma forma de primeira ordem, exceto agora com quadrática y, obtemos a equação de Riccati. Uma transformação simples mostra que a equação geral de Riccati se relaciona com a equação diferencial geral (linear) de segunda ordem. Assim, já atingimos uma limitação na obtenção de soluções gerais mesmo para a aparentemente "simples" equação de Riccati. Isso ocorre porque não existe uma solução geral para a equação diferencial linear de segunda ordem (portanto, não existe uma solução geral para a equação de Riccati). Dito isto, vamos tentar resolver a seguinte equação de Riccati:

$$y' = y^2 + \frac{y}{x} + x^2.$$

$$(A\text{-}31)$$

Encontramos uma solução com $y = x$, então vamos considerar uma solução geral da forma $y = x + u(x)$::

$$u' = \left(2x + \frac{1}{x}\right)u + u^2$$

$$(A\text{-}32)$$

192

que é uma equação de primeira ordem e, portanto, solucionável.

Algumas outras técnicas que valem a pena mencionar, começando com a 'fatoração' do operador. Considerar

$$\frac{d^2y}{dx^2} + p(x)\frac{dy}{dx} + q(x)y = f(x).$$

(A-33)

Podemos fatorar isso como

$$\left(\frac{d}{dx} + a(x)\right)\left(\frac{dy}{dx} + b(x)\right)y = f(x).$$

(A-34)

As duas formas estão de acordo se $(b + a) = p$ e $b' + ab = q$.

Consideremos a seguir a possibilidade de uma equação "exata", por exemplo, onde temos a forma

$$M(x, y) + N(x, y)\frac{dy}{dx} = 0,$$

(A-35)

de tal modo que

$$M(x, y)dx + N(x, y)dy = dF(x, y) = \left[\frac{\partial F}{\partial x}\right]dx + \left[\frac{\partial F}{\partial y}\right]dy = 0.$$

Assim, o teste para ter uma forma exata é que

$$\frac{\partial M}{\partial y} = \frac{\partial N}{\partial x}.$$

(A-36)

Consideremos a seguir a noção de "fator integrador". Esta situação surge se

$$M(x, y)dx + N(x, y)dy \neq dF(x, y),$$

mas multiplicando por um fator (integrante) descobrimos que:

$$\mu(x, y)M(x, y)dx + \mu(x, y)N(x, y)dy = dF(x, y).$$

A última expressão é então uma forma exata se

$$\frac{\partial(M\mu)}{\partial y} = \frac{\partial(N\mu)}{\partial x}.$$

(A-37)

Para equações diferenciais ordinárias não lineares de ordem superior, simplificações importantes são possíveis se existirem formas específicas, vamos considerar algumas delas:

(i) Autônoma – uma Equação Diferencial Ordinária é autônoma se não tiver dependência explícita da variável dependente.

(ii) Equidimensional – uma Equação Diferencial Ordinária é equidimensional se a substituição $x \to ax$ deixa a equação invariante. Tal equação pode ser trivialmente deslocada para a forma autônoma com a substituição $x = e^t$.

(iii) Invariante de escala – uma Equação Diferencial Ordinária é invariante de escala se as substituições $x \to ax$ e $y \to a^p y$ saírem da equação. Tal equação pode ser trivialmente deslocada para a forma equidimensional (e daí para a autônoma) com a substituição $y = x^p u$. Passemos agora à questão dos pontos singulares na resolução de equações diferenciais ordinárias.

Os métodos de solução acima para equações diferenciais ordinárias são tão robustos que mesmo quando soluções exatas não podem ser obtidas, soluções aproximadas geralmente podem ser obtidas localmente perto de um ponto de interesse. Freqüentemente, isso é tudo o que é necessário. Portanto, a única coisa que pode dar errado é se o ponto de referência de interesse não for "comum", ou seja, se o ponto for "singular". Vamos agora explorar esta possibilidade.

Pontos singulares de equações lineares homogêneas

Lembre-se da notação introduzida para a equação diferencial linear homogênea:

$$\mathcal{L}\, y(x) = f(x),$$

onde

$$\mathcal{L} = p_o(x) + p_1(x)\frac{d}{dx} + \cdots + p_{n-1}(x)\frac{d^{n-1}}{dx^{n-1}} + \frac{d^n}{dx^n}.$$

(A-38)

A teoria geral para a análise de pontos singulares começa com a forma acima ao considerar argumentos complexos, não apenas reais [39,65, 66]. Os resultados teóricos obtidos [67] categorizam então os pontos singulares em termos da analiticidade (propriedades complexas) das funções dos coeficientes:

Ponto Comum

Um ponto x_0 é comum se todas as funções de coeficiente são analíticas na vizinhança de x_0. Fuchs mostrou em 1866 que todas as n soluções linearmente independentes para uma ^{Equação} Diferencial Ordinária linear de ordem (obtida a partir de métodos de análise anteriores) serão analíticas na vizinhança de um ponto ordinário.

Ponto Singular Regular

Um ponto x_0 é um ponto singular regular se nem todas as funções de coeficiente são analíticas, mas se todos os termos $\mathcal{L}\, y(x)$ são localmente analíticos (sobre o ponto de referência x_0), ou seja, quando as seguintes funções são analíticas: $(x - x_0)^n p_o(x)$, $(x - x_0)^{n-1} p_1(x)$, ... , $(x - x_0) p_{n-1}(x)$. Observe que uma solução pode ser analítica x_0 mesmo se x_0 for um ponto singular regular. Se não for analítica em um ponto singular regular, uma solução deve envolver um pólo ou um ponto de ramificação algébrico ou logarítmico. Assim, Fuchs mostrou que sempre existe uma solução da forma (seguindo a notação de [39]:

$$y = (x - x_0)^\alpha A(x),$$

(A-39)

onde α é conhecido como expoente indicial e $A(x)$ é uma função analítica no ponto singular regular x_0. Se a ordem for de segunda ou superior, então existe uma segunda solução em uma das duas formas possíveis:

$$y = (x - x_0)^\beta B(x),$$

(A-40)

ou

$$y = (x - x_0)^\beta B(x) + (x - x_0)^\alpha A(x) \ln(x - x_0).$$

(A-41)

Indo para valores superiores à segunda ordem, as soluções adicionais têm um comportamento singular, na pior das hipóteses, da forma:

$$y = (x - x_0)^\delta \sum_{i=0}^{n-1} [\ln(x - x_0)]^i A_i(x),$$

(A-42)

onde todas as funções A_i são analíticas. Assim, pontos singulares regulares podem ser tratados em uma teoria abrangente como pontos comuns.

Ponto Singular Irregular

Um ponto x_0 é um ponto singular irregular se não for regular ou ordinário. Não existe uma teoria abrangente a ser usada para resolver um ponto singular irregular. De Fuchs sabemos que se um conjunto completo de soluções tivesse todas as formas indicadas na seção anterior, então o ponto deveria ser regular. inversamente, se tivermos um ponto singular irregular, então pelo menos uma das soluções não terá as formas indicadas acima. Normalmente, de fato, todas as soluções possuem singularidades essenciais (não analíticas) no ponto de referência x_0 onde existe o ponto singular irregular (ISP).

Exemplo A.1.
$$x^2 y'' - x(x+1)y' + y = 0$$
vemos que $x_0 = 0$ é irregular, tente:
$$y(x) = \sum_{n=0}^{\infty} \frac{a_n}{x^{n+\alpha}}.$$
Então tenha:
$$y'(x) = -\sum_{n=0}^{\infty} (n+\alpha) \frac{a_n}{x^{n+\alpha+1}} \quad and \quad y''(x)$$
$$= \sum_{n=0}^{\infty} (n+\alpha)(n+\alpha+1) \frac{a_n}{x^{n+\alpha+2}}.$$

Por isso
$$a_{n+1} = -(n+1)a_n \quad \rightarrow \quad y(x) = a_0 \sum_{n=0}^{\infty} \frac{(-1)^n n!}{x^n}.$$
Até agora, a nossa única solução nem sequer é boa (ela diverge), indicando alguns dos problemas que podem surgir com pontos singulares irregulares (ISPs). A solução sugere uma resposta, no entanto. Considerar
$$y(x) = x \int_0^{\infty} \frac{e^{-t}}{x+t} dt.$$
Então nós temos:
$$x^2 y'' - x(x+1)y' + y$$
$$= \int_0^{\infty} e^{-t} \left[\frac{-2x^2}{(x+t)^2} + \frac{2x^2}{(x+1)^3} - \frac{x^2+x}{x+t} + \frac{x^3+x^2}{(x+t)^2} \right.$$
$$\left. + \frac{x}{x+t} \right] dt = 0,$$
o que funciona. Trabalhando com a solução indicada, vamos expandir para $x \rightarrow \infty$:
$$y(x) = \int_0^{\infty} \frac{e^{-t}}{1+t/x} dt$$
vamos $t = xS$ conseguir:
$$y(x) = \int_0^{\infty} \frac{e^{-xs}}{1+S} ds \approx \sum_{n=0}^{\infty} \frac{(-1)^n n!}{x^n}.$$
Vamos agora considerar o comportamento exponencial próximo ao ISP para o seguinte:
$$y'' - (x^2+1)y = 0$$
onde está o ISP $x_0 = \infty$. Temos soluções

196

$$y_1(x) = e^{x^2/2} \quad and \quad y_2(x) = e^{x^2/2}\, erfc(x) \approx \frac{1}{\sqrt{\pi}}\frac{1}{x}e^{\frac{x^2}{2}} \ as \ x \to \infty.$$

Se $x_0 \neq \infty$ então o comportamento típico pode ser $\exp\left(-\frac{1}{(x-x_0)^2}\right)$. Para determinar o comportamento de liderança, escreva:

$$y(x) = e^{S(x)}, \quad y' = S'e^{S(x)}, \quad and \quad y'' = [(S')^2 + S'']e^S.$$

Por isso

$$S'' + (S') - (x^2 + 1) = 0 \ as \ x \to \infty.$$

<u>Usando o método de **equilíbrio dominante**</u> :

Observe que x ^{2} está ficando grande, o que está equilibrando isso?
- (i) S'' fica grande mais rápido que $(S')^2$, e $S'' \gg (S')^2 \ as \ x \to \infty$.
- (ii) $S'' \ll (S')^2 \quad as \ x \to \infty$ (sempre verdadeiro no ISP).
- (iii)   Todos os três termos são da mesma ordem (ruim, não é possível usar o método).

Considere o caso (i):, $S'' \approx x^2 \ as \ x \to \infty$ que dá $S' \approx x^3/3$, mas isso é inconsistente com $S'' \gg (S')^2$ como $x \to \infty$.

Considere o caso (ii):, $(S')^2 \approx x^2 \ as \ x \to \infty$ que dá $S' \approx \pm x$, portanto $S'' \approx \pm 1$. Desde $S'' \ll (S')^2$ que $x \to \infty$ isso é consistente. Vemos que isso $S \approx \pm x^2/2$ funciona. Na verdade, $+ x^2/2$ é uma solução exata. Para a outra solução, vamos tentar: $S(x) = -x^2/2 + C(x)$. Isto gera uma análise de equilíbrio dominante separada, e descobrimos que a única escolha válida é $C(x) \sim -\ln(x)$, e

$$S \sim -x^2/2 - ln(x) + \cdots$$

Por isso,

$$y(x) \sim e^{-\frac{1}{2}x^2}\sum_{n=1}^{\infty} a_n x^{-n} = e^{-\frac{1}{2}x^2}F(x)$$

e podemos prosseguir com o método clássico de Frobenius a partir daqui [65]:

$$y'' - (x^2 + 1)y = e^{-\frac{1}{2}x^2}[F'' - 2xF' - 2F] = 0$$

Use expansão de série padrão para F:

$$0 \cdot a_1 + 2 \cdot a_2 + \sum_{n=3}^{\infty}[(n-2)(n-1)a_{n-2} + 2(n-1)a_n]x^{-n} = 0$$

Assim, temos que: a_1 é arbitrário, $a_2 = 0$ e $a_{n+2} = -\frac{n}{2}a_n$. Por isso,

$$a_{2n+1} = \frac{(-1)^n(2n-1)!!}{2^n}a_1$$

$$y(x) \sim e^{-\frac{1}{2}x^2} \sum_{n=0}^{\infty} \frac{(-1)^n (2n-1)!!}{2^n x^{2n+1}} a_1.$$

Consideremos que a expansão sistemática significa um ponto singular regular, especializado em segunda ordem:

$$\mathcal{L}y = y'' + \frac{p(x)}{x}y' + \frac{q(x)}{x^2}y = 0$$

Suponha um ponto singular regular em x=0 e que p(x), q(x) são analíticos sobre x=0. Substituto

$$y = \sum_{n=0}^{\infty} a_n x^{n+\alpha}.$$

Exemplo A.2.
Resolver:

$$y'' + \frac{1}{xy'} - \left(1 + \frac{v^2}{x^2}\right)y = 0.$$

Temos: $p(x) = 1$, $p_0 = 1$, $q(x) = -x^2 - v^2$, $q_0 = -v^2$. Assim,

Por encomenda $x^{\alpha-2}$; $(\alpha(\alpha-1) + \alpha - v^2)a_0 = 0 \rightarrow \alpha^2 - v^2 = 0 \rightarrow \alpha = \pm v$. Se vé um número fracionário ($v \neq 0$ and $2v \neq n$) obtemos duas soluções, pronto, e temos:
Por encomenda $x^{\alpha-1}$: $x^{\alpha-1}[(\alpha+1)^2 - v^2]a_1 = 0 \rightarrow a_1 = 0$
Por encomenda $x^{\alpha+n-2}$: $x^{\alpha+n-2}[(\alpha+n)^2 - v^2]a_n = a_{n-2} \rightarrow 0 = a_1 = a_3 = a_5 \ldots$
A solução é assim:

$$y(x) = a_0 \Gamma(v+1)x^v \sum_{n=0}^{\infty} \frac{(x/2)^{2n}}{n!\,\Gamma(n+v+1)}.$$

Notar que $a_n = (a_n - 2)/[(-v+n)^2 - v^2]$. Então, pois $\alpha = -v$o denominador desaparece quando $n = 2v$. Se $v$for meio integral, ou seja $1/2, 3/2, \ldots$, então $2v$é um número inteiro ímpar. Após $2v$as etapas, temos uma nova constante arbitrária a_{2v}(acontece com funções de Bessel, por exemplo) e a relação de recursão gera então duas soluções linearmente independentes.

Caso de raiz dupla: $\alpha_1 = \alpha_2$

Considere a forma de Frobenius para a primeira solução:
$x^\alpha \sum_{n=0}^\infty a_n(\alpha)x^n = y(x, \alpha)$. Quando existe uma raiz dupla pode-se
mostrar que uma segunda solução segue da relação (derivada em [39]):

$$\mathcal{L}\left[\frac{\partial}{\partial\alpha}y(x,\alpha)\bigg|_{\alpha=\alpha_1}\right] = 0 .$$

Exemplo A.3. A função Bessel modificada para $\nu = 0$:

$$y'' + \frac{1}{x}y' - y = 0,$$

onde há uma raiz dupla em $\alpha = 0$ após substituição pela forma de
Frobenius acima. Avaliando em vários pedidos:
Começamos a_0 sendo uma constante arbitrária.
Em $\mathcal{O}(x^{\alpha-1})$ nós temos $[(\alpha + 1)^2 a_1] = 0 \to a_1 = 0$.
Em $\mathcal{O}(x^{\alpha+n-2})$ temos $[(\alpha + n)^2 a_n - a_{n-2}] = 0$, portanto, pois $n \geq$
2 temos

$a_2 = \frac{a_0}{(\alpha+2)^2}$

$a_4 = \frac{a_0}{(\alpha+4)^2(\alpha+2)^2}$

$a_4 = \frac{a_0}{(\alpha+6)^2(\alpha+4)^2(\alpha+2)^2}$

Assim, temos para uma solução (para $\alpha = 0$):

$$I_0(x) = a_0\left[1 + \frac{(x/2)^2}{(1!)^2} + \frac{(x/2)^4}{(2!)^2}\cdots\right] = a_0\sum_{n=0}^\infty \frac{(x/2)^{2n}}{(n!)^2} .$$

A outra solução é $\frac{\partial}{\partial\alpha}x^\alpha \sum_{n=0}^\infty a_n(\alpha)x^n\bigg|_{\alpha=0}$. A outra solução é então:

$$y(x) = \ln x\, I_0(x) + \sum_{n=0}^\infty \frac{\partial}{\partial\alpha}a_n(\alpha)\bigg|_{\alpha=0} x^n = \ln x\, I_0(x) + \sum_{n=0}^\infty b_n x^n$$
$$= K_0(x) .$$

Em geral, vemos que o ímpar b_n desaparece (como com a_n), e para n par:

$$b_{2n} = \frac{-a_0}{2^{2n}n!}[1 + {}^1/_2 + {}^1/_3 + {}^1/_4 + \cdots {}^1/_n].$$

Para uma discussão mais aprofundada das soluções de Bessel
modificadas, por ν = inteiro, veja [39] e os exemplos trabalhados a seguir.

***Usando o equilíbrio dominante para resolver equações não
homogêneas***
Exemplo A.4.

$$y' + xy = 1/x^4$$

Considere o comportamento assintótico como x→0:

(1) Equilíbrio$y' +$

$xy \sim 0 \quad asymptotic\ to\ zero(authors\ don'tlike)$

Isso é $y$assintótico a zero, o que é inconsistente com

$y \sim A exp(-x^2/2) \to 0$.

(2) $xy \sim 1/x^4 \to y \sim 1/x^5$(o que é inconsistente).

(3) $y' \sim \dfrac{1}{x^4} \to y = -\dfrac{1}{3}x^{-3}$, o que é consistente com $xy \sim x^{-2}$.

Então, tente: $y = -\dfrac{1}{3}x^{-3} + C(x)$, que é balanceado $C = -\dfrac{1}{3}x^{-1}$para a solução.

Exemplo A.5. (Equação Airy não homogênea)

$$y'' = xy - 1$$

onde consideramos os assintóticos para $y(x \to +\infty) \to 0$. Isso pode ser resolvido pela variação de parâmetros. Desde segunda ordem, temos dois tipos de solução independentes para equações de Airy homogêneas, vamos denotá-los por:

$$y_1 = Ai(x), \qquad y_2 = Bi(x).$$

A solução geral por variação de parâmetros é assim

$$y(x) = \pi \left[Ai(x) \int_0^x Bi(t)dt + Bi(x) \int_x^\infty Ai(t)dt \right] + CAi(x)$$

O comportamento assintótico de Ai, Bi é:

$$Ai(x) \sim \frac{1}{2\sqrt{\pi}} x^{-1/4} \exp\left(-\tfrac{2}{3}x^{\frac{3}{2}}\right)$$

$$Bi(x) \sim \frac{1}{\sqrt{\pi}} x^{-1/4} \exp\left(-\tfrac{2}{3}x^{\frac{3}{2}}\right)$$

Por isso,

$$\int_0^x Bi(t)dt \sim \int_0^x \frac{1}{\sqrt{\pi}} t^{-1/4} \exp\left(\frac{2}{3}t^{3/2}\right) dt$$

$$= \int_0^x \frac{1}{\sqrt{\pi}} t^{-\frac{1}{4}} t^{-\frac{1}{2}} \frac{d}{dt} \exp\left(\frac{2}{3}t^{3/2}\right) dt$$

$$\int_0^x Bi(t)dt \sim \frac{1}{\sqrt{\pi}} x^{-3/4} \exp\left(\tfrac{2}{3}x^{3/2}\right) + \cdots$$

$$\int_{x}^{\infty} Ai(t)dt \sim \int_{x}^{\infty} \frac{1}{2\sqrt{\pi}} t^{-1/4} \exp\left(-\frac{2}{3}t^{3/2}\right) dt$$

$$= \frac{1}{2\sqrt{\pi}} x^{-3/4} \exp\left(-\frac{2}{3}x^{3/2}\right) + \cdots$$

Por isso,

$$y(x) = \pi \frac{1}{2\sqrt{\pi}} x^{-1/4} \exp\left(-\frac{2}{3}x^{3/2}\right) \frac{1}{\sqrt{\pi}} x^{-3/4} exp\left(\frac{2}{3}x^{3/2}\right) +$$
$$\pi \frac{1}{\sqrt{\pi}} x^{-1/4} \exp\left(\frac{2}{3}x^{3/2}\right) \frac{1}{2\sqrt{\pi}} x^{-3/4} exp\left(-\frac{2}{3}x^{3/2}\right)$$
$$+ C\, Ai(x)$$

o que simplifica para ser simplesmente:

$$y(x) \sim \frac{1}{x}.$$

Vamos repetir a análise usando o método do equilíbrio dominante:
Considere $y'' \sim -1 \rightarrow y \sim -x^2/2$, o que é inconsistente.
Considere $-xy \sim -1 \rightarrow y \sim \frac{1}{x}$, que é consistente e pronto.

Até agora obtivemos o comportamento de primeira ordem, vamos agora considerar o termo de correção:
$y = 1/x + C(x) \rightarrow y = -1/x^2 + C' \rightarrow y'' = 2/x^3 + C''$, então após a substituição temos:

$$\frac{2}{x^3} + C'' - 1 - xC(x) = -1 \rightarrow C'' - xC \sim -\frac{2}{x^3}$$

Um equilíbrio dominante separado na última expressão revela consistência com $C(x) \sim \frac{2}{x^4}$. Temos assim as duas primeiras ordens, vamos escrever a solução geral na forma:

$$y(x) \sim \frac{1}{x} \sum_{n=0}^{\infty} a_n x^{-3n} \qquad as\ x \rightarrow \infty$$

Suponha

$$y(x) = \frac{1}{x} \sum_{n=0}^{\infty} a_n x^{-3n}$$

então

$$y'(x) = -\frac{1}{x^2} \sum a_n x^{-3n} + \frac{1}{x} \sum (-3n) a_n x^{-3n-1}$$

$$y''(x) = \frac{2}{x^3}\sum a_n x^{-3n} - \frac{2}{x^2}\sum_{n=0}^{\infty} a_n(-3n)x^{-3n-1} + \frac{1}{x}\sum(-3n)a_n x^{-3n-2}$$

Assim, $y'' - xy = -1$ temos:

$$\sum_{n=0}^{\infty}(2 + 6n + (3n)(3n+1))\,a_n x^{-3n-3} - \sum_{n=0}^{\infty} a_n x^{-3n} = -1$$

As relações de coeficiente são então:

$$a_0 = 1$$

e

$$a_{n+1} = (3n+1)(3n+2)a_n$$

Por isso,

$$y(x) = \frac{1}{x}\sum_{n=0}^{\infty}\frac{(3n)!}{3^n(n!)}\frac{1}{x^{3n}}$$

Exemplo A.6.

Vamos agora considerar um exemplo em que o equilíbrio de apenas 2 termos falha:

$$y' - \frac{y}{x} = \frac{\cos x}{x^2} \quad \text{want behaviour as } x \to 0^+$$

Tente equilibrar com $y' - y/x \sim 0 \ \to \ y' \sim cx$ (inconsistent).

Tente equilibrar com $-\frac{y}{x} \sim \frac{\cos x}{x^2} \to y \sim \frac{-\cos x}{x}$ (inconsistent).

Tente equilibrar com $y' \sim \frac{\cos x}{x^2} \to y \sim -\frac{1}{x}$ (also inconsistent, but close)

Portanto, passamos para um equilíbrio dominante de três termos com $\cos x \to 1$:

$$y' - \frac{y}{x} \sim \frac{1}{x^2} \to y \sim \frac{C}{x} \to y \sim -\frac{C}{x^2}$$

o que é consistente para $C = -1/2$.

As equações diferenciais não lineares têm posições de pólos dependentes das condições iniciais (não podem ser encontradas por inspeção). Em geral, mesmo que a equação seja regular e o teorema de Picard garanta uma solução local, ainda é difícil saber onde está a singularidade mais próxima. Por exemplo, considere:

$$y^1 = \frac{y^2}{1 - xy} \qquad y(0) = 1$$

Substitua por $y = \sum_{n=0}^{\infty} a_n x^n \to a_n = \frac{(n+1)^{n-1}}{n!}$. Podemos agora avaliar o raio de convergência R:

$$R = \lim_{n\to\infty} \left| \frac{a_n}{a_{n+1}} \right| = \lim_{n\to\infty} \left| \frac{n+1}{n+2} \frac{(n+1)^{n-2}}{(n+2)^{n-1}} \right| = \lim_{n\to\infty} \left| \left(1 - \frac{1}{n+2} \right)^n \right| = \frac{1}{e}.$$

Vamos agora considerar uma equação diferencial de segunda ordem com forma 'Sturm-Liouville' (SL):

$$\frac{d}{dz} p \frac{d\Psi}{dz} + (q + \lambda R)\,\Psi = 0 \quad with \quad BC's \quad \Psi(a) = \Psi(b)$$
$$= 0 \qquad a < z < b.$$

(A-43)

Propriedades da equação SL:

- Nenhuma solução em geral, a menos que $\lambda = \lambda_m$, $\Psi = \Psi_m$
- Os λ_m são arredondados por baixo e é sempre possível ajustar as coisas para que $\lambda_0 = 0$
- O$\lambda_m's \to +\infty$ *as* $n \to \infty$
- $\int_a^b R(z)\,\Psi_n(z)\,\Psi_m(z)dz = E_n^2 \delta_{nm}$
- Afirmação: Podemos usar as funções próprias para ajustar uma função arbitrária no sentido de mínimos quadrados:

$$f(z) = \sum_{n=0}^{\infty} A_n\,\Psi_n(z),$$

(A-44)

onde

$$\int_a^b R(z)f(z)\,\Psi_m(z)dz = \sum_{n=0}^{\infty} A_n \int_a^b dz\, R\,\Psi_n\,\Psi_m = A_n E_n^2.$$

(A-45)

Por isso,

$$A_n = \frac{\int_a^b R(z)f(z)\,\Psi_m(z)dz}{E_n^2}.$$

(A-46)

Assim, estamos afirmando que essa $\sum_{n=0}^{N} A_n\,\Psi_n(z)$ é uma solução para o problema de encontrar quadrados iniciais adequados $f(z)$. Para provar isso, gostaríamos de minimizar $I = \int_a^b R(z)dz[f(z) - \sum_{n=0}^{N} A_n\,\Psi_n(z)]^2$:

$$\frac{\partial I}{\partial A_m} = 0 = \int_a^b R(z)dz \left[f(z) - \sum_{n=0}^{N} A_n\,\Psi_n(z) \right] \left[-\sum_{n=0}^{N} \delta_{nm}\,\Psi_n(z) \right].$$

203

Queremos mostrar isso à medida que $N \to \infty$ o erro, no sentido dos mínimos quadrados, vai para zero. Podemos mostrar que resolver um Sturm-Liouville equivale a minimizar:

$$\Omega = \int_a^b \left[p(z) \left(\frac{d\Psi}{dz} \right)^2 - q(z)\,\Psi^2 \right] dz$$

(A-47)

Sujeito a $\int_a^b \Psi^2 R(z)dz = constant$. Suponha que escolhemos uma função de teste $\Psi(z)$que satisfaça os BC em $z = a, b$ e normalizada de modo que

$$\int_a^b R(z)dz\,\Psi^2(z) = 1$$

Calcular:

$$\Omega(\Psi_0) = \int_a^b \left[p \left(\frac{d\Psi_0}{dZ} \right)^2 - q\,\Psi_0{}^2 \right] dz$$

$$= \left[p\,\Psi_0 \frac{d\Psi_0}{dz} \right]_a^b - \int_a^b \Psi_0 \left[\frac{d}{dz} \left(p \frac{d\Psi_0}{dz} + q\,\Psi_0{}^2 \right) \right]$$

Por isso

$$\Omega(\Psi_0) = \int_a^b \Psi_0 R\lambda_0\,\Psi_0 dz = \lambda_0$$

(onde $\lambda_0$normalmente é o autovalor mais baixo). Da mesma forma, com $\Psi = \sum_{n=0}^N A_n\,\Psi_n(z)$obtemos:

$$\Omega(\Psi) = \int_a^b Rdz \sum_{n=0}^N A_n\,\Psi_n \sum_{m=0}^M \lambda_m A_m\,\Psi_m = \sum_{n=0}^N A_n^2\,\lambda_m E_N^2\,.$$

(A-48)

Para completar a prova usando o acima, precisamos mostrar que o erro dos mínimos quadrados diminui com N, mas isso fica para as referências [65].

Dotações assintomáticas para autofunções e autovalores SL
Lembre-se da equação SL:

$$\frac{d}{dz} p \frac{d\Psi}{dz} + (q + \lambda R)\,\Psi = 0$$

(A-49)

Vamos fazer uma 'transformação inspirada':

$$y = (pR)^{1/4}\, \Psi$$

(A-50)

e definir novos valores:

$$\varepsilon = \frac{1}{J} \int\limits_a^z \sqrt{\frac{R}{P}}\, dz \quad and \quad J = \frac{1}{\pi} \int\limits_a^b \sqrt{\frac{R}{P}}\, dz .$$

(A-51)

A equação SL torna-se então solucionável em termos da equação Integral de Volterra:

$$\frac{d^2 y}{d\varepsilon^2} + \left(k^2 + \omega(\varepsilon) \right) y(\varepsilon) = 0,$$

(A-52)

onde

$$k^2 = J^2 \lambda \quad and \quad \omega = \left[\frac{1}{(pR)^{1/4}} \frac{d^2}{d\varepsilon^2} (pR)^{1/4} - J^2 \frac{q}{R} \right],$$

(A-53)

e temos $a < z < b$ (como antes) e $0 < \varepsilon < \pi$. As soluções podem ser escritas:

$$y(\varepsilon) = A\sin(k\varepsilon) + B\cos(k\varepsilon) + \frac{1}{k} \int\limits_{\varepsilon_0}^{\varepsilon} \sin(k(\varepsilon - t))\, w(t) y(t)\, dt.$$

Suponha $\Psi(a) = \Psi(b) = 0$, então $k = n$ e

$$\Psi_n \sim \frac{1}{(Rp)^{1/4}} \sin(n\varepsilon) \quad and \quad \lambda_n = \left(\frac{n}{J} \right)^2$$

Suponha que temos BCs gerais $\alpha\Psi + \beta \frac{d\Psi}{dz} = 0$ at $z = a, b$, então temos

$$k_n \sim \frac{J}{\pi n} \left[\frac{\alpha}{\beta} \sqrt{\frac{P}{R}} \right]_a^b$$

(A-54)

Exemplo: o SL singular com $p(a) = 0$ or $p(b) = 0$ or *both* tal como ocorre com a equação de Bessel:

$$\frac{d}{dz} \left(z \frac{d\Psi}{dz} \right) + \left(\lambda z - \frac{m^2}{z} \right) \Psi = 0,$$

(por exemplo, a equação SL com $p = z$; $R = z$; e $q = -m^2/z$). Aqui, o ponto singular é $z = 0$ e temos:

$$\Psi = \frac{1}{\sqrt{z}} y, \quad J = \frac{1}{\pi} \int_0^b dz = \frac{b}{\pi}, \quad \varepsilon = \frac{\pi z}{b}, \quad k^2 = \frac{b^2 \lambda}{\pi^2}$$

dar:

$$\frac{d^2 y}{d\varepsilon^2} + \left[k^2 - \frac{(m^2 - 1/4)}{\varepsilon^2} \right] y = 0$$

com soluções:

$$y(\varepsilon) = \cos(k\varepsilon + \theta) - \frac{1}{k} \int_\varepsilon^\infty \sin(k(\varepsilon - t)) y(t) \left(\frac{m^2 - 1/4}{t^2} \right) dt$$

As funções de Bessel têm comportamento local da forma
$z^{\pm m} [Taylor\ series\ in\ z]$ and $J_n \sim z^n [\sum A_n z^{2n}]$.

A.2 Equações Diferenciais Ordinárias na forma de Sturm-Liouville – aproximações assintóticas
(Parte deste material foi abordado no Ama101b na primavera de 1986.)

Exemplo A.7. Verifique a fórmula de Abel para o Wronskiano. Isto é, mostre que se

$$\frac{d^n y}{dx^n} + p_{n-1}(x) \frac{d^{(n-1)} y}{dx^{(n-1)}} + \cdots p_0(x) y(x) = 0$$

então o Wronskiano W(x) satisfaz

$$\frac{dW}{dx} = -p_{n-1}(x) W(x).$$

Solução
Quando calculamos a derivada do Wronskiano, distribuímos para obter derivadas dentro do determinante linha por linha. Isso torna duas linhas iguais em todas, exceto no determinante com sua derivada na última linha. Se considerarmos então, $\frac{dW}{dx} + p_{n-1}(x) W(x)$ vemos ambos os termos contribuindo com expressões polinomiais envolvendo y_n^n e $p_{n-1} y_n^{n-1}$, de modo que o reagrupamento em um novo determinante é possível com esses termos agrupados na nova última linha, como $y_n^n + p_{n-1} y_n^{n-1}$ é o último elemento da última linha, por exemplo. Como $(y_n^n + p_{n-1} y_n^{n-1}) + \cdots + p_0 y_0 = 0$ existe uma clara dependência do agrupamento em termos de elementos de ordem inferior (obtidos a partir do agrupamento de outras linhas), portanto este determinante será zero, e temos:

$$\frac{dW}{dx} + p_{n-1}(x) W(x) = 0$$

206

como desejado.

Exemplo A.8. Encontre a fórmula para a função de Green de terceira ordem em uma equação linear homogênea. Generalize esta fórmula para [a] ordem n.

Solução
Existem três condições:
(i) G é contínuo em $x = a$.
(ii) dG é contínuo em $x = a$.
(iii) $d^2G|_{a^+} - d^2G|_{a^-} = 1$
Por isso,

$$\begin{bmatrix} y_1(a) & y_2(a) & y_3(a) \\ y_1'(a) & y_2'(a) & y_3'(a) \\ y_1''(a) & y_2''(a) & y_3''(a) \end{bmatrix} \begin{bmatrix} B_1 - A_1 \\ B_2 - A_2 \\ B_3 - A_3 \end{bmatrix} = \begin{bmatrix} 0 \\ 0 \\ 1 \end{bmatrix}$$

de Cramers :

$$B_1 - A_1 = \frac{y_2(a)y_3'(a) - y_3(a)y_2'(a)}{\det W[y_1(a), y_2(a), y_3(a)]}, \quad etc.$$

Mais três condições podem ser escolhidas para especificar as condições de contorno. Para n^{th} ordem, W_j seja W com a jth coluna substituída por um vetor coluna com todos os zeros, exceto a última linha:

$$B_j - A_j = \frac{W_j}{\det W}$$

Exemplo A.9. Encontre uma solução fechada para a seguinte equação de Riccati :

$$xy' - 2y + ay^2 = bx^4.$$

Solução
Adivinhe $y = \sqrt{b/a}\, x^2$ (indicado pelo equilíbrio dominante nos últimos termos) e depois teste se funciona, e funciona. Assim, temos uma equação de Bernoulli fazendo a substituição

$$y(x) = \sqrt{\frac{b}{a}}x^2 + u(x).$$

Resolvendo a equação padrão de Bernoulli, tem-se então a solução geral:

$$y(x) = x^2 \left(\sqrt{\frac{b}{a}} + \frac{2}{Ce^{\sqrt{ab}\,x^2} - \sqrt{\frac{a}{b}}} \right).$$

Exemplo A.10. Polinômios de Legendre $P_n(z)$ satisfazem a equação de diferenças

$$(n+1)P_{n+1}(z) - (2n+1)z\,P_n(z) + n\,P_{n-1}(z) = 0$$

Com $P_0(z) = 1$, $P_1(z) = z$.

a) Defina a função geradora $f(x,y)$ por

$$f(x,z) = \sum_{n=0}^{\infty} P_n(z)\,x^n$$

Mostre isso $f(x,z) = (1 - 2xz + x^2)^{-1/2}$.

b) Se $g(x,z) = \sum_{n=0}^{\infty} \frac{P_n(z)x^n}{n!}$ mostrar que $g(x,z) = e^{xz} J_0\left(x\sqrt{1 - z^2}\right)$ onde J_0 está uma função de Bessel que satisfaz: $ty'' + y' + ty = 0$ $with$ $y(0) = 1$ and $y'(0) = 0$.

Solução

(a) $f(x,z) = \sum_{n=0}^{\infty} P_n(z)\,x^n = \sum_{n=0}^{\infty} P_{n+1}(z)\,x^{n+1} + P_0(z)$ (onde $P_0(z) = 1$), enquanto

$f'(x,z) = \sum_{n=0}^{\infty}(n+1)P_{n+1}(z)\,x^n$ e $f''(x,z) = \sum_{n=0}^{\infty}(n+1)(n+2)P_{n+2}(z)\,x^n$. Assim, se mudarmos a indexação da equação de diferença ($n \to n+1$) e multiplicarmos a equação de recursão acima por $(n+1)x^n$ com soma n = 0 para ∞:

$$\sum_{n=0}^{\infty} [(n+1)(n+2)P_{n+2}(z)x^n - z(n+1)(2n+3)P_{n+1}(z)x^n$$
$$+ (n+1)^2 P_n(z)x^n] = 0$$

torna-se:

$$f''(x,z) + \sum_{n=0}^{\infty} [-z[3(n+1) + 2n(n+1)]P_{n+1}(z)x^n + [n(n-1) + 3n$$
$$+ 1]P_n(z)x^n] = 0$$

que se torna:

$$f''(x,z) - z[3f'(x,z) + 2xf''(x,z)]$$
$$+ [x^2 f''(x,z) + 3xf'(x,z) + f(x,z)] = 0.$$

Por isso,

$$(1 - 2xz + x^2)f'' + (3x - 3z)f' + f = 0.$$

A substituição direta de $f(x,z) = (1 - 2xz + x^2)^{-1/2}$ mostra que satisfaz a equação.

(b) Multiplique a equação deslocada do índice (como antes) por $x^{n+1}/(n+1)!$ com soma n = 0 para ∞:

$$\sum_{n=0}^{\infty} \frac{(n+2)P_{n+2}(z)x^{n+1}}{(n+1)!} - \sum_{n+0}^{\infty} \frac{(2n+3)P_{n+1}(z)x^{n+1}}{(n+1)!}$$

$$+ \sum_{n=0}^{\infty} \frac{(n+1)P_n(z)x^{n+1}}{(n+1)!} = 0$$

Puxando um 'd/dx' para frente, depois uma segunda vez para o polinômio indexado (n+2), depois multiplique por 'x' e faça uso da $g(x,z) = \sum_{n=0}^{\infty} \frac{P_n(z)x^n}{n!}$ substituição:

$$xg'' + (1 - 2zx)g' + (x - z)g = 0.$$

Se agora substituirmos a solução possível $g(x,z) = e^{xz}J_0(x\sqrt{1-z^2})$, onde J_0 é apenas uma função neste ponto (veremos que é a função zero de Bessel em breve) e obteremos a relação:

$$x\sqrt{1-z^2}J_0''\left(x\sqrt{1-z^2}\right) + J_0'\left(x\sqrt{1-z^2}\right) + x\sqrt{1-z^2}J_0^{\square}\left(x\sqrt{1-z^2}\right).$$

Se substituirmos $t = x\sqrt{1-z^2}$, teremos:

$$ty'' + y' + ty = 0,$$

onde esta é a equação de Bessel de ordem zero com a solução y geralmente denotada J_0 como já escolhida.

Exemplo A.11 .

(a) As funções de Bessel $J_n(z)$ satisfazem a equação de diferenças

$$J_{n+1}(z) - \frac{2n}{z}J_n(z) + J_{n-1}(z) = 0 \qquad (-\infty < n < \infty)$$

com e $J_0(0) = 1$ $J_n(0) = 0$. Defina a função geradora $f(x,z)$ por

$$f(x,z) = \sum_{n=-\infty}^{\infty} x^n J_n(z) .$$

Mostre isso $f(x,z) = exp\left(\frac{z}{2}(x - 1/x)\right)$.

(b) Mostre isso $J_{-n}(z) = J_n(-z) = (-1)^n J_n(z)$.

(c) Mostre isso $1 = J_0(z) + 2\sum_{n=1}^{\infty} J_{2n}(z)$.

Solução

(a) $J_{n+1}(z) - \frac{2n}{z} J_n(z) + J_{n-1}(z) = 0$ é reagrupado, usando $f(x,z) = \sum_{n=-\infty}^{\infty} x^n J_n(z)$ como:

$$\left(\frac{1}{x} + x\right) f = \frac{2x}{z} f' \quad \rightarrow \quad f(x,z) = exp\left(\frac{z}{2}\left(x - \frac{1}{x}\right)\right)$$

(b) Usaremos $ex\, p\left(\frac{z}{2}\left(x - \frac{1}{x}\right)\right) = \sum_{n=-\infty}^{\infty} x^n J_n(z)$:

$$\sum_{n=-\infty}^{\infty} x^n J_{-n}(z) = \sum_{n=-\infty}^{\infty} x^{-n} J_n(z) = \sum_{n=-\infty}^{\infty} x^n (-1)^n J_n(z)$$

$$\rightarrow \quad J_{-n}(z) = (-1)^n J_n(z)$$

De forma similar,

$$\sum_{n=-\infty}^{\infty} x^n J_{-n}(z) = \sum_{n=-\infty}^{\infty} y^n J_n(z) = exp\left(\frac{z}{2}\left(y - \frac{1}{y}\right)\right)$$

$$= exp\left(\frac{z}{2}\left(\frac{1}{x} - x\right)\right) = \sum_{n=-\infty}^{\infty} x^n J_n(-z),$$

por isso $J_{-n}(z) = J_n(-z)$.

(c)

$$J_0(z) + 2 \sum_{n=1}^{\infty} J_{2n}(z) = \sum_{n=-\infty}^{\infty} J_{2n}(z) = \sum_{n=-\infty}^{\infty} x^m J_m(z) \quad (with\ m$$

$$= 2n\ and\ x = 1).$$

Por isso,

$$J_0(z) + 2 \sum_{n=1}^{\infty} J_{2n}(z) = exp\left(\frac{z}{2}\left(\frac{1}{1} - 1\right)\right) = 1,$$

assim o resultado é mostrado.

Exemplo A.12 . Classifique todos os pontos singulares das seguintes equações (examine também a singularidade no infinito.):
(a) $x(1 - x)y'' + [c - (a + b + 1)x]y' - aby = 0$ (a equação hipergeométrica).
(b) $y'' + (h - 2\theta \cos 2x)y = 0$ (a equação de Mathieu).

Solução
(a)

$$y'' + \left[\frac{c}{x(1 - x)} - \frac{(a + b + 1)}{1 - x}\right] y' - \frac{ab}{x(1 - x)} y = 0.$$

210

Na vizinhança da origem vemos que x=1 é um ponto singular regular e x= 0 é um ponto singular irregular. Para examinar o comportamento no infinito, vamos $x = 1/t$:

$$y'' + \left(\frac{(2-c)t + (a+b-1)}{t(t-1)}\right)y' - \frac{ab}{(t^2(t-1))}\,y = 0.$$

Na vizinhança da origem t vemos que t=1 é um ponto singular regular (portanto x=1 é um ponto singular regular) e t= 0 é um ponto singular irregular (portanto x= ∞é um ponto singular irregular).

(b) $y'' + (h - 2\theta \cos 2x)y = 0$não tem singularidades na vizinhança da origem. Se substituirmos $x = 1/t$, obtemos:

$$y'' + \frac{2}{t}y' + \frac{(h - 2\theta \cos 2/t)}{t^4}y = 0$$

Para esta equação vemos que t = 0 é um ponto singular irregular (oscila ao explodir), portanto $x = \infty$ é um ponto singular irregular.

Exemplo A.13 . Usando o método de Frobenius determine a expansão em série para as duas soluções da equação de Bessel modificada:

$$y'' + \frac{1}{x}y' - \left(a + \frac{v^2}{x^2}\right)y = 0, \qquad with \ \ v = 1.$$

Solução: Deixada como exercício.

Exemplo A.14 . Encontre os principais comportamentos assintóticos a $x \rightarrow +\infty$ partir da seguinte equação

a) $\ y'' = \sqrt{x}\,y$
b) $\ y'' = \cosh xy'$

Solução
(a) Vamos começar com a substituição: $y = e^s \ \rightarrow \ y' = s'e^s \ \rightarrow \ y'' = s''e^s + (s')^2e^s$. Por isso,

$$s'' + (s')^2 = \sqrt{x}$$

Primeiro caso: $s'' \ll (s')^2 \rightarrow \ s' = \pm x^{1/4}$. Como $s'' = \pm(1/4)x^{-3/4}$vemos que isso é consistente com $s'' \ll (s')^2$as $x \rightarrow +\infty$.

Segundo caso: $s'' \gg (s')^2 \;\to\; s'' = \sqrt{x} \;\to\; s' = (\frac{2}{3})x^{3/2}$, que NÃO é consistente com $s'' \gg (s')^2$ as $x \to +\infty$.

O comportamento assintótico principal é, portanto $s' = \pm x^{1/4} \;\to\;$ $s(x) = \pm\frac{4}{5}x^{5/4} + c(x)$. Uma solução completa pode ser obtida resolvendo para c(x):

$$\pm\frac{1}{4}x^{-3/4} + c'' + c'\left(2x^{1/4} + c'\right) = 0.$$

Novamente usando o método do equilíbrio dominante, vamos tentar $c'' \ll$ $c' \to c = -(1/8)\ln x$, o que é consistente. Se tentarmos, $c' \ll c''$ não será consistente. Nossa solução é assim:

$$y(x) = cx^{-1/8} \exp{(\pm\frac{4}{5}x^{5/4})}.$$

(b) Use a substituição: $y = e^s \;\to\; y' = s'e^s \;\to\; y'' = s''e^s +$ $(s')^2 e^s$ como antes. Por isso,

$$s'' + (s')^2 = \cosh x \, s'.$$

Suponha $(s')^2 \gg s''$, então $s = \sinh x + c$, e como $x \to \infty$ temos $(\cosh x)^2 \gg \sinh x$, tão consistente. Se tentarmos, $(s')^2 \ll s''$ o resultado será inconsistente. Então vamos tentar

$$s = \sinh x + c(x)$$

que dá na substituição:

$$\sinh x + c'' + (\cosh x + 1)c' = 0.$$

Tentando novamente o equilíbrio dominante, obtemos $c(x) \sim -\ln(\cosh x)$, assim $s = \sinh x - \ln(\cosh x)$, e:

$$y(x) \sim c\frac{e^{\sinh x}}{\cosh x}.$$

Exemplo A.15 . (Problema de Bender e Orszag 3.45). Uma maneira de verificar o comportamento assintótico de certas integrais é encontrar equações diferenciais que elas satisfaçam e então realizar uma análise local da equação diferencial. Use esta técnica para estudar o comportamento das seguintes integrais

a) $y(x) = \int_0^x \exp(l^2)\, dt \; as \; x \to +1$

b) $y(x) = \int_0^\infty \exp(-xt - 1/t)\, dt \; as \; x$ $\to 0^+ \; and \; as \; x \to +\infty$

Solução
Deixado para o leitor.

Exemplo A.16 . Encontre os três primeiros termos no comportamento local a partir $x \to \infty$ de uma solução particular para
$$x^3 y'' + y = x^{-4}$$
Solução
Tente $y \gg x^3 y''$, portanto $y \sim x^{-4}$, o que é consistente. Então substitua $y(x) = x^{-4} + c(x)$ para obter:
$$c'' x^3 + c = -20x^{-3}.$$
Tente $c \gg c'' x^3$, portanto $c = -20x^{-3}$, o que é consistente. Então substitua $y(x) = x^{-4} - 20x^{-3} + d(x)$:
$$x^3 d'' + d = 240x^{-2}.$$
Tente $d \gg x^3 d''$, portanto $d = 240x^{-2}$, o que é consistente. Então tenha
$$y(x) = x^{-4} - 20x^{-3} + 240x^{-2} + e(x).$$

Exemplo A.17 . (Bender e Orszag 3.55). Encontre a localização da possível linha de stokes como $z \to \infty$ para a seguinte equação diferencial
$$y'' = z^{1/3} y$$

Solução:
Comportamento local:
$$y(z) \sim c z^{-1/12} \exp\left(\pm (6/7)\, z^{7/6} \right).$$
Comportamento de liderança:
$$e^{\left(\frac{6}{7}\right) z^{7/6}} \quad and \quad e^{-\left(\frac{6}{7}\right) z^{7/6}}.$$
As linhas de Stokes são as assíntotas $z \to \infty$ das curvas
$$Re\left\{ e^{\left(\frac{6}{7}\right) z^{\frac{7}{6}}} - \left(-e^{-\left(\frac{6}{7}\right) z^{\frac{7}{6}}} \right) \right\} = 0 \to \frac{12}{7} Re\left\{ z^{\frac{7}{6}} \right\} = 0 \to e^{i\frac{7}{6}\theta} = 0.$$
Assim, as linhas de Stokes ocorrem para $z = re^{i\theta}$ quando $\theta = \pm \frac{3}{7}(2n + 1)\pi$.

Exemplo A.18 . Considere o problema de valor inicial
$$y' = \frac{y^2}{1 - xy} \quad with \quad y(0) = 1.$$
(a) Mostre que $x = 0$ existe uma solução em série de Taylor da forma:

$$y = \sum_{n=0}^{\infty} A_n x^n$$

onde$A_n = \dfrac{(n+1)^{n-1}}{n!}$.

(b) Mostre que a solução satisfaz
$$y(x) = \exp(xy)$$
e que esta equação pode ser resolvida iterativamente para y como um limite de exponenciais aninhadas
$$y(x) = \lim_{n \to \infty} y_n(x)$$
onde $y_{n+1}(x) = \exp(xy_n(x))$. Assim, escolha $y_0 = 1$, $y_1 = \exp(x)$, $y_2 = \exp(x \exp(x))$,.... . Mostre que o limite existe quando $-e \leq x \leq 1/e$.

Solução
(a) deixado como exercício.
(b) deixado como exercício.

Exemplo A.19 . O operador diferencial $y' = \cos(\pi x y)$é muito difícil de resolver analiticamente. Se as soluções forem plotadas para vários valores de y(0), elas serão agrupadas à medida que x aumenta. Isso poderia ser previsto usando assintóticos? Encontre os possíveis comportamentos principais de soluções como $x \to \infty$. Quais são as correções para esses comportamentos principais?

Solução (parcial):
$y' = \cos(\pi x y)$
Deixe $y(x) = \dfrac{1}{\pi x} u(x)$então $u' = \dfrac{u}{x} + \pi x \cos u$. Agora, como$x \to \infty$ Nós temos $u/x \ll \pi x \cos u$. Por isso:
$$u' \sim \pi x \cos u \quad or \quad \frac{du}{\cos u} \sim \pi x dx$$
Já que $\ln(\sec u + \tan u) \sim \dfrac{\pi x^2}{2} + c$temos
$$\left| 1 + \frac{\sin u}{\cos u} \right| \sim e^{\frac{\pi x^2}{2} + c} .$$
Depois de algum reagrupamento, vemos:
$$u \sim \sin^{-1} \left\{ \frac{-1 \pm \exp(\pi x^2 + 2c)}{1 + \exp(\pi x^2 + 2c)} \right\}$$
Por isso:

$$u \sim \begin{Bmatrix} sin^{-1}(-1) \\ sin^{-1}(1) \end{Bmatrix} \rightarrow \quad u \sim \begin{Bmatrix} \dfrac{-\pi}{2} + 2k\pi \\ \dfrac{\pi}{2} + 2k\pi \end{Bmatrix} \quad for \quad k = 0,1,2 \ldots$$

O resto fica como exercício.

Exemplo A.20 . Para a equação $y'' = y^2 + e^x$ faça as substituições $y = e^{x/2} u(x)$ e $s = e^{x/4}$ obtenha uma equação cujas soluções para x assintoticamente grande se comportem como funções elípticas de s. Deduza que as singularidades de y(x) são separadas por uma distância proporcional a $e^{-x/4}$ como $x \rightarrow \infty$.

Solução
Nós temos: $y'' = y^2 + e^x$; $y = e^{x/2}u(x)$; $s = e^{x/4}$. De onde obtemos

$$y' = e^{x/2}u'(x) + u(x) + \frac{1}{2}e^{x/2}$$

e

$$y'' = e^{x/2}u''(x) + e^{x/2}u'(x) + \frac{1}{4}e^{x/2}u(x)$$

Substituindo obtemos:

$$\frac{d^2u}{ds^2} + \frac{5}{s}\frac{du}{ds} + \frac{4}{s^2}u = 16(u^2 + 1)$$

Para $x \rightarrow \infty$, $s \rightarrow \infty$ e temos aproximadamente:

$$\frac{d^2u}{ds^2} = (u^2 + 1)16.$$

Esta última é uma equação autônoma que resolvemos da seguinte maneira:

$$\left(\frac{d^2u}{ds^2}\right)\frac{du}{ds} = 16[1 + u^2]\frac{du}{ds}$$

e

$$\frac{1}{2}\left[\frac{du}{ds}\right]^2 = 16[u + u^3/3 + c].$$

Isso se torna: $\pm 4s = \int \dfrac{du}{\sqrt{2u^3/3 + 2u + 2c}}$, que é uma função elíptica de s. Os pólos para isso são separados pelo período T:$s(x + \Delta) - s(x) \approx T \rightarrow e^{(x+\Delta)/4} - e^{x/4} \approx T \rightarrow e^{\Delta/4} \sim Te^{-x/4}$. Assim, as singularidades são separadas por distâncias proporcionais a $e^{-x/4}$ como $x \rightarrow \infty$.

Exemplo A.21 . Mostre que o comportamento líder de uma singularidade explosiva da equação de Thomas-Fermi $y'' = y^{3/2}x^{-1/2}$ é dado por:

$$y(x) \sim \frac{400a}{(x-a)^4} \quad as \; x \to a.$$

Solução

Trabalhando com $y'' = y^{3/2}x^{-1/2}$ vamos tentar $y = A(x-a)^b$, nesse caso temos $y' = Ab(x-a)^{b-1}$ e $y'' = Ab(b-1)(x-a)^{b-2}$.
Substituindo estes obtemos:

$$b(b-1)(x-a)^{-\frac{1}{2}b-2} = A^{\frac{1}{2}}x^{-\frac{1}{2}}.$$

Para que esta equação se equilibre assintoticamente $(x-a)^{-\frac{1}{2}b-2}$ deve ser uma constante, portanto

$$-\frac{1}{2}b - 2 = 0 \quad \to \quad b = -4.$$

Equilibrando as constantes temos então A=400a, portanto temos para solução na ordem inicial:

$$y(x) \sim \frac{400a}{(x-a)^4} \quad as \; x \to a.$$

B. A equipe do LIGO por volta de 1988 (quando eu estava na equipe como estudante de graduação) tinha apenas cerca de 30 pessoas.

LIGO STAFF, CALTECH
Bridge Lab

	Room	Phone		Room	Phone
Alex Abramovici	358W	4895 446-4169	Pat Lyon	130A	4597
Cynthia Akutagawa	357W	4098 714/594-6948	Bonde Moore	31A	4438 792-6406
Bill Althouse	30A	4481 449-6716	Fred Raab	354W	4053 249-6242
Midge Althouse	36A	2975 449-6716	Martin Regehr	360W	2190 568-1910
Fred Asiri	32A	2971 957-5058	Bob Spero	361W	4437 796-0682
Betty Behnke	102E	2129 446-4828	Kip Thorne	128A	4598
Andrej Čadeš	359W	4219 446-2668	Bert Tinker	365W	4610 805/492-5917
Ron Drever	355W	4291 796-0403	Massimo Tinto	358W	4018 449-2007
Ernie Fransgrote	102E	2131 449-5228	Steve Vass	365W	4610 355-9780
Yekta Gürsel	358W	2136 449-9238	Robbie Vogt	101E	3800 794-7823
Jeff Harman	365W	2160 805/495-2354	Steve Winters	354W	- 584-1931
Greg Hiscott	35A	2974 362-7306	Mike Zucker	356W	4017 789-4345
Larry Jones	32A	2970 805/265-9602			

MISC. PHONE NUMBERS

Bridge Lab	365W	4610	Tony Riewe, JPL 144-201		41864
Roof Machine Shop		4894	Rai Weiss, MIT		617/253-3527
Citgrav Computer		449-6081	Susan Merullo, MIT		617/253-4894
CES Lab Control Room		3980	MIT Lab		617/253-4824
CES Lab Computer		3977			
CES Lab, Louie (North End)		3978			
CES Lab, Huey (East End)		3978			
CES Lab, Dewey (South End)		3979	FAX—MIT LIGO Project		617/258-7839
Conference Room	28A	2965	FAX—Caltech LIGO Project		818/304-9834

10/20/88

C. Manual de Análise de Dados
C.1 Erros adicionados na quadratura
Existe a velha máxima experimental/estatística de que *"Erros somam em quadratura"* , que agora é considerada verdadeira (na maioria dos casos) e se deve à propagação de incertezas. Esta descrição também nos dará um caminho alternativo para a derivação do sigma do resultado médio acima. Então, considere a situação onde medimos a quantidade de interesse indiretamente, ou seja, queremos medir 'z' mas temos x,y ,... onde z =f(x,y ,...). Assim, temos a relação geral:

$$\Delta z = \frac{\partial f}{\partial x}\Delta x + \frac{\partial f}{\partial y}\Delta y + \cdots,$$

(C-1)

a partir do qual podemos elevar ao quadrado e calcular a média para obter:

$$\overline{(\Delta z)^2} = \left(\frac{\partial f}{\partial x}\right)^2 \overline{(\Delta x)^2} + \left(\frac{\partial f}{\partial y}\right)^2 \overline{(\Delta y)^2} + 2\left(\frac{\partial f}{\partial x}\right)\left(\frac{\partial f}{\partial y}\right)\overline{(\Delta x \Delta y)} + \cdots,$$

(C-2)

Após a média, os termos cruzados sendo lineares terão cancelamento de sinal. Assim, reescrever a média dos termos quadrados como sua notação de variância (ou std dev squared) esclarece:

$$\sigma_z^2 = \left(\frac{\partial f}{\partial x}\right)^2 \sigma_x^2 + \left(\frac{\partial f}{\partial y}\right)^2 \sigma_y^2 + \cdots.$$

(C-3)

Voltando ao caso de medição repetida em iid rv , temos $f = \bar{x}_N$ e isso é simplesmente:

$$\sigma_z^2 = (\sigma_x^2 + \sigma_y^2 + \cdots)/N^2.$$

(C-4)

e a adição dos termos de erro está em quadratura. Se usarmos a soma dos erros na relação de quadratura, podemos avaliar diretamente o sigma da média como:

$$\sigma_z = \frac{\sigma}{\sqrt{N}}.$$

(C-5)

C.2 Distribuições
Vamos agora revisar algumas das principais distribuições que podem resultar. Todas as principais distribuições de interesse podem ser obtidas a partir de uma avaliação de entropia máxima [24]. Isto leva a unificação da mecânica estatística baseada na distribuição proposta por Maxwell a um novo nível (Jaynes [68]) e oferece uma maior compreensão dos fundamentos distributivos dos sistemas físicos. Entende-se que famílias

de distribuições definem uma variedade (neuromanifold) e isso é discutido em [41] e [44]. Algumas distribuições são especiais em outros aspectos, como é revelado pela sua aparência onipresente. A distribuição gaussiana, em particular, se destacará nesse aspecto. A propriedade anterior que os erros adicionam em quadratura é a explicação para isso, pois esta propriedade fundamenta como a adição de fontes de ruído gaussiano (ou medições repetidas) resultará em um novo gaussiano total (com ruído gaussiano). Isto, por sua vez, generaliza-se para onde a medição repetida está com qualquer distribuição de fundo, mesmo que esteja mudando, dará origem a uma medição total que tende a ser gaussiana.

A distribuição geométrica (emergente via maxent)

Aqui falamos da probabilidade de ver algo após k tentativas quando a probabilidade de ver esse evento em cada tentativa é "p". Suponha que vejamos um evento pela primeira vez após k tentativas, isso significa que as primeiras (k-1) tentativas foram não eventos (com probabilidade (1-p) para cada tentativa), e a observação final ocorre então com probabilidade p, dando origem à fórmula clássica da distribuição geométrica:

$$P(X=k) = (1-p)^{(k-1)} p$$

(C-6)

No que diz respeito à normalização, ou seja, todos os resultados somam um, temos:

Probabilidade total $= \Sigma_{k=1} (1-p)^{(k-1)} p = p[1+(1-p)+(1-p)^2+(1-p)^3+\ldots] = p[1/(1-(1-p))]=1$.

Portanto, a probabilidade total já soma um, sem necessidade de normalização adicional. Na Figura C.1 está uma distribuição geométrica para o caso em que p=0,8:

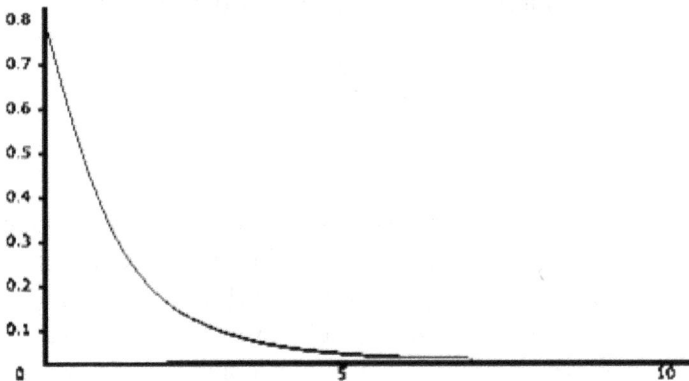

220

Figura C.1 A distribuição geométrica, $P(X=k) = (1-p)^{(k-1)} p$, com p=0,8 .

A distribuição Gaussiana (também conhecida como Normal) (emergente via relação LLN e maxent)

$$N_x(\mu, \sigma^2) = exp(-(x-\mu)^2/(2\sigma^2))/(2\pi\sigma^2)^{(1/2)}$$

Para a distribuição Normal, a normalização é mais fácil de obter por meio de integração complexa (por isso vamos pular isso). Com média zero e variância igual a um (Figura C.2), obtemos:

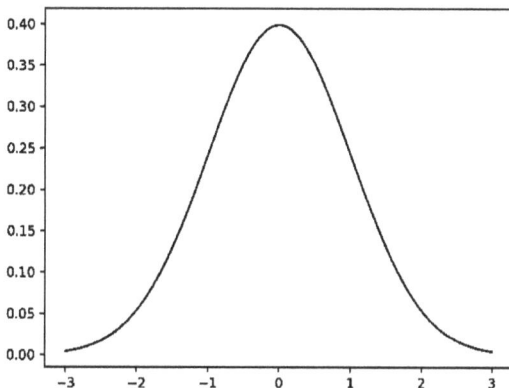

Figura C.2 A distribuição Gaussiana, também conhecida como Normal, mostrada com média zero e variância igual a um: $N_x(\mu, \sigma^2) = N_x(0,1)$.

C.3. Martingales

Esta seção fornece uma definição de Processos Martingale e mostra quantos processos familiares são Martingale. Quando falamos de equilíbrio, ergodicidade ou estacionariedade, geralmente estamos lidando com objetos matemáticos que são martingales. As propriedades de equilíbrio, uma convergência oportuna de um conjunto de valores em estado estacionário, por exemplo, uma convergência, é uma propriedade fundamental dos martingales, daí seu aparecimento frequente na representação de processos que chegam ao equilíbrio. Os processos convergentes são fundamentais para descrições em mecânica estatística ([44]), bem como para situações (com matemática semelhante) nas áreas de aprendizagem estatística e IA [24].

Definição de Martingale[69]

Um processo estocástico $\{X_n; n=0,1,...\}$ é martingale se, para n=0,1,...,

1. $E[|X_n|] < \infty$
2. $E[X_{n+1} | X_0, ..., X_n] = X_n$

Def.: Seja $\{X_n ; n=0,1, ...\}$ e $\{Y_n ; n=0,1, ...\}$ sejam processos estocásticos. Dizemos que $\{X_n\}$ é martingale em relação a (wrt) $\{Y_n\}$ se, para n=0,1,...:

1. $E[|X_n|] < \infty$
2. $E[X_{n+1} | Y_0, ..., Y_n] = X_n$

Exemplos de martingales:

(a) Somas de variáveis aleatórias independentes: $X_n = Y_1 + ... + Y_n$.

(b) Variância de uma soma $X_n = \left(\sum_{k=1}^n Y_k\right)^2 - n\sigma^2$

(c) Induzimos Martingales com Cadeias de Markov! ....

(d) Para o aprendizado HMM, sequências de razões de verossimilhança são martingale....

O teorema da equipartição assintótica (AEP) e as desigualdades de Hoeffding (críticas na aprendizagem estatística [24]) foram generalizados para Martingales.

Martingales induzidos com cadeias de Markov[69]

Seja $\{S_n ; n=0,1, ...\}$ seja um processo de Cadeia de Markov (MC) com matriz de probabilidade de transição $P = \|P_{ij}\|$. Seja f uma sequência regular limitada à direita para P:

$f(i)$ é não negativo e $f(i) = \sum_{k=1}^n P_{ij} f(j)$. Seja $X_n = f(Y_n) \rightarrow E[|X_n|] < \infty$ (já que f é limitado). Agora tem:

$E[X_{n+1} | S_0, ..., S_n]$

$= E[f(S_{n+1}) | S_0, ..., S_n]$

$= E[f(Y_{n+1}) | Y_n]$ (devido a MC)

$= \sum_{k=1}^n P_{Y_n, j} f(j)$ (def. de P_{ij} e f)

$= f(S_n)$

$= X_n$

No aprendizado HMM temos sequências de razões de verossimilhança, que é um martingale, prova:

Seja Y_0, Y_1, ... seja iid rv.s e sejam f_0 e f_1 funções de densidade de probabilidade. Um processo estocástico de fundamental importância na teoria de teste de hipóteses estatísticas é a sequência de razões de verossimilhança:

$$X_n = \frac{f_1(Y_0)f_1(Y_1)...f_1(Yn)}{f_0(Y_0)f_0(Y_1)...f_0(Yn)}, \; n = 0,1, \ldots$$

Suponha que $f_0(y) > 0$ para todo y:

$$E[X_{n+1} | S_0, ..., Y_n] = E[X_n \left(\frac{f_1(Y_{n+1})}{f_0(Y_{n+1})}\right) | S_0, ..., S_n] = X_n E[\frac{f_1(Y_{n+1})}{f_0(Y_{n+1})}]$$

Quando a distribuição comum dos Y_k's (usada na função 'E') tem f_0 como densidade de probabilidade, tenha:

$$E[\frac{f_1(Y_{n+1})}{f_0(Y_{n+1})}] = 1$$

Então, $E[X_{n+1} | S_0, ..., S_n] = X_n$

Portanto, as razões de verossimilhança são martingale quando a distribuição comum é f_0.

Passeio aleatório é Martingale [69, página 238]

Tenha prova de passeio aleatório por componente para T_Em , tanto teórica quanto computacional para uma variedade de emanadores na análise de cruzamento por zero no componente Real em [70]. Como o passeio aleatório é Martingale (convergência para média=sqrt(N)), temos que o processo de emanação é o processo Martingale. Em [45] veremos que pode haver uma teoria do propagador unificado derivada da escolha da teoria do emanador, onde todas essas teorias são martingale. Assim, é fornecido um argumento sobre por que a projeção QFT do processo de emanação deveria ter processos que também são martingale. Os martingales quânticos se relacionariam então com os martingales clássicos mais familiares, incluindo seu papel na mecânica estatística clássica ([44]).

Supermartingales e Submartingales [69]

Seja $\{_{Xn}; n=0,1, \ldots\}$ e $\{Y_n; n=0,1, \ldots\}$ sejam processos estocásticos. Então $\{X_n\}$ é chamado de ***supermartingale*** em relação a $\{Y_n\}$ se, para todo n:

(i) $E[X_n^-] > -\infty$, onde $x^- = \min\{x,0\}$

(ii) $E[X_{n+1} | Y_0, ..., Y_n] \leq X_n$

(iii) X_n é uma função de $(Y_0, \ldots, Y_n)$ (explícito devido à desigualdade em (ii))

O processo estocástico $\{X_n ; n=0,1, \ldots\}$ é chamado de **submartingale** wrt $\{Y_n\}$ se, para todo n:

(i) $E[X_n^+] > -\infty$, onde $x^+ = \max\{x,0\}$

(ii) $E[X_{n+1}|Y_0, \ldots, Y_n] \geq X_n$

(iii) X_n é uma função de $(Y_0, \ldots, Y_n)$

Com a desigualdade de Jensen para função convexa φe expectativas condicionais temos:

$$E[\varphi(X)|S_0, \ldots, S_n] \geq \varphi(E[X|Y_0, \ldots, Y_n])$$

Portanto, tenha meios de construir submartingales a partir de martingales (com supermartingales iguais, exceto pela inversão de sinal).

Teoremas de Convergência de Martingale[69]

Sob condições muito gerais, um martingale X_n convergirá para uma variável aleatória limite X à medida que n aumenta.

Teorema

(a) Seja $\{X_n\}$ um submartingale satisfatório

$$\sup_{n \geq 0} E[|X_n|] < \infty$$

Então existe um rv X_∞ para o qual $\{X_n\}$ converge com probabilidade um:

$$Prob\left(\lim_{n \to \infty} X_n = X_\infty\right) = 1$$

(b) Se $\{X_n\}$ é um martingale e é uniformemente integrável, então, além do acima, $\{X_n\}$, converge na média:

$$\lim_{n \to \infty} E[|X_n - X_\infty|] = 0$$

E $E[X_\infty] = E[X_n]$, para todo n.

Uma sequência é uniformemente integral se:

$$\lim_{c \to \infty} \sup_{n \geq 0} E[|X_n|I\{|X_n| > c\}] = 0$$

Onde I é a função do indicador: 1 se $|X_n| > c$, e 0 caso contrário.

Desigualdades 'máximas' para Martingales[69]

A desigualdade de Chebyshev aplicada a uma sequência pode ser 'restringida' a uma desigualdade mais refinada conhecida como desigualdade de Kolmogorov em termos do máximo da sequência. Isso se transfere para Martingales:

Seja $\{X_n; n=0,1,\ldots\}$ seja iid rvs com $E[X_i]=0\forall$ eu e $E[(X_i)^2]=\sigma^2 < \infty$. Defina $S_0 = 0$, $S_n = X_1 +\ldots+X_n$, para n ≥ 1. Da Desigualdade de Chebyshev:

$$\varepsilon^2 Prob(|S_n| > \varepsilon) \leq n\sigma^2, \ \varepsilon > 0$$

Uma desigualdade mais refinada é possível:

$$\varepsilon^2 Prob\left(\max_{0\leq k\leq n}|S_n| > \varepsilon\right) \leq n\sigma^2, \ \varepsilon > 0$$

Conhecida como desigualdade de Kolmogorov, pode ser generalizada para fornecer uma desigualdade máxima em submartingales :

Lema 1 : Seja $\{X_n\}$ um submartingale para o qual $X_n \geq 0$ para todos n. Então, para qualquer positivo λ:

$$\lambda Prob\left(\max_{0\leq k\leq n}|X_k| > l\right) \leq E[X_n]$$

Lema 2 : Seja $\{X_{n\}um}$ supermartingale não negativo então para qualquer positivo λ:

$$\lambda Prob\left(\max_{0\leq k\leq n}|X_k| > l\right) \leq E[X_0]$$

Teorema da Convergência Quadrática Média para Martingales[69]
Seja $\{X_n\}$ um submartingale wrt $\{Y_n\}$ satisfatório, para alguma constante k, $E[(X_n)^2] \leq k < \infty$, para todo n. Então $\{X_n\}$ converge como n $\rightarrow \infty$ para um limite rv X_∞ ambos com probabilidade um e em média quadrática:

$$Prob\left(\lim_{n\to\infty} X_n = X_\infty\right) = 1, \text{ e } \lim_{n\to\infty} E[|Xn - X_\infty|^2] = 0,$$

Onde $E[X_\infty] = E[X_n] = E[X_0]$, para todos n.

Martingales wrt σ-formalismo de campo
Revisão da teoria axiomática da probabilidade, tem três elementos básicos:

      (1) O espaço amostral, conjunto Ω cujos elementos ω correspondem aos resultados possíveis de um experimento;

(2) A família de elementos, uma coleção *F* de subconjuntos *A* de Ω(os campos sigma). Dizemos que o evento A ocorre se o resultado ωdo experimento for um elemento de A;

(3) A medida de probabilidade, uma função P definida em *F* e que satisfaz:

(i) $0 = P[\,\emptyset\,] \le P[\,A\,] \le P[\,\Omega\,] = 1$ para $A \in F$

(ii) $P[A_1 \cup A_2] = P[A_1] + P[A_2] - P[A_1 \cap A_2]$ para $A_i \in$

F

(iii) $P\,[\cup_{n=1}^{\infty} A_n] = \sum_{n=1}^{\infty} P[An]$ se $A_i \in F$ são mutuamente disjuntos.

Então, o triplo (Ω, *F*, P) é chamado de espaço de probabilidade.

Definição de Martingale invertida (subcampos wrt sigma)

Sejam $\{Z_n\}$ rv's em um espaço de probabilidade (Ω, *F*, P) e seja $\{G_n$; n=0,1,...$\}$seja uma sequência decrescente de campos sub sigma de *F*, viz.,

$$F \supset F_n \supset F_{n+1}, \text{ para todo n.}$$

Então $\{Z_n\}$ é chamado de martingale reverso wrt $\{G_n\}$ se para n=0,1,...:

(i) Z_n é G_n-mensurável

(ii) $E[|\,Z_n\,|] < \infty$ e

(iii) $E[\,Z_n\,|G_{n+1}\,] < Z_{n+1}$

$\{Z_n\}$ é um martingale invertido, se $X_n = Z_{-n}$, n=0,-1,-2,... forma um martingale wrt $F_n = G_{-n}$, n=0,-1,-2,...

Teorema da convergência de Martingale para trás

Seja $\{Z_n\}$ um martingale inverso em relação a uma sequência decrescente de campos sub sigma $\{G_n\}$. Então:

$$Prob\left(\lim_{n\to\infty} Z_n = Z\right) = 1, \text{ e } \lim_{n\to\infty} E[|Z - Z_n|] = 0,$$

e $E[Z_n] = E[Z]$, para todo n.

Prova forte da lei dos grandes números

Seja $\{_{Xn}; n = 1,2,...\}$ seja iid rvs com $E[|X_1|] < \infty$. Seja $\mu = E[X_1]$, $S_0 = 0$, e $S_n = X_1 + ... + X_n$, para n $\ge$1. Seja G_n o campo sigma gerado por $\{S_n$

226

, S_{n+1}, ...}. Podemos derivar a lei forte dos grandes números a partir da observação de que $Z_n = S_n/n$ ($Z_0 = \mu$), forma um martingale reverso em relação a G_n. Tem $E[|Z_n|] < \infty$ e Z_n é G_n-mensurável por construção, então só precisa da relação (iii):

$S_n \equiv E[S_n|S_n] = E[S_n|S_n, S_{n+1}, ...] = E[S_n|G_n] = \sum_{k=1}^{n} E[X_k|G_n] = n\, E[X_k|G_n]$,

com a última igualdade para $1 \le k \le n$, assim:

$$Z_n = S_n/n = E[X_k|G_n]$$

Então, $E[Z_{n-1}|G_n] = (n-1)^{-1} E[S_{n-1}|G_n] = (n-1)^{-1} \sum_{k=1}^{n-1} E[X_k|G_n] = Z_n$!!!

Agora use o teorema da convergência de Martingale regressivo para mostrar a lei forte:

$$Prob\left(\lim_{n\to\infty} \frac{S_n}{n} = \mu\right) = 1$$

C.4. Processos Estacionários

Um processo **estacionário** é um processo estocástico $\{X(t), t \in T\}$ com a propriedade de que para qualquer número inteiro positivo 'k' e quaisquer pontos $t_1, ..., t_k$ e h em T, a distribuição conjunta de $\{X(t_1), ... X(t_k)\}$ é igual à distribuição conjunta de $\{X(t_1 + h), ... X(t_k + h)\}$.

Um teorema ergódico fornece condições sob as quais uma média ao longo do tempo

$$\overline{x_n} = \frac{1}{n}(x_1 + \cdots + xn)$$

de um processo estocástico convergirá à medida que o número n de períodos observados se tornar grande. A lei forte dos grandes números é um desses teoremas ergódicos.

Os processos estacionários fornecem um cenário natural para a generalização da lei dos grandes números, uma vez que para tais processos o valor médio é uma constante m=$E[X_n]$, independente do tempo. Assim como existem leis fortes e fracas para grandes números, existe uma variedade de teoremas ergódicos.....

Teorema Ergódico Forte [69]

Seja { X_n; n=0,1, ...} seja um processo estritamente estacionário com média finita m=$E[X_n]$. Deixar

$$\overline{X_n} = \frac{1}{n}(X_0 + \cdots + X_{n-1})$$

seja a média do tempo amostral. Então, com probabilidade um, a sequência { $\overline{X_n}$ } converge para algum limite rv denotado $\bar{X}$:

$$Prob\left(\lim_{n\to\infty} \overline{X_n} = \bar{X}\right) = 1, \text{ e } \lim_{n\to\infty} E[|\bar{X} - \overline{X_n}|] = 0,$$

e E[$\overline{X_n}$] = E[$\bar{X}$] = m.

Propriedade de Equipartição Assintótica (AEP)

$$\lim_{n\to\infty}\left[-\frac{1}{n}\log p(X_0, \ldots, X_{n-1})\right] = H(\{X_n\})$$

Com probabilidade um, desde que $\{X_n\}$ seja ergódico.

Prova: Para $\{X_n\}$ uma cadeia de Markov finita ergódica estacionária usa relação que:

$H(\{X_n\}) = \lim_{k\to\infty} H(Xk|X_1, \ldots, X_{k-1})$ Ou $H(\{X_n\}) = \lim_{l\to\infty} \frac{1}{l} H(X_1, \ldots, X_l)$

$H(X_n|X_0, \ldots, X_{n-1}) = -\sum_{i,j} \pi(i)P_{ij} \log P_{ij}$, onde $\pi(i)$é o anterior em X $_i$

e P_{ij}é a probabilidade de transição de X $_i$ para X $_j$. Por isso

$H(\{X_n\}) = -\sum_{i,j} \pi(i)P_{ij} \log P_{ij}$, enquanto,

$-\frac{1}{n}\log p(X_0, \ldots, X_{n-1}) = \frac{1}{n} \sum_{i=0}^{n-2} W_i - \frac{1}{n}\log \pi(X_0)$, onde$W_i = -\log P_{i,i+1}$

O teorema ergódico se aplica:

$$\lim_{n\to\infty}\left[-\frac{1}{n}\log p(X_0, \ldots, X_{n-1})\right] = E[W_0] = -\sum_{i,j} \pi(i)P_{ij} \log P_{ij}$$

$$= H(\{X_n\})$$

A prova geral AEP usa o teorema da convergência de Martingale inversa em vez do teorema ergódico.

C.5. Somas de variáveis aleatórias
Desigualdade de Hoeffding

de Hoeffding fornece um limite superior para a probabilidade de que a soma das variáveis aleatórias se desvie do seu valor esperado (Wassily Hoeffding , 1963 [71]). É generalizado para diferenças de martingale por Azuma [72] e para funções de variáveis aleatórias$\{X_n\}$ com diferenças limitadas (onde função é a média empírica da sequência de variáveis: $\bar{X} = \frac{1}{n}(X_1 + \ldots + X_n)$ recupera o caso especial de Hoefding).

Lembrar:

Sejam $X_1,...,X_n$ variáveis aleatórias independentes. Suponha que X_i seja quase certamente limitado: $P(X_i \in [a_i, b_i])=1$. Defina a média empírica da sequência de variáveis como:

$$\bar{X}=\frac{1}{n}(X_1 +...+X_n)$$

Hoeffding (1963) prova o seguinte:

$$P(\bar{X}-E[\bar{X}] \geq k) \leq \exp(-\frac{2n^2k^2}{\sum_{i=1}^{n}(b_i-a_i)^2})$$

$$P(|\bar{X}-E[\bar{X}]| \geq k) \leq 2\exp(-\frac{2n^2k^2}{\sum_{i=1}^{n}(b_i-a_i)^2})$$

Para cada X quase certamente limitado há outra relação se $E(X)=0$ conhecida como Lema de Hoeffding :

$$E[e^{\lambda X}] \leq \exp(\frac{\lambda^2(b-a)^2}{8})$$

A prova começa mostrando o Lema como a parte difícil.......

Prova do Lema de Hoeffding

Como $e^{\lambda X}$ é uma função convexa, temos

$$e^{\lambda X} \leq \frac{b-X}{b-a} e^{\lambda a}+\frac{X-a}{b-a} e^{\lambda b}, \forall a \leq x \leq b$$

Então,

$E[e^{\lambda X}] \leq E\left[\frac{b-X}{b-a} e^{\lambda a} + \frac{X-a}{b-a} e^{\lambda b}\right]= \frac{b}{b-a} e^{\lambda a} + \frac{-a}{b-a} e^{\lambda b}$ (o último é desde $E[X]=0$)

O método da convexidade envolve uma interpolação de linha, vamos passar para esses parâmetros com

p = -a/(ba) e introduza hp = -a λ(assim como h = λ(ba)):

$$\frac{b}{b-a} e^{\lambda a} + \frac{-a}{b-a} e^{\lambda b}= e^{\lambda a}[1-p + p\, e^{\lambda(b-a)}] = e^{-hp}[1-p + p\, e^{h}]$$

$E[e^{\lambda X}] \leq e^{L(h)}$, onde L(h) = -hp + ln(1-p+p e^{h}) $\rightarrow$L(0) = 0.

L'(h) = -p + p e^{h}/(1-p+p e^{h}) $\rightarrow$L'(0) = 0.

L''(h) = p(1-p)e^{h} $\rightarrow$L''(0) = p(1-p).

$L^{(n)}$(h) = p(1-p) e^{h}> 0

Usando a série de Taylor para L(h):

L(h) = L(0) + hL'(0) + $\frac{1}{2}h^2$L''(0) + (mais termos positivos em ordem superior em h)

$eu(h) \leq \frac{1}{2}h^2 p(1-p)$

Como temos E[X]=0, temos p=-a/(ba) é $\in [0,1]$, então função logística clássica, onde o valor máximo de p(1-p) no intervalo [0,1] é ¼ (quando p=1/2), então:

$eu(h) \leq \frac{1}{8}h^2$ e $E[e^{\lambda X}] \leq e^{\frac{1}{8}\lambda^2 (b-a)^2}$

Prova de desigualdade de Hoeffding (para mais detalhes, veja [71])

Considere Soma no iid X_i, onde $S_m = m\bar{X}$ onde $\bar{X}$ possui m termos em sua média empírica:

$P(S_m - E[S_m] \geq k) \leq e^{-tk}E[e^{t(S_m - E[S_m])}]$ (técnica de limite de Chernoff)

$= \prod_{i=1}^{m} e^{-tk} E[e^{t(X_i - E[X_i])}](\{X_n\}$ são iid)

$$\leq \prod_{i=1}^{m} e^{-tk} e^{\frac{1}{8}t^2(b_i - a_i)^2} \text{ (Lema de Hoeffding)}$$

$=e^{-tk}e^{\frac{1}{8}t^2 \sum_{i=1}^{m}(b_i - a_i)^2}$

Tenha $f(t) = -tk + \frac{1}{8}t^2 \sum_{i=1}^{m}(b_i - a_i)^2$; Escolha t=4k/$\sum_{i=1}^{m}(b_i - a_i)^2$ para minimizar o limite superior para obter:

$$\mathbf{P(S_m - E[S_m] \geq k) \leq} e^{-2k^2 / \sum_{i=1}^{m}(b_i - a_i)^2}$$
$$\mathbf{P(\bar{X} - E[\bar{X}] \geq k) \leq} e^{-2m^2 k^2 / \sum_{i=1}^{m}(b_i - a_i)^2}$$

(C-8)

Técnica de limite de Chernoff:

$P[Xk \geq] = P[e^{tX} \geq e^{tk}] \leq e^{-tk}E[e^{tX}]$ (Chernoff usa a desigualdade de Markov por último).

(C-9)

Referências

[1] Newton, Isaac. " Philosophiæ Naturalis Principia Mathematica. 5 de julho de 1687 (três volumes em latim). Versão em inglês: "The Mathematical Principles of Natural Philosophy", Encyclopædia Britannica, Londres. (1687).

[2] Leibniz, Gottfried Wilhelm Freiherr von; Gerhardt, Carl Immanuel (trad.) (1920). Os primeiros manuscritos matemáticos de Leibniz. Publicação em Tribunal Aberto. pág. 93. Recuperado 10 de novembro 2013..

[3] Dirk Jan Struik , Um livro fonte em matemática (1969) pp.

[4] Leibniz, Gottfried Wilhelm. Suplemento geometria dimensoriae , seu generalíssima omnium tetragonismorum effectio per motum : construção multiplex similiterque lineae ex data tangentium Conditione , Acta Euriditorum (setembro de 1693) pp.

[5] Euler, Leonhard. Mecânica sive motus scientia analisar exposição ; 1736.

[6] Laplace, PS (1774), " Mémoires de Mathématique et de Physique, Tome Sixième " [Memórias sobre a probabilidade das causas dos eventos.], Statistical Science, 1 (3): 366–367.

[7] D'Alembert, Jean Le Rond (1743). Traité de dinamique .

[8] Lagrange, JL, Mécanique analítico , vol. 1 (1788), vol. 2 (1789). Expandido republicado Vol. 1 1811 e vol. 2 1815.

[9] Lagrange, JL (1997). Mecânica analítica. Vol. 1 (2ª ed.). Tradução para o inglês da edição de 1811.

[10] William R. Hamilton. Sobre um Método Geral em Dinâmica; pelo qual o Estudo dos Movimentos de todos os Sistemas Livres de Atração ou Repulsão de Pontos é reduzido à Busca e Diferenciação de uma Relação Central, ou Função característica. Transações Filosóficas da Royal Society (parte II de 1834, pp. 247-308).

[11] William R. Hamilton. Segundo Ensaio sobre um Método Geral em Dinâmica'. Isto foi publicado nas Transações Filosóficas da Royal Society (parte I de 1835, pp. 95-144).

[12]Hamilton, W. (1833). "Sobre um método geral de expressão dos caminhos da luz e dos planetas, pelos coeficientes de uma função característica" (PDF). Revisão da Universidade de Dublin: 795–826.

[13]Hamilton, W. (1834). "Sobre a aplicação à dinâmica de um método matemático geral anteriormente aplicado à óptica" (PDF). Relatório da Associação Britânica: 513–518.

[14] WR Hamilton(1844 a 1850) Sobre quatérnios ou um novo sistema de imaginários em álgebra, Philosophical Magazine,

[15]Simon L. Altmann (1989). "Hamilton, Rodrigues e o escândalo dos quaterniões". Revista Matemática. Vol. 62, não. 5. páginas 291–308.

[16] Werner Heisenberg (1925). " Além teoria quantitativa Umdeutung cinematográfico e mecânico Beziehungen ". Zeitschrift für Physik (em alemão). 33 (1): 879–893. ("Reinterpretação teórica quântica das relações cinemáticas e mecânicas")

[17] Schrödinger, E. (1926). "Uma teoria ondulatória da mecânica dos átomos e moléculas" (PDF). Revisão Física. 28 (6): 1049–1070.

[18] Dirac, Paul Adrien Maurice (1930). Os Princípios da Mecânica Quântica. Oxford: Clarendon Press.

[19] Feigenbaum, MJ (1976). "Universalidade em dinâmica discreta complexa" (PDF). Relatório Anual da Divisão Teórica de Los Alamos 1975–1976.

[20]Morse, Marston (1934). O cálculo das variações em grande escala. Publicação do Colóquio da American Mathematical Society. Vol. 18. Nova York.

[21]Milnor, John (1963). Teoria Morse. Imprensa da Universidade de Princeton. ISBN 0-691-08008-9.

[22] Fizeau, H. (1851). "Sur les hypothèses parentes à l'éther lumineux ". Comptes Rendus. 33: 349–355.

[23] Shankland, RS (1963). "Conversas com Albert Einstein". Jornal Americano de Física. 31 (1): 47–57.

[24] Winters-Hilt, S. Informática e Aprendizado de Máquina: de Martingales a Metaheurísticas. (2021) Wiley.

[25]Goldstein, Herbert (1980). Mecânica Clássica (2ª ed.). Addison-Wesley.

[26] Neother , E. (1918). " Invariante Variaçõesproblema ". Nachrichten von der Gesellschaft der Wissenschaften zu Göttingen.Mathematisch-Physikalische Klasse.1918: 235-257.

[27] Landau, Lev D.; Lifshitz, Evgeny M. (1969). Mecânica. Vol. 1 (2ª ed.). Imprensa Pérgamo.

[28] Percival, IC e D. Richards. Introdução à Dinâmica. (1983) Imprensa da Universidade de Cambridge.

[29] Fetter, AL e JD Walecka, Mecânica Teórica de Partículas e Continua, Dover (2003).

[30] Kapitza , PL "Estabilidade dinâmica do pêndulo com ponto de suspensão vibratório", Sov. Física. JETP 21 (5), 588–597 (1951) (em russo).

[31] Lyapunov, AM O problema geral da estabilidade do movimento. 1892. Sociedade Matemática de Kharkiv, Kharkiv, 251p. (em russo).

[32] Arnold, VI Equações Diferenciais Ordinárias. Imprensa do MIT. (1978).

[33] Longair , MS Conceitos Teóricos em Física: Uma Visão Alternativa do Raciocínio Teórico em Física. Cambridge University Press. 2ª edição: 2003.

[34] Baker, GL e J. Gollub. Dinâmica Caórica : Uma Introdução. Cambridge University Press. 1990.

[35] Mandelbrot, Benoît (1982). A geometria fractal da natureza. WH Freeman & Co.

[36] PJ Myrberg . Iteração do Rellen Polinome duas notas. III, Annales Acad. Sci Fenn A, U 336 (1963) n.3, 1-18, MR 27.

[37] Arnold, Vladimir I. (1989). Métodos Matemáticos da Mecânica Clássica (2ª ed.). Nova York: Springer.

[38] Woodhouse, NMJ Introdução à Dinâmica Analítica. Springer, 2ª edição . 2009.

[39] Bender, CM e SA Orszag. Métodos matemáticos avançados para cientistas e engenheiros: métodos assintóticos e teoria das perturbações. Springer. 1999.

[40] Winters-Hilt, S. A dinâmica de campos, fluidos e medidores. (Série de Física: " Física da Emanação Máxima de Informação", Livro 2.)

[41] Winters-Hilt, S. A Dinâmica das Variedades. (Série de Física: " Física da Emanação Máxima de Informação", Livro 3.)

[42] Winters-Hilt, S. Mecânica Quântica, Integrais de Caminho e Realidade Algébrica. (Série de Física: " Física da Emanação Máxima de Informação", Livro 4.)

[43] Winters-Hilt, S. Teoria Quântica de Campos e o Modelo Padrão. (Série de Física: " Física da Emanação Máxima de Informação", Livro 5.)

[44] Winters-Hilt, S. Mecânica Térmica e Estatística e Termodinâmica do Buraco Negro. (Série de Física: " Física da Emanação Máxima de Informação", Livro 6.)

[45] Winters-Hilt, S. Emanação, Emergência e Eucatástrofe. (Série de Física: " Física da Emanação Máxima de Informação", Livro 7.)

[46] Winters-Hilt, S. Mecânica Clássica e Caos. (Série de Física: " Física da Emanação Máxima de Informação", Livro 1.)

[47] Winters-Hilt, S. Análise de dados, Bioinformática e Aprendizado de Máquina. 2019.

[48] Feynman, RP e AR Hibbs. Mecânica Quântica e Integrais de Caminho. Faculdade McGraw-Hill. 1965.

[49] Landau, LD; Lifshitz, EM (1935). "Teoria da dispersão da permeabilidade magnética em corpos ferromagnéticos". Física. Z. Sowjetunion . 8, 153.

[50] Landau, Lev D.; Lifshitz, Evgeny M. (1980). Física Estatística. Vol. 5 (3ª ed.). Butterworth-Heinemann.

[51] Braginskii , VB Medição de forças fracas em experimentos de física. (1977). Imprensa da Universidade de Chicago.

[52] Drever, RWP; Salão, JL; Kowalski, FV; Hough, J.; Ford, GM; Munley, AJ; Ward, H. (junho de 1983). "Estabilização de fase e frequência do laser usando um ressonador óptico" (PDF). Física Aplicada B. 31 (2): 97–105.

[53] Bunimovich , VI Processos flutuantes em radiorreceptores . Gostekhizdat , URSS. 1950.

[54] Stratonovich , RL Problemas selecionados na teoria das flutuações na radiotecnologia. Rádio Soviética, URSS.

[55] Papoulis, Atanásio; Pillai, S. Unnikrishna (2002). Probabilidade, Variáveis Aleatórias e Processos Estocásticos (4ª ed.). Boston: McGraw Hill.

[56] Reed, M e Simon, B. Métodos de física matemática moderna. III. Teoria da dispersão. Elsevier, 1979.

[57] Rutherford, E. (1911). "LXXIX. A dispersão das partículas α e β pela matéria e a estrutura do átomo". Revista Filosófica e Jornal de Ciência de Londres, Edimburgo e Dublin. 21 (125): 669–688.

[58]Sommerfeld, Arnold (1916). "Zur Quantentheorie der Spektrallinien ". Annalen der Physik . 4 (51): 51–52.

[59] Hibbeler, R. Mecânica de Engenharia: Dinâmica. 14ª Edição. 2015.

[60] Hibbeler, R. Mecânica de Engenharia: Estática e Dinâmica. 14ª Edição. 2015.

[61] Layek , GC Uma introdução aos sistemas dinâmicos e ao caos 1ª ed. 2015. Springer.

[62] Lemons, DS Um Guia do Aluno para Análise Dimensional. Cambridge University Press. 1ª edição: 2017.

[63] Langhaar , HL Análise Dimensional e Teoria dos Modelos, Wiley 1951.

[64] Feynman, RP (1948). O caráter da lei física. Imprensa do MIT (1967).

[65] Ince, EL Equações Diferenciais Ordinárias. Dover 1956.

[66] Abromowitz , M. e IA Stegun . Manual de Funções Matemáticas. Dover 1965.

[67] Fuchs, LI Sobre a teoria das equações diferenciais lineares com coeficientes variáveis. 1866.

[68] Jaynes, ET Teoria da Probabilidade: A Lógica da Ciência . Imprensa da Universidade de Cambridge, (2003).

[69] Karlin, S. e HM Taylor. Um Primeiro Curso em Processos Estocásticos 2^a ^{Ed} . Imprensa Acadêmica. 1975.

[70] Winters-Hilt, S. Teoria do Propagador Unificado e uma derivação não experimental para a constante de estrutura fina. Estudos Avançados em Física Teórica, Vol. 12, 2018, não. 5, 243-255.

[71] Wassily Hoeffding (1963) Desigualdades de probabilidade para somas de variáveis aleatórias limitadas, *Journal of the American Statistical Association* , 58 (301), 13–30.

[72] Azuma, K. (1967). "Somas ponderadas de certas variáveis aleatórias dependentes" (PDF). *Revista Matemática Tôhoku* . **19** (3): 357–367.

[73] Compton, Arthur H. (maio de 1923). "Uma teoria quântica da dispersão de raios X por elementos leves". Revisão Física . 21 (5): 483–502.

[74] Mason e Woodhouse. "Relatividade e Eletromagnetismo" (PDF). Recuperado em 20 de fevereiro de 2021.

[75] Merzbach, Uta C .; Boyer, Carl B. (2011), *Uma História da Matemática* (3ª ed.), John Wiley & Sons.

[76] Robinson, Abraham (1963), Introdução à teoria dos modelos e à metamatemática da álgebra, Amsterdã: Holanda do Norte, ISBN 978-0-7204-2222-1, MR 0153570

[77] Robinson, Abraham (1966), Análise não padronizada, Princeton Landmarks in Mathematics (2ª ed.), Princeton University Press, ISBN 978-0-691-04490-3, MR 0205854

[78] RD Richtmyer (1978), *Princípios de Física Matemática Avançada* Vol. 1 e 2, Springer-Verlag, Nova York.

[79] Tufillaro , N., T. Abbott e D. Griffiths. Balançando a máquina de Atwood. American Journal of Physics, 52, 895–903, 1984.

[80] https://en.wikipedia.org/wiki/Logistic_map

[81] Winters-Hilt S. Tópicos em Gravidade Quântica e Teoria Quântica de Campos no Espaço-Tempo Curvo. Dissertação de doutorado da UWM, 1997.

[82] Winters-Hilt S, IH Redmount e L. Parker, "Distinção física entre estados de vácuo alternativos em geometrias planas do espaço-tempo", Phys. Rev. D 60, 124017 (1999).

[83] Friedman JL, J. Louko e S. Winters-Hilt, "Formalismo de espaço de fase reduzida para geometria esfericamente simétrica com uma enorme camada de poeira", Phys. Rev. D 56, 7674-7691 (1997).

[84] Louko J e S. Winters-Hilt, "Termodinâmica hamiltoniana do buraco negro Reissner-Nordstrom-anti de Sitter", Phys. Rev. D 54, 2647-2663 (1996).

[85] Louko J, JZ Simon e S. Winters-Hilt, "Termodinâmica hamiltoniana de um buraco negro de Lovelock", Phys. Rev. D 55, 3525-3535 (1997).

[86] Amari, S. e H. Nagaoka. Métodos de Geometria da Informação. Imprensa da Universidade de Oxford. 2000.

[87] Winters-Hilt, S. Feynman-Cayley Path Integrals selecionam Bi-Sedenions quirais com propagação espaço-tempo de 10 dimensões. Estudos Avançados em Física Teórica, Vol. 9, 2015, não. 14, 667-683.

[88] Winters-Hilt, S. As 22 letras da realidade: propriedades quirais do bisedenion para propagação máxima de informação. Estudos Avançados em Física Teórica, Vol. 12, 2018, não. 7, 301-318.

[89] Winters-Hilt, S. Fiat Numero : Teoria da Emanação Trigintaduonion e sua Relação com a Constante de Estrutura Fina α, a Constante de Feigenbaum C $_\infty$e π. Estudos Avançados em Física Teórica, Vol. 15, 2021, não. 2, 71-98.

[90] Winters-Hilt, S. Chiral Trigintaduonion Emanation leva ao modelo padrão da física de partículas e à matéria quântica. Estudos Avançados em Física Teórica, Vol. 16, 2022, não. 3, 83-113.

[91]Robert L. Devaney. Uma introdução aos sistemas dinâmicos caóticos. Addison-Wesley.

[92] Landau, Lev D .; Lifshitz, Evgeny M. (1971). *A Teoria Clássica dos Campos* . Vol. 2 (3ª ed.). Imprensa Pérgamo .

[93] Penrose, Roger (1965), "Colapso gravitacional e singularidades espaço-temporais", Phys. Rev. Lett., 14 (3): 57.

[94] Hawking, Stephen & Ellis, GFR (1973). A estrutura em grande escala do espaço-tempo. Cambridge: Cambridge University Press.

[95] Peebles, PJE (1980). Estrutura em Grande Escala do Universo. Imprensa da Universidade de Princeton.

[96] B. Abi et al. Medição do momento magnético anômalo do múon positivo até 0,46 ppm
Física. Rev. 126, 141801 (2021).

[97] Einstein, A. "Em um ponto de vista heurístico sobre a produção e transformação da luz" (Ann. Phys., Lpz 17 132-148)

[98] Balmer, JJ (1885). " Notiz über die Spectrallinien des Wasserstoffs " [Nota sobre as linhas espectrais do hidrogênio]. Annalen der Physik und Chemie . 3ª série (em alemão). 25: 80–87.

[99] Bohr, N. (julho de 1913). "I. Sobre a constituição de átomos e moléculas". Revista Filosófica e Jornal de Ciência de Londres, Edimburgo e Dublin . 26 (151): 1–25. doi:10.1080/14786441308634955.

[100] Bohr, N. (setembro de 1913). "XXXVII. Sobre a constituição de átomos e moléculas". Revista Filosófica e Jornal de Ciência de Londres, Edimburgo e Dublin. 26 (153): 476–502. Bibcode:1913PMag...26..476B. doi:10.1080/14786441308634993.

[101] Bohr, N. (1 de novembro de 1913). "LXXIII. Sobre a constituição de átomos e moléculas". Revista Filosófica e Jornal de Ciência de Londres, Edimburgo e Dublin. 26 (155): 857–875. doi:10.1080/14786441308635031.

[102] Bohr, N. (outubro de 1913). "Os espectros de hélio e hidrogênio". Natureza. 92 (2295): 231–232.

[103]Max Planck. Sobre a Lei de Distribuição de Energia no Espectro Normal. Annalen der Physik vol. 4, pág. 553 e seguintes (1901)

[104] Arthur H. Compton. Radiações secundárias produzidas por raios X. Boletim do Conselho Nacional de Pesquisa., nº. 20 (v. 4, pt. 2) outubro de 1922.

[105]Davisson, CJ; Germer, LH (1928). "Reflexão de elétrons por um cristal de níquel". Anais da Academia Nacional de Ciências dos Estados Unidos da América. 14 (4): 317–322.

[106]Michael Eckert. Como Sommerfeld estendeu o modelo do átomo de Bohr (1913–1916). O Jornal Físico Europeu H.

[107] Max Born; J.Robert Oppenheimer (1927). "Zur Quantentheorie der Molekeln " [Sobre a Teoria Quântica das Moléculas]. Annalen der Physik (em alemão). 389 (20): 457–484.

[108]Dirac, PAM (1928). "A Teoria Quântica do Elétron" (PDF). Anais da Royal Society A: Ciências Matemáticas, Físicas e de Engenharia. 117 (778): 610–624.

[109] Dirac, Paul AM (1933). "O Lagrangiano na Mecânica Quântica" (PDF). Física Zeitschrift der Sowjetunion . 3: 64–72.

[110] Feynman, Richard P. (1942). O Princípio da Mínima Ação na Mecânica Quântica (PDF) (PhD). Universidade de Princeton.

[111] Feynman, Richard P. (1948). "Abordagem espaço-tempo para a mecânica quântica não relativística". Resenhas de Física Moderna. 20 (2): 367–387.

[112] Erdeyli , A. Expansões Assintóticas. 1956 Dover.

[113] Erdeyli , A. Expansões assintóticas de equações diferenciais com pontos de viragem. Revisão da literatura. Relatório Técnico 1, Contrato Nonr-220(11). Referência nº. NR 043-121. Departamento de Matemática, Instituto de Tecnologia da Califórnia, 1953.

[114] Carrier, GF, M. Crook e CE Pearson. Funções de uma variável complexa. 1983 Livros Hod.

[115] Van Vleck, JH (1928). "O princípio da correspondência na interpretação estatística da mecânica quântica". Anais da Academia Nacional de Ciências dos Estados Unidos da América. 14 (2): 178–188.

[116] Chaichian , M.; Demichev , AP (2001). "Introdução". Integrais de Caminho em Física Volume 1: Processo Estocástico e Mecânica Quântica. Taylor e Francisco. pág. 1ss. ISBN 978-0-7503-0801-4.

[117] Vinokur, VM (27/02/2015). "Transição Dinâmica Vortex Mott"

[118] Hawking, SW (01/03/1974). Explosões de buraco negro? Natureza. 248 (5443): 30–31.

[119] Birrell, ND e Davies, PCW (1982) Campos Quânticos em Espaço Curvo. Monografias de Cambridge sobre Física Matemática. Imprensa da Universidade de Cambridge, Cambridge.

[120]Maldacena, Juan (1998). "O grande limite N das teorias de campo superconforme e supergravidade". Avanços na Física Teórica e Matemática. 2 (4): 231–252.

[121] Witten, Edward (1998). "Espaço Anti-de Sitter e holografia" . Avanços na Física Teórica e Matemática. 2 (2): 253–291.

[122] Cavernas, Carlton M.; Fuchs, Christopher A.; Schack, Ruediger (20/08/2002). "Estados quânticos desconhecidos: A representação quântica de Finetti ". Jornal de Física Matemática. 43 (9): 4537–4559.

[123] Jackson, JD Eletrodinâmica Clássica, 2ª Edição. Wiley 1975.

[124] Lorentz, Hendrik Antoon (1899), "Teoria Simplificada de Fenômenos Elétricos e Ópticos em Sistemas Móveis" , *Anais da Academia Real Holandesa de Artes e Ciências* , **1** : 427–442.

[125] Misner, Charles W., Thorne, KS, & Wheeler, JA Gravitação. Imprensa da Universidade de Princeton, 2017. ISBN: 9780691177793.

[126] Penrose, R., W. Rindler (1984) Volume 1: Cálculo de Dois Spinor e Campos Relativísticos, Cambridge University Press, Reino Unido.

[127] Tolkien, JRR (1990). *Os Monstros e os Críticos e Outros Ensaios* . Londres: HarperCollinsPublishers .

Índice

cilindro, 74, 171

D

Amortecido, 98
amortecido, 84–86, 97–98, 142
Amortecimento, 84
amortecimento, 84–85, 92, 98, 142
Escuro, 167
Decadência, 111-112
decadência, 111, 170, 172
decadente, 87, 172
deFinetti , 137
degenerado, 131
grau, 43, 64, 67–68, 142, 145, 158, 181
graus, 28, 37, 65, 67, 74, 85, 117, 123, 129, 142–143
delineado, 103
delta, 12, 159, 181–182
derivada, 3–5, 12–13, 17, 19–23, 25, 27–28, 38, 44, 57, 69, 84, 94, 127, 136, 150–153, 197, 215
detectabilidade, 99
detectável, 97-101
detecção, 97, 99–103, 107, 110
detector, 97, 102
determinante, 68, 80, 83, 197–198
Determinação, 99
Devaney, 228
desvia, 220
desvio, 103
dispositivo, 97, 101–102
dispositivos, 106
dewiggler , 102
diagonal, 117
diagonalizar, 68, 133
diâmetro, 52, 123–124, 172
diametralmente, 72
difeomorfismos, 159

diferença, 86, 99, 147, 199–200
diferenciável, 146-147
Diferencial, 17, 177, 225–226
diferencial, 1–2, 4, 6, 9, 11, 17, 22, 26, 28, 37, 64–65, 85, 88, 90, 113, 128–130, 139, 141–142, 151–152, 156, 161, 163, 165, 175–177, 182, 184–185, 194, 203–205, 227, 229
Diferenciação, 223
diferenciação, 5, 28
difração, 101
difusão, 24
dilatação, 43
dilatações, 43
dimensão, 15, 19, 24, 143, 154–155, 179
Dimensional, 4, 117, 161, 163, 166, 226
dimensionais, 4, 8, 16–17, 20, 23–24, 27, 39, 45, 52, 60, 68, 163–164, 166, 228
dimensionalidade, 45, 163, 165
dimensionalmente, 164
dimensional , 166
Adimensional, 163
adimensional, 53, 101, 106, 163–164, 166, 171
Dimensões, 164
dimensões, 15, 19, 37, 45
Dirac, 12, 26, 155, 166, 224, 229
descontinuidade, 86
discreto, 104, 141, 224
disjunto, 217
disco, 28, 69, 72, 76
dispersão, 226
deslocamento, 16–17, 38–39, 43, 64–65, 67–68, 78, 88, 97, 101, 124
deslocamentos, 14, 67, 88, 170
dissipação, 85–87, 98

250